Einführung in die Algebra

Von Dr. rer. nat. Gerd Fischer
apl. Professor an der Universität München

und Dr. rer. nat. Reinhard Sacher
Akad. Oberrat an der Universität Regensburg

2., überarbeitete Auflage. Mit 12 Figuren
und zahlreichen Beispielen

B. G. Teubner Stuttgart 1978

Prof. Dr. rer. nat. Gerd Fischer

Geboren 1939 in Nürnberg. Von 1958 bis 1964
Studium der Mathematik und Physik in Erlangen,
München und Baltimore, Md./USA. 1964 Promotion
in Erlangen. Von 1964 bis 1969 Assistent an den
Universitäten in Erlangen und München. 1969 Habi-
litation. 1971 Wissenschaftlicher Rat und
Professor in Regensburg. 1976 apl. Professor
an der Universität München.

Akad. Oberrat Dr. rer. nat. Reinhard Sacher

Geboren 1941 in Saaz (CSSR). Von 1960 bis 1966
Studium der Mathematik und Physik, von 1969 bis
1971 Assistent an der Universität München, 1970
Promotion. Seit 1971 Akademischer Rat in Regensburg.

CIP-Kurztitelaufnahme der Deutschen Bibliothek

Fischer, Gerd
Einführung in die Algebra / von Gerd
Fischer u. Reinhard Sacher. - 2., überarb.
Aufl. - Stuttgart : Teubner, 1978.
    (Teubner-Studienbücher : Mathematik)
    ISBN-3-519-12053-4

NE: Sacher, Reinhard:

Druck: J. Beltz, Hemsbach/Bergstr.
Binderei: G. Gebhardt, Ansbach
Umschlaggestaltung: W. Koch, Sindelfingen

VORWORT

Das vorliegende Skriptum ist entstanden aus Vorlesungen an den Universitäten in Regensburg und München. Deren Ziel war es, einerseits mit heute unentbehrlichen Grundbegriffen und Techniken der Algebra vertraut zu machen, andererseits aber auch an Beispielen die Schönheit und Schlagkraft algebraischer Methoden vorzuführen.

Bei der Auswahl der Themen haben wir uns auf die klassischen Gegenstände aus der Theorie der Gruppen, Ringe und Körper beschränkt. Die homologische Algebra konnte nicht aufgenommen werden. Doch haben wir einigen Wert darauf gelegt, die universellen Eigenschaften der zu konstruierenden Objekte deutlich zu machen. Bei den verschiedenartigen Produkten von Gruppen etwa erhält man dadurch eine gute Orientierungshilfe.

Will man zeigen, wie sich algebraische Methoden anwenden lassen, so eignen sich dazu ganz besonders die klassischen geometrischen Konstruktionsprobleme. Die Beweise der Unmöglichkeit der Winkeldreiteilung und der Würfelverdoppelung benötigen nur sehr elementare Hilfsmittel der Körpertheorie. Unter Verwendung von Ergebnissen der Galois-Theorie kann man sehr schnell die von C.F. GAUSS gefundene Bedingung für die Konstruierbarkeit des regelmäßigen n-Ecks beweisen. Um schließlich zeigen zu können, daß die Quadratur des Kreises unmöglich ist, benötigt man über den Rahmen der Algebra hinausgehende transzendente Methoden. Eine andere schöne Anwendung der Galois-Theorie ist der Nachweis, daß die allgemeine Gleichung nur bis zum Grad vier durch Radikale lösbar ist. An diesem Problem hatten die Mathematiker über viele Jahrhunderte gearbeitet.

Dieses Skriptum soll kein Ersatz für ein umfassendes Lehrbuch der Algebra sein, sondern ein knapper Begleittext zu einer einführenden Vorlesung. Als Anregung für weitergehende Beschäftigung mit Fragen der Algebra gehen wir an einigen Stellen auf Dinge ein, die in den späteren Abschnitten nicht mehr benötigt werden. Dabei sind die Beweise zum Teil nicht ausgeführt. Soweit es möglich war, sind solche Stellen durch einen Stern (*) gekennzeichnet. Einige Ergänzungen sind im Anhang zusammengestellt.

An Quellen, aus denen wir Algebra gelernt haben, möchten wir besonders die Bücher von E. ARTIN [1] und S. LANG [5] nennen. Unsere Darstellung wurde auch beeinflußt durch die Vorlesungsausarbeitungen von M. KOECHER [3] und E. KUNZ [4].

Wir bedanken uns herzlich bei Frau Karin Zirngibl für die Anfertigung des druckfertigen Manuskripts und bei Herrn Rüdiger Wessoly für das Lesen der Korrekturen. Unser Dank gilt aber auch allen Lesern, die uns auf Unstimmigkeiten in der ersten Auflage hingewiesen haben.

Regensburg, im Juni 1977   G. Fischer

                                        R. Sacher

Inhaltsübersicht

- 6 -

Kapitel I. GRUPPENTHEORIE

§ 1. Grundlagen

1.1. Innere Verknüpfungen und Halbgruppen

1.1.1. Definition. Sei M eine nichtleere Menge.

a) Eine Abbildung von M × M in M heißt innere Verknüpfung von M.

b) Eine innere Verknüpfung $\cdot$: M × M → M, (a,b) ↦ a·b, von M heißt

assoziativ, wenn (a·b)·c = a·(b·c) für alle a,b,c ∈ M,

kommutativ, wenn a·b = b·a für alle a,b ∈ M.

1.1.2. Bemerkung. Ist M eine endliche Menge mit n Elementen $a_1,\ldots,a_n$, so beschreibt man eine innere Verknüpfung $\cdot$: M × M → M, (x,y) ↦ x·y, häufig durch ihre Verknüpfungstafel. Darunter versteht man ein Schema der Gestalt

$$
\begin{array}{c|ccccc}
\cdot & a_1 & \cdots & a_j & \cdots & a_n \\
\hline
a_1 & a_1 \cdot a_1 & \cdots & a_1 \cdot a_j & \cdots & a_1 \cdot a_n \\
 & \vdots & & \vdots & & \vdots \\
a_i & a_i \cdot a_1 & \cdots & a_i \cdot a_j & \cdots & a_i \cdot a_n \\
 & \vdots & & \vdots & & \vdots \\
a_n & a_n \cdot a_1 & \cdots & a_n \cdot a_j & \cdots & a_n \cdot a_n
\end{array}
$$

1.1.3. Definition. Sei M eine nichtleere Menge und $\cdot$: M × M → M, (x,y) ↦ x·y, eine innere Verknüpfung von M. Für jedes a ∈ M heißt die Abbildung

$$\ell_a: M \longrightarrow M \qquad \text{bzw.} \qquad r_a: M \longrightarrow M$$
$$x \longmapsto a\cdot x \qquad\qquad\qquad x \longmapsto x\cdot a$$

Linkstranslation bzw. Rechtstranslation von (M,·) um a.

1.1.4. Bemerkung. Offensichtlich ist eine innere Verknüpfung $\cdot$ einer Menge M genau dann assoziativ, wenn $\ell_{a\cdot b} = \ell_a \circ \ell_b$ für alle a,b ∈ M gilt.

1.1.5. Definition. Ein Paar (H,·), bestehend aus einer nichtleeren Menge H und einer assoziativen inneren Verknüpfung $\cdot$ von H, heißt Halbgruppe.

- 8 -

1.1.6. Definition. Sei (H,·) eine Halbgruppe.
a) Ein Element e ∈ H heißt linksneutrales (bzw. rechtsneutrales) Element von (H,·), wenn für alle a ∈ H gilt e · a = a
(bzw. a · e = a).
b) Ein Element e ∈ H heißt neutrales Element von (H,·), wenn e
sowohl links- als auch rechtsneutrales Element von (H,·)
ist.

1.1.7. Bemerkung. Eine Halbgruppe (H,·) besitzt höchstens ein
neutrales Element.
Sind nämlich e und e' neutrale Elemente von (H,·) so folgt sofort e = e·e' = e'.

1.1.8. Definition. Sei (H,·) eine Halbgruppe mit neutralem Element e.
Ein Element b ∈ H heißt linksinverses (bzw. rechtsinverses)
Element eines Elements a ∈ H, wenn b·a = e (bzw. a·b = e) gilt.

1.1.9. Beispiele.
1) Sei ℕ = {0,1,2,...} die Menge der natürlichen Zahlen und

$$+: ℕ × ℕ \longrightarrow ℕ, (m,n) \longmapsto m + n,$$

die gewöhnliche Addition.
Dann ist das Paar (ℕ,+) eine Halbgruppe und 0 ist neutrales Element von (ℕ,+).
2) Sei M eine nichtleere Menge und Abb(M) die Menge aller Abbildungen von M in sich.

$$∘: Abb(M) × Abb(M) \longrightarrow Abb(M), (f,g) \longmapsto f∘g,$$

sei die Hintereinanderausführung von Abbildungen. Dann ist
(Abb(M),∘) eine Halbgruppe, die identische Abbildung id_M von
M ist neutrales Element von (Abb(M),∘).
3) Sei n > 1 eine natürliche Zahl und M(n, ℝ) die Menge aller
n-reihigen quadratischen Matrizen mit Koeffizienten aus ℝ.
Dann sind die Abbildungen

$$M(n, ℝ) × M(n, ℝ) \longrightarrow M(n, ℝ), (A,B) \longmapsto AB + BA,$$

und
$$M(n, ℝ) × M(n, ℝ) \longrightarrow M(n, ℝ), (A,B) \longmapsto AB - BA,$$

nichtassoziative innere Verknüpfungen von M(n,ℝ). (Dabei

bedeute AB das übliche Matrizenprodukt.)

4) Sei $H := \{ \begin{pmatrix} a & b \\ 0 & 0 \end{pmatrix} : a,b \in \mathbb{R} \}$ und $\cdot : H \times H \to H$ sei die übliche Matrizenmultiplikation.

Dann ist $(H, \cdot)$ eine Halbgruppe und für jedes $x \in \mathbb{R}$ ist $\begin{pmatrix} 1 & x \\ 0 & 0 \end{pmatrix}$ ein linksneutrales Element von $(H, \cdot)$. $(H, \cdot)$ besitzt jedoch kein rechtsneutrales Element. Denn wäre $\begin{pmatrix} x & y \\ 0 & 0 \end{pmatrix}$ rechtsneutrales Element von $(H, \cdot)$, so müßte für alle $a,b \in \mathbb{R}$ gelten $ax = a$ und $ay = b$.

1.2. Gruppen

1.2.1. Definition. Ein Paar $(G, \cdot)$, bestehend aus einer nicht-leeren Menge G und einer Abbildung $\cdot : G \times G \to G$, $(a,b) \mapsto a \cdot b$, heißt Gruppe, wenn gilt:

a) $(a \cdot b) \cdot c = a \cdot (b \cdot c)$ für alle $a,b,c \in G$.

b) Es gibt ein $e \in G$ mit folgenden Eigenschaften:

   i) $e \cdot a = a$ für alle $a \in G$.

   ii) Zu jedem $a \in G$ gibt es ein $b \in G$ mit $b \cdot a = e$.

Eine Gruppe ist also eine Halbgruppe mit linksneutralem Element e, in der Eigenschaft ii) erfüllt ist.

Wenn aus dem Zusammenhang heraus klar ist, welche Verknüpfung man meint, schreibt man statt $(G, \cdot)$ und $a \cdot b$ meist nur G und ab.

1.2.2. Bemerkung. Sei G eine Gruppe, e sei wie in 1.2.1 gewählt. Dann gilt:

1) Für $a,b \in G$ folgt $ab = e$ aus $ba = e$.

2) e ist neutrales Element von G; e ist also nach 1.1.7 eindeutig bestimmt.

3) Zu jedem $a \in G$ gibt es genau ein $b \in G$ mit $ba = e$. Dieses durch a eindeutig bestimmte Element b von G bezeichnet man meist mit a^{-1} und nennt es das Inverse von a.

4) Für alle $a,b \in G$ gilt $(ab)^{-1} = b^{-1}a^{-1}$ und $(a^{-1})^{-1} = a$.

5) Für $a,x,y \in G$ gilt: $ax = ay \Rightarrow x = y$

                           $xa = ya \Rightarrow x = y$.

6) Zu je zwei Elementen $a,b \in G$ gibt es genau ein $x \in G$ mit $ax = b$ und genau ein $y \in G$ mit $ya = b$.

7) Für jedes $a \in G$ ist die Linkstranslation ℓ_a und die Rechtstranslation r_a bijektiv.

Beweis. 1) Sei $a \in G$ und seien $b,c \in G$ so gewählt, daß $ba = e$ und $cb = e$ gilt. Dann erhält man $ab = (ea)b = ((cb)a)b = (c(ba))b = c(eb) = e$.

2) Zu $a \in G$ sei $b \in G$ so gewählt, daß $ba = e$ gilt. Man erhält $ae = a(ba) = (ab)a = ea = a$.

3) Für Elemente $b,c \in G$ gelte $ba = ca = e$. Wegen 1) folgt $ab = ac = e$, also $b = eb = (ca)b = ce = c$.

4) $(b^{-1}a^{-1})(ab) = b^{-1}(a^{-1}a)b = b^{-1}eb = e$ und $aa^{-1} = a^{-1}a = e$.

5) Durch Multiplikation der Gleichung $ax = ay$ bzw. $xa = ya$ von links bzw. rechts mit a^{-1} erhält man $x = y$.

6) $ax = b \leftrightarrow x = a^{-1}b$ und $ya = b \leftrightarrow y = ba^{-1}$.

7) ist lediglich eine Umformulierung von 6).

1.2.3. Bemerkung. Eine Halbgruppe G ist genau dann eine Gruppe, wenn für jedes $a \in G$ die Linkstranslation ℓ_a und die Rechtstranslation r_a surjektiv ist.

Beweis. Für jedes $a \in G$ seien ℓ_a und r_a surjektiv. Sei $b \in G$ fest gewählt. Da r_b surjektiv ist, gibt es ein $e \in G$ mit $b = r_b(e) = eb$. Da ℓ_b surjektiv ist, gibt es zu jedem $a \in G$ ein $a' \in G$ mit $a = \ell_b(a') = ba'$. Es folgt $ea = e(ba') = (eb)a' = ba' = a$; e ist also linksneutrales Element von G. Zu jedem $a \in G$ gibt es außerdem ein $b \in G$ mit $ba = e$, da r_a surjektiv ist.
Wegen 1.2.2.7) ist damit alles bewiesen.

1.2.4. Bemerkung. Sei $(G,\cdot)$ eine Halbgruppe, G enthalte nur endlich viele Elemente. Dann sind folgende Aussagen äquivalent:
1) $(G,\cdot)$ ist eine Gruppe.
2) In jeder Zeile und in jeder Spalte der Verknüpfungstafel von $\cdot$ steht jedes Element von G.
3) In keiner Zeile und in keiner Spalte der Verknüpfungstafel von $\cdot$ steht ein Element von G zweimal.

Beweis. 2) besagt, daß für jedes $a \in G$ die Abbildungen ℓ_a und r_a surjektiv sind, 3) bedeutet, daß die Abbildungen ℓ_a und r_a für jedes $a \in G$ injektiv sind. Da G endlich ist, sind 2) und 3) äquivalent. Nach 1.2.3 sind aber auch 1) und 2) äquivalent.

Wenn man also weiß, daß eine innere Verknüpfung · einer endlichen Menge G assoziativ ist, kann man an ihrer Verknüpfungstafel leicht erkennen, ob das Paar (G,·) eine Gruppe ist. Der
Nachweis der Assoziativität ist jedoch oft recht langwierig.

Ist z.B. (G,·) eine Gruppe mit drei Elementen e,a,b, wobei mit
e ihr neutrales Element bezeichnet wird, so hat ihre Gruppen-
tafel, d.h. die Verknüpfungstafel von · die Form

·	e	a	b
e	e	a	b
a	a	b	e
b	b	e	a

Wegen a $\neq$ e und b $\neq$ e gilt nämlich aa $\neq$ a, bb $\neq$ b, ab $\neq$ a,
ab $\neq$ b, ba $\neq$ a und ba $\neq$ b, so daß man ab = ba = e, aa $\in$ {e,b}
und bb $\in$ {e,a} erhält. Aus aa = e würde ab $\neq$ e wegen b $\neq$ a
folgen. Es ergibt sich aa = b und analog bb = a.
Um zu beweisen, daß es Gruppen mit drei Elementen gibt, muß
man nachprüfen, daß die durch obige Verknüpfungstafel erklärte
Verknüpfung assoziativ ist. Das erfordert einige Fallunter-
scheidungen und soll hier nicht ausgeführt werden.

1.2.5. Definition. Eine Gruppe (oder Halbgruppe) G heißt
abelsch, wenn ab = ba für alle a,b $\in$ G gilt.

1.2.6. Bemerkung. Die Verknüpfung einer abelschen Gruppe bezeichnet man häufig mit +. In diesem Fall schreibt man -a
statt a^{-1} und a-b statt a+(-b).

1.2.7. Beispiele.
1) Sei G die Menge $\mathbb{Z}$ der ganzen oder die Menge $\mathbb{Q}$ der rationalen oder die Menge $\mathbb{R}$ der reellen Zahlen und +: G × G → G,
   (a,b) ↦ a+b, die übliche Addition.
   Dann ist (G,+) eine abelsche Gruppe.

2) Sei $\mathbb{R}_+^*$ die Menge der positiven reellen Zahlen und
   ·: $\mathbb{R}_+^* \times \mathbb{R}_+^* \to \mathbb{R}_+^*$, (a,b) ↦ ab, die übliche Multiplikation.
   Dann ist ($\mathbb{R}_+^*$,·) eine abelsche Gruppe.

3) Sei X eine nichtleere Menge, $\mathscr{T}(X)$ die Menge aller Bijek-

tionen von X auf sich und $\circ$: $\mathcal{T}(X) \times \mathcal{T}(X) \to \mathcal{T}(X)$,

$(f,g) \to f \circ g$, die Hintereinanderausführung von Abbildungen.

Dann ist $(\mathcal{T}(X),\circ)$ eine Gruppe, die identische Abbildung id_X ist ihr neutrales Element und die Umkehrabbildung f^{-1} ist das Inverse von $f \in \mathcal{T}(X)$.

Gilt $X = \{1,\ldots,n\}$, so schreibt man $\mathcal{T}_n$ für $\mathcal{T}(X)$ und nennt $\mathcal{T}_n$ die symmetrische Gruppe vom Grad n. Die Elemente von $\mathcal{T}_n$ heißen Permutationen der Zahlen $1,\ldots,n$. Die Gruppe $(\mathcal{T}_n,\circ)$ ist für $n \geq 3$ nicht abelsch.

In diesem Zusammenhang verwendet man häufig folgende Schreibweise: Sind $i_1,\ldots,i_n$ Elemente der Menge $X := \{1,\ldots,n\}$, so bezeichnet man mit

$\left\langle \begin{matrix} 1 & 2 & \ldots n \\ i_1 & i_2 & \ldots i_n \end{matrix} \right\rangle$ die Abbildung $\begin{matrix} X \longrightarrow X \\ k \longmapsto i_k \end{matrix}$.

4) Sei X eine nichtleere Menge, G eine Gruppe und Abb(X,G) die Menge aller Abbildungen von X in G. Für $f,g \in$ Abb(X,G) sei $fg \in$ Abb(X,G) erklärt durch

$$(fg)(x) := f(x)g(x) \quad \text{für alle } x \in X.$$

Ist

$$\cdot: \text{Abb}(X,G) \times \text{Abb}(X,G) \longrightarrow \text{Abb}(X,G)$$
$$(f,g) \longmapsto fg$$

die dadurch definierte innere Verknüpfung, so ist (Abb(X,G),$\cdot$) eine Gruppe.

5) Seien $G_1,\ldots,G_n$ Gruppen. Dann ist die Menge $G_1 \times \ldots \times G_n$ zusammen mit der inneren Verknüpfung

$$\cdot: (G_1 \times \ldots \times G_n) \times (G_1 \times \ldots \times G_n) \longrightarrow G_1 \times \ldots \times G_n$$
$$((x_1,\ldots,x_n),(y_1,\ldots,y_n)) \longmapsto (x_1 y_1,\ldots,x_n y_n)$$

eine Gruppe. Man nennt sie das (äußere) direkte Produkt der Gruppen $G_1,\ldots,G_n$. Dieser Begriff wird in 1.6.2 und § 4 verallgemeinert.

1.3. Gruppenhomomorphismen

1.3.1. Definition.
Seien $(G,\cdot)$ und $(G',\cdot')$ Gruppen (oder Halbgruppen). Eine Abbildung φ: $G \to G'$ heißt Homomorphismus von $(G,\cdot)$ in $(G',\cdot')$, wenn für alle $a,b \in G$ gilt

$$\varphi(a \cdot b) = \varphi(a) \cdot ' \varphi(b).$$

1.3.2. Beispiele.

1) Für jedes $k \in \mathbb{Z}$ ist die Abbildung

$$\mu_k : \mathbb{Z} \longrightarrow \mathbb{Z}, \; n \longmapsto kn,$$

ein Homomorphismus von $(\mathbb{Z},+)$ in $(\mathbb{Z},+)$.

2) Die Exponentialabbildung

$$\exp: \mathbb{R} \longrightarrow \mathbb{R}_+^*, \; x \longmapsto e^x,$$

ist ein Homomorphismus von $(\mathbb{R},+)$ in $(\mathbb{R}_+^*, \cdot)$.

3) Sei G eine Gruppe, e ihr neutrales Element. Dann gilt:

   i) Die Linkstranslation ℓ_a und die Rechtstranslation r_a sind genau dann Homomorphismen, wenn a = e gilt.

   ii) Die Abbildung

$$G \longrightarrow \mathcal{T}(G), \; a \longmapsto \ell_a,$$

ist ein Homomorphismus von G in $\mathcal{T}(G)$.

   iii) Die Abbildung

$$G \longrightarrow \mathcal{T}(G), \; a \longmapsto r_a,$$

ist genau dann ein Homomorphismus von G in $\mathcal{T}(G)$, wenn G abelsch ist.

1.3.3. Bemerkung.

a) Seien G und G' Gruppen, e sei das neutrale Element von G, e' das von G'. Sei $\varphi: G \to G'$ ein Homomorphismus. Dann gilt $\varphi(e) = e'$ und $\varphi(a^{-1}) = \varphi(a)^{-1}$ für alle $a \in G$.

b) Sind $\varphi: G \to G'$ und $\psi: G' \to G''$ Homomorphismen der angegebenen Gruppen, so ist

$$\psi \circ \varphi: G \longrightarrow G''$$

ein Homomorphismus von G in G''.

__Beweis.__ a) $\varphi(e) = \varphi(ee) = \varphi(e)\varphi(e) \Rightarrow \varphi(e) = e'$. Außerdem gilt für jedes $a \in G$: $e' = \varphi(e) = \varphi(a^{-1}a) = \varphi(a^{-1})\varphi(a)$.

b) Für alle $a,b \in G$ gilt: $(\psi \circ \varphi)(ab) = \psi(\varphi(a)\varphi(b)) = \psi(\varphi(a))\psi(\varphi(b)) = (\psi \circ \varphi)(a)(\psi \circ \varphi)(b)$.

1.3.4. Definition.
Sei $\varphi: G \to G'$ ein Homomorphismus der Gruppe G in die Gruppe G', e' sei das neutrale Element von G'. Dann heißt die Menge

$$\text{Ker}(\varphi) := \{a \in G: \varphi(a) = e'\}$$

der Kern von φ und die Menge

$$\text{Im}(\varphi) := \{a' \in G': \text{ Es gibt } a \in G \text{ mit } \varphi(a) = a'\}$$

das Bild von φ.

1.3.5. Definition. Ein Homomorphismus $\varphi: G \to G'$ der Gruppen G und G' heißt

Monomorphismus, wenn φ injektiv ist,

Epimorphismus, wenn φ surjektiv ist,

Isomorphismus, wenn φ bijektiv ist.

Ist G eine Gruppe, so nennt man die Homomorphismen $\varphi: G \to G$ auch Endomorphismen und die Isomorphismen $\varphi: G \to G$ auch Automorphismen von G.

Zwei Gruppen G und G' heißen isomorph, wenn es einen Isomorphismus von G auf G' gibt.

1.3.6. Bemerkung. Sei $\varphi: G \to G'$ ein Homomorphismus der Gruppen G und G', e sei das neutrale Element von G. Dann gilt:

a) φ ist ein Monomorphismus $\leftrightarrow$ Ker$(\varphi) = \{e\}$.

b) Mit φ ist auch φ^{-1} ein Isomorphismus.

Beweis. a) Sei e' das neutrale Element von G'.

"$\to$": Wegen $\varphi(e) = e'$ gilt $\{e\} \subset \text{Ker}(\varphi)$. Da φ injektiv ist, gilt außerdem $\varphi(a) \neq e'$ für alle $a \in G$ mit $a \neq e$.

"$\leftarrow$": Für $a,b \in G$ gelte $\varphi(a) = \varphi(b)$. Dann folgt $\varphi(a^{-1}b) = \varphi(a^{-1})\varphi(b) = \varphi(a)^{-1}\varphi(b) = e'$, also $a^{-1}b \in \text{Ker }\varphi = \{e\}$ und damit $a = b$.

b) Seien a',b' $\in$ G' gegeben. Da φ surjektiv ist, gibt es $a,b \in G$ mit $\varphi(a) = a'$ und $\varphi(b) = b'$, und man erhält $\varphi^{-1}(a'b') = \varphi^{-1}(\varphi(a)\varphi(b)) = \varphi^{-1}(\varphi(ab)) = ab = \varphi^{-1}(a')\varphi^{-1}(b')$.

1.3.7. Definition. Sei G eine Gruppe.

Man überlegt sich sofort, daß für jedes $a \in G$ die Abbildung

$$\varphi_a: G \longrightarrow G, \quad x \longmapsto axa^{-1},$$

ein Automorphismus von G ist.

Ein Automorphismus φ von G heißt innerer Automorphismus von G, wenn es ein $a \in G$ mit $\varphi_a = \varphi$ gibt.

1.4. Einbettung von Halbgruppen in Gruppen

Es ist eine sehr natürliche Frage, wie man von einer gegebenen Halbgruppe in möglichst sinnvoller Weise zu einer Gruppe übergehen kann. Ein elementares Beispiel dafür ist die Konstruktion der ganzen Zahlen aus den natürlichen Zahlen. Zunächst muß jedoch präzisiert werden, was als sinnvoller Übergang anzusehen ist. Dafür haben sich die sogenannten "universellen Eigenschaften" bewährt. Zur Vereinfachung behandeln wir nur den abelschen Fall.

1.4.1. Gegeben sei eine abelsche Halbgruppe H. Gesucht ist eine abelsche Gruppe G und ein Homomorphismus $\iota: H \to G$ der Halbgruppen, so daß folgende "universelle Eigenschaft" erfüllt ist:

Zu jeder abelschen Gruppe G' und zu jedem Homomorphismus $\varphi: H \to G'$ der Halbgruppen gibt es genau einen Homomorphismus $\psi: G \to G'$ der Gruppen, so daß das Diagramm

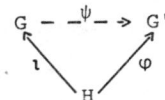

kommutiert, d.h. so daß $\psi \circ \iota = \varphi$ gilt.

Ein solches Paar (G,ι) heißt Lösung des gegebenen "universellen Problems".

Wir wollen im folgenden eine Lösung des universellen Problems konstruieren und einige Folgerungen angeben. Besonders interessant ist natürlich der Fall, daß die Abbildung ι injektiv wird (dann kann man von einer "Einbettung" sprechen). Dazu notieren wir noch die

1.4.2. Definition. Eine abelsche Halbgruppe (H,+) heißt regulär, wenn für a,b,x ∈ H aus a+x = b+x stets a=b folgt.

1.4.3. Satz. Ist (H,+) eine abelsche Halbgruppe, so besitzt das zugehörige universelle Problem aus 1.4.1 eine Lösung (G,ι) mit folgenden Eigenschaften:

1) Zu jedem x ∈ G gibt es a,b ∈ H mit $x = \iota(a) - \iota(b)$.

2) ι ist injektiv, wenn H regulär ist.

Beweis. Man überlegt sich sofort, daß auf der Menge H × H
durch

$(a,b) \sim (a',b') :\Leftrightarrow$ Es gibt x $\in$ H mit a+b'+x = a'+b+x

eine Äquivalenzrelation erklärt ist. Wir bezeichnen mit [a,b]
die Äquivalenzklasse von (a,b) $\in$ H × H und mit G die Menge aller dieser Äquivalenzklassen. Wieder rechnet man leicht nach,
daß durch

$$[a,b] + [c,d] := [a+c,b+d]$$

eine innere Verknüpfung + von G erklärt ist, d.h. daß aus
[a',b'] = [a,b] und [c',d'] = [c,d] auch [a'+c',b'+d'] =
= [a+c,b+d] folgt.
Da die Verknüpfung von H assoziativ und kommutativ ist, gilt
dies auch für die Verknüpfung + von G.
Wir wählen a $\in$ H beliebig und setzen O:= [a,a]. Für jedes x =
= [b,c] $\in$ G gilt dann O+x = [a+b,a+c] = [b,c] = x und
[c,b] + x = [c+b,b+c] = O, O ist also neutrales Element von G
und [c,b] ist zu [b,c] invers.
Die Abbildung

ι: H $\longrightarrow$ G, a $\longmapsto$ [a+a,a],

ist ein Homomorphismus, denn für a,b $\in$ H gilt ι(a+b) =
= [(a+b)+(a+b),a+b] = [a+a,a] + [b+b,b] = ι(a)+ι(b) und zu jedem x $\in$ G gibt es a,b $\in$ H mit x = [a,b] = [a+(a+b),b+(a+b)] =
= [a+a,a]+[b,b+b] = ι(a)-ι(b).
Gilt ι(a) = ι(b) für a,b $\in$ H, so gibt es x $\in$ H mit a+(a+b+x) =
= b+(a+b+x). Es folgt a = b, wenn H regulär ist.
Es bleibt zu beweisen, daß das Paar (G,ι) die universelle Eigenschaft hat. Sei dazu G' eine abelsche Gruppe und φ: H $\to$ G'
ein Homomorphismus. Dann gibt es höchstens einen Homomorphis-
mus ψ: G $\to$ G' mit $\psi \circ \iota = \varphi$, denn ist x $\in$ G und sind a,b $\in$ H
so gewählt, daß x = [a,b] gilt, so erhält man ψ(x) = ψ(ι(a)) -
- ψ(ι(b)) = φ(a) - φ(b).
Daß es eine Abbildung ψ: G $\to$ G' mit ψ([a,b]) = φ(a) - φ(b) für
alle a,b $\in$ H gibt, sieht man wie folgt: Gilt [a',b'] = [a,b],
so gibt es ein x $\in$ H mit a'+b+x = a+b'+x. Da φ ein Halbgruppen-
homomorphismus ist, folgt φ(a')+φ(b)+φ(x) = φ(a)+φ(b')+φ(x) und
daher φ(a')-φ(b') = φ(a)-φ(b). Daß ψ ein Gruppenhomomorphismus
ist, rechnet man wieder sofort nach.

1.4.4. Beispiele. $(\mathbb{N},+)$ und $(\mathbb{Z}\smallsetminus\{0\},\cdot)$ sind reguläre abelsche Halbgruppen. Die Gruppen $(\mathbb{Z},+)$ und $(\mathbb{Q}\smallsetminus\{0\},\cdot)$ sind (zusammen mit den Inklusionsabbildungen) Lösungen der zugehörigen universellen Probleme.

Wir wollen nun zeigen, daß die in 1.4.3 konstruierte Lösung "im wesentlichen" die einzige ist.

1.4.5. Satz. Ist H eine abelsche Halbgruppe und sind (G,ι) und (G',ι') Lösungen des betrachteten universellen Problems, so gibt es genau einen Isomorphismus $\varphi\colon G \to G'$, so daß das Diagramm

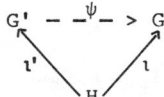

kommutiert.

Beweis. Da (G,ι) eine Lösung ist, gibt es genau einen Gruppenhomomorphismus $\varphi\colon G \to G'$, so daß das betrachtete Diagramm kommutiert. Man hat nur noch zu zeigen, daß φ bijektiv ist. Dazu wird ausgenutzt, daß auch (G',ι') eine Lösung ist. Aus diesem Grunde gibt es nämlich einen Gruppenhomomorphismus $\psi\colon G' \to G$, so daß das Diagramm

$$G' - \overset{\psi}{-} - > G$$
$$\iota' \searrow \quad \nearrow \iota$$
$$H$$

kommutiert. Dann kommutieren aber auch die Diagramme

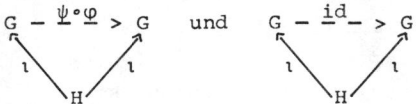

Die Eindeutigkeitsforderung der universellen Eigenschaft liefert $\psi\circ\varphi = \mathrm{id}_G$; φ ist also injektiv.
Analog zeigt man $\varphi\circ\psi = \mathrm{id}_{G'}$, so daß φ auch surjektiv ist.

1.4.6. Bemerkung. Im Beweis von 1.4.5 wurde kein Gebrauch davon gemacht, daß es sich bei den betrachteten Objekten um Halbgruppen und Gruppen handelt, es wurde lediglich die logische Struktur der universellen Eigenschaft ausgenutzt. Satz 1.4.5 gilt daher mutatis mutandis für jedes universelle Pro-

blem. Sein Beweis kann jeweils direkt übernommen werden; man
hat lediglich die Bezeichnungen zu ändern.
Wegen 1.4.5 hat jede Lösung des universellen Problems die in
1.4.3 für die dort konstruierte Lösung hergeleiteten Eigenschaften:

1.4.7. Bemerkung. Ist H eine abelsche Halbgruppe und (G',ι')
eine beliebige Lösung des betrachteten universellen Problems,
so gilt:

1) Zu jedem $x \in G'$ gibt es $a,b \in H$ mit $x = \iota'(a)-\iota'(b)$.

2) ι' ist injektiv, wenn H regulär ist.

Beweis. Sei (G,ι) die in 1.4.3 konstruierte Lösung. Nach 1.4.5
gibt es einen Gruppenisomorphismus $\varphi: G \to G'$ mit $\varphi \circ \iota = \iota'$.

1) Zu jedem $x \in G'$ gibt es $y \in G$ mit $x = \varphi(y)$. Wegen 1.4.3
gibt es $a,b \in H$ mit $y = \iota(a)-\iota(b)$, also mit $x = \varphi(\iota(a)) -$
$- \varphi(\iota(b)) = \iota'(a)-\iota'(b)$.

2) Wenn H regulär ist, ist ι und damit wegen $\varphi \circ \iota = \iota'$ auch ι'
injektiv.

Damit wollen wir unseren Ausflug in die "Theorie der Pfeile"
beenden.

1.5. Untergruppen

1.5.1. Definition. Sei G eine Gruppe.
Eine nichtleere Teilmenge H von G heißt Untergruppe von G,
wenn

1) $ab \in H$ für alle $a,b \in H$ gilt,

2) die Menge H zusammen mit der induzierten Verknüpfung
   $H \times H \to H$, $(a,b) \mapsto ab$, eine Gruppe ist.

Der Vorteil dieser Definition liegt darin, daß sie bei anderen
Strukturen (z.B. Vektorräumen, Ringen) ganz analog aussieht.
Für die Praxis ist sie jedoch völlig ungeeignet. Hierfür no-
tieren wir

1.5.2. Lemma. Sei G eine Gruppe und H eine nichtleere Teilmenge von G.
H ist genau dann eine Untergruppe von G, wenn mit je zwei Elementen a und b auch ab^{-1} in H liegt.

Beweis. Daß die angegebene Eigenschaft erfüllt ist, wenn H eine Untergruppe von G ist, folgt unmittelbar aus der Definition.

Sei umgekehrt $ab^{-1} \in H$ für alle $a,b \in H$. Wegen $H \neq \emptyset$ gibt es $a \in H$, so daß $e = aa^{-1} \in H$ folgt. Für jedes $x \in H$ gilt ferner $x^{-1} = ex^{-1} \in H$. Daher liegen mit a und b auch a und b^{-1} in H, so daß man $ab = a(b^{-1})^{-1} \in H$ für alle $a,b \in H$ erhält.

1.5.3. Bemerkung. Sei $\varphi: G \to G'$ ein Homomorphismus der Gruppe G in die Gruppe G'. Dann gilt:

1) Ist H eine Untergruppe von G, so ist $\varphi(H)$ eine Untergruppe von G'. Insbesondere ist $\text{Im}(\varphi)$ eine Untergruppe von G'.

2) Ist H' eine Untergruppe von G', so ist
$\varphi^{-1}(H') := \{a \in G: \varphi(a) \in H'\}$ eine Untergruppe von G. Insbesondere ist $\text{Ker}(\varphi)$ eine Untergruppe von G (vgl. 1.7.4).

Beweis. 1) Wegen $H \neq \emptyset$ gilt $\varphi(H) \neq \emptyset$. Seien $a',b' \in \varphi(H)$. Dann gibt es $a,b \in H$ mit $\varphi(a) = a'$ und $\varphi(b) = b'$ und es folgt $a'(b')^{-1} = \varphi(a)\varphi(b)^{-1} = \varphi(a)\varphi(b^{-1}) = \varphi(ab^{-1}) \in \varphi(H)$ wegen $ab^{-1} \in H$.

Da G eine Untergruppe von G ist, ist $\text{Im}(\varphi) = \varphi(G)$ eine Untergruppe von G'.

2) Ist e das neutrale Element von G und e' das von G', so gilt $\varphi(e) = e' \in H'$, also $e \in \varphi^{-1}(H')$. Seien $a,b \in \varphi^{-1}(H')$. Dann gilt $\varphi(ab^{-1}) = \varphi(a)\varphi(b)^{-1} \in H'$, also $ab^{-1} \in \varphi^{-1}(H')$.

Da $\{e'\}$ eine Untergruppe von G' ist, ist $\text{Ker}(\varphi) = \varphi^{-1}(\{e'\})$ eine Untergruppe von G.

1.5.4. Beispiele.

1) Ist G eine Gruppe und e ihr neutrales Element, so gilt:

   a) G und $\{e\}$ sind Untergruppen von G (vgl. auch 1.7.3).

   b) Die Menge Aut(G) aller Automorphismen von G ist eine Untergruppe der Gruppe $(\mathcal{F}(G), \circ)$ (vgl. 1.2.7,3)).

   c) Die Abbildung

$$\varphi: G \longrightarrow \text{Aut}(G), \quad a \longmapsto \varphi_a,$$

   (φ_a wie in 1.3.7) ist ein Homomorphismus der Gruppen.

d) Die Menge Int(G) aller inneren Automorphismen von G ist eine Untergruppe von Aut(G) (und damit von $\mathcal{Y}$(G)).

2) Seien $\pi := \left\langle \begin{smallmatrix} 1 & 2 & 3 & 4 \\ 2 & 1 & 4 & 3 \end{smallmatrix} \right\rangle$ und $\sigma := \left\langle \begin{smallmatrix} 1 & 2 & 3 & 4 \\ 3 & 4 & 1 & 2 \end{smallmatrix} \right\rangle$ aus $\mathcal{Y}_4$ (vgl.1.2.7,3)).

Dann ist H:= {id,π,σ,$\pi \circ \sigma$} eine vierelementige Untergruppe von $\mathcal{Y}_4$, H ist abelsch und es gilt $\pi \circ \pi = \sigma \circ \sigma = (\pi \circ \sigma) \circ (\pi \circ \sigma) =$ = id.

(Jede vierelementige Gruppe H = {e,a,b,c} mit neutralem Element e und $a^2 = b^2 = c^2 = e$ heißt <u>Kleinsche Vierergruppe</u>.)

3) H ist genau dann eine Untergruppe von ($\mathbb{Z}$,+), wenn es ein m $\in \mathbb{Z}$ mit H = m$\mathbb{Z}$:= {mk: k $\in \mathbb{Z}$} gibt.

4) Sei i $\in \mathbb{C}$ die imaginäre Einheit und seien

$$E := \begin{pmatrix} 1 & 0 \\ 0 & 1 \end{pmatrix}, \quad I := \begin{pmatrix} i & 0 \\ 0 & -i \end{pmatrix}, \quad J := \begin{pmatrix} 0 & 1 \\ -1 & 0 \end{pmatrix}, \quad K := \begin{pmatrix} 0 & i \\ i & 0 \end{pmatrix}.$$

Die Menge Q:= {E,-E,I,-I,J,-J,K,-K} ist eine nicht-abelsche Untergruppe der Gruppe GL(2,$\mathbb{C}$) aller invertierbaren (2×2)-Matrizen mit komplexen Koeffizienten. Sie heißt <u>Quaternionengruppe</u>.

<u>Beweis.</u> 1) a) ist trivial.

b) Es gilt $\text{id}_G \in$ Aut(G). Aus 1.3.3,b) und 1.3.6,b) folgt, daß mit φ und ψ auch $\varphi \circ \psi^{-1}$ in Aut(G) liegt.

c) Für alle a,b,x $\in$ G gilt $\varphi(ab)(x) = \varphi_{ab}(x) = (ab)x(ab)^{-1} =$ = $a(bxb^{-1})a^{-1} = (\varphi_a \cdot \varphi_b)(x) = (\varphi(a) \circ \varphi(b))(x)$.

d) Wegen Int(G) = φ(G) und 1.5.3 ist Int(G) eine Untergruppe von Aut(G).

2) prüft man ohne Schwierigkeiten nach.

3) Für jedes m $\in \mathbb{Z}$ ist nach 1.3.2 die Abbildung μ_m: $\mathbb{Z} \rightarrow \mathbb{Z}$, k $\mapsto$ mk, ein Endomorphismus von ($\mathbb{Z}$,+). Daher ist m$\mathbb{Z} = \mu_m(\mathbb{Z})$ nach 1.5.3 eine Untergruppe von $\mathbb{Z}$.

Ist umgekehrt H eine Untergruppe von ($\mathbb{Z}$,+), so hat m = 0 im Falle H = {0} die gewünschten Eigenschaften. Es braucht daher nur noch der Fall untersucht zu werden, daß H von 0 verschiedene Elemente enthält: Da mit k auch -k in H liegt, enthält H dann auch positive ganze Zahlen.

Sei m die kleinste in H enthaltene positive ganze Zahl.

Beh. H = m$\mathbb{Z}$.

Bew. "⊃": Da H eine Untergruppe von $\mathbb{Z}$ ist und m ∈ H gilt, hat man m$\mathbb{Z}$⊂H.

"⊂": Sei x ∈ H. Dann gibt es k,r ∈ $\mathbb{Z}$ mit 0 ≤ r < m und x = = km + r. Da H Untergruppe von $\mathbb{Z}$ ist, folgt r = x - km ∈ H. Da m die kleinste in H enthaltene positive ganze Zahl ist und r ein Element von H mit 0 ≤ r < m ist, folgt r = 0, also x = = km ∈ m$\mathbb{Z}$.

4) Man rechnet leicht nach, daß für die Produkte der Matrizen E,I,J,K die in folgender Tabelle zusammengestellten Beziehungen gelten

·	E	I	J	K
E	E	I	J	K
I	I	-E	K	-J
J	J	-K	-E	I
K	K	J	-I	-E

Daher ist die Menge Q:= {E,-E,I,-I,J,-J,K,-K} eine Untergruppe von GL(2,$\mathbb{C}$).

1.6. Nebenklassen

1.6.1. Definition. Ist G eine Gruppe, H eine Untergruppe von G und a ∈ G, so heißt die Menge
aH:= {ax: x ∈ H} die linke Nebenklasse von a bzgl. H
und die Menge
Ha:= {ya: y ∈ H} die rechte Nebenklasse von a bzgl. H.
Die linke bzw. rechte Nebenklasse von a bzgl. H ist also das Bild von H unter der Links- bzw. Rechtstranslation um a.

1.6.2. Seien G_1 und G_2 Gruppen, $\Phi: G_2 \to$ Aut(G_1) sei ein Homomorphismus der Gruppen.
Für $(x_1,x_2),(y_1,y_2) \in G_1 \times G_2$ sei
$(x_1,x_2) \cdot (y_1,y_2) := (x_1 \cdot \Phi(x_2)(y_1), x_2 \cdot y_2)$.
Dadurch ist eine innere Verknüpfung von $G_1 \times G_2$ erklärt. Man rechnet ohne Schwierigkeiten nach, daß $G_1 \times G_2$ zusammen mit der so definierten Verknüpfung eine Gruppe ist. Diese heißt

<u>semidirektes</u> <u>Produkt</u> von G_1 und G_2 bzgl. Φ und wird mit $G_1 \times_\Phi G_2$ bezeichnet. (e_1,e_2) ist ihr neutrales Element (e_i sei dabei das neutrale Element von G_i) und $(\Phi(x_2^{-1})(x_1^{-1}),x_2^{-1})$ ist das Inverse von $(x_1,x_2) \in G_1 \times_\Phi G_2$.

Offensichtlich ist das direkte Produkt der Gruppen G_1 und G_2 (vgl. 1.2.7,5)) gleich dem semidirekten Produkt von G_1 und G_2 bzgl. des Homomorphismus $\Phi: G_2 \to \text{Aut}(G_1)$ mit $\Phi(x_2) = \text{id}_{G_1}$ für alle $x_2 \in G_2$.

Ebenfalls leicht nachzuprüfen ist, daß $G_1 \times \{e_2\}$ und $\{e_1\} \times G_2$ Untergruppen von $G_1 \times_\Phi G_2$ sind.

Wählt man insbesondere $G_1 = G_2 = (\mathbb{R},+)$ und $\Phi: \mathbb{R} \to \text{Aut}(\mathbb{R})$ so, daß $\Phi(x)(y) = e^x y$ für alle $x,y \in \mathbb{R}$ gilt (Φ ist dann ein Homomorphismus der Gruppen), so ist $\{a\} \times \mathbb{R}$ die linke und $\{(ae^x,x): x \in \mathbb{R}\}$ die rechte Nebenklasse von $(a,0) \in \mathbb{R} \times_\Phi \mathbb{R}$ bzgl. $H = \{0\} \times \mathbb{R}$.

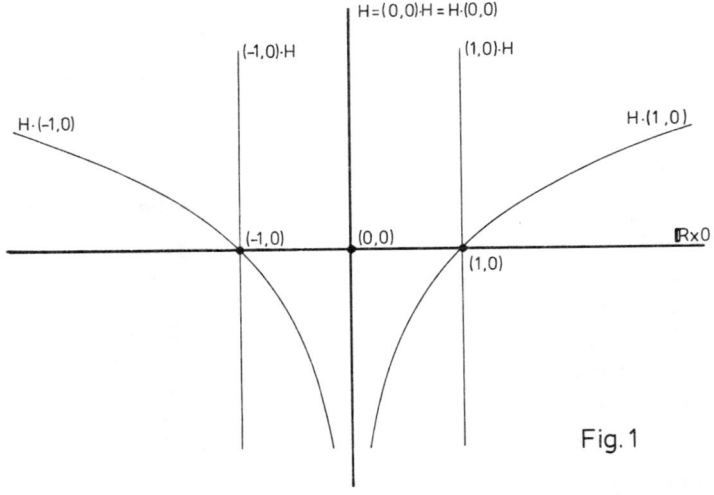

Fig. 1

1.6.3. <u>Lemma.</u> Sei G eine Gruppe und H eine Untergruppe von G. Dann sind für $a,b \in G$ folgende Aussagen äquivalent:

1) $aH = bH$

2) $b \in aH$

3) $a^{-1}b \in H$

Analoges gilt für die rechten Nebenklassen bzgl. H.

Beweis. 1) $\Rightarrow$ 2): b = be $\in$ bH = aH.

2) $\Rightarrow$ 3): b $\in$ aH $\Rightarrow$ Es gibt x $\in$ H mit b = ax $\Rightarrow$ $a^{-1}b$ = x $\in$ H.

3) $\Rightarrow$ 1): x $\in$ aH $\Rightarrow$ Es gibt y $\in$ H mit x = ay = $bb^{-1}ay$ =
$$= b(a^{-1}b)^{-1}y \in bH$$

x $\in$ bH $\Rightarrow$ Es gibt y $\in$ H mit x = by = $a(a^{-1}b)y \in$ aH.

1.6.4. Definition. Sei G eine Gruppe, H eine Untergruppe von G
und seien a,b $\in$ G.

a heißt kongruent zu b modulo H (in Zeichen a $\equiv$ b mod H),
wenn eine (und damit jede) der Bedingungen aus 1.6.3 erfüllt
ist.

1.6.5. Bemerkung. Sei G eine Gruppe und H eine Untergruppe
von G.

Dann ist die Relation "kongruent modulo H" eine Äquivalenzrelation auf G und für jedes a $\in$ G ist aH die Äquivalenzklasse
von a.

Beweis. Wegen $a^{-1}a \in$ H gilt a $\equiv$ a mod H für alle a $\in$ G. Für
a,b $\in$ G gilt: a $\equiv$ b mod H $\Rightarrow$ $a^{-1}b \in$ H $\Rightarrow$ $b^{-1}a = (a^{-1}b)^{-1} \in$ H
$\Rightarrow$ b $\equiv$ a mod H.

Für a,b,c $\in$ G gilt schließlich: a $\equiv$ b mod H und b $\equiv$ c mod H
$\Rightarrow$ $a^{-1}b \in$ H und $b^{-1}c \in$ H $\Rightarrow$ $a^{-1}c = (a^{-1}b)(b^{-1}c) \in$ H $\Rightarrow$ a $\equiv$ c mod H.

Außerdem gilt für a,x $\in$ G: x $\equiv$ a mod H $\leftrightarrow$ a $\equiv$ x mod H $\leftrightarrow$ $a^{-1}x \in$ H
$\leftrightarrow$ x $\in$ aH.

1.6.6. Beispiel. Für jede ganze Zahl m ist $m\mathbb{Z}$ eine Untergruppe
der Gruppe $(\mathbb{Z},+)$ (vgl. 1.5.4,3)). Im Falle m $\neq$ O gilt für ganze Zahlen k und ℓ:

$\qquad$ k $\equiv$ ℓ mod $m\mathbb{Z}$ $\leftrightarrow$ ℓ - k $\in$ $m\mathbb{Z}$

$\qquad\qquad\qquad$ $\leftrightarrow$ ℓ - k ist durch m teilbar

$\qquad\qquad\qquad$ $\leftrightarrow$ k und ℓ haben bei Division durch m densel-
$\qquad\qquad\qquad$ ben nichtnegativen Rest.

Ist daher k $\in$ $\mathbb{Z}$ und r der nichtnegative Rest bei Division von
k durch m, so gilt k + $m\mathbb{Z}$ = r + $m\mathbb{Z}$.
$\{r + m\mathbb{Z}: r \in \mathbb{N}$ und O $\leq$ r < $|m|\}$ ist somit die Menge der Links-
nebenklassen der Elemente von $\mathbb{Z}$ bzgl. $m\mathbb{Z}$.

1.6.7. Lemma. Sei G eine Gruppe, H eine Untergruppe von G, G/H die Menge der linken und H\G die Menge der rechten Nebenklassen bzgl. H. Dann ist durch $aH \mapsto Ha^{-1}$ eine bijektive Abbildung

$$f: G/H \longrightarrow H\backslash G$$

definiert; die Mengen G/H und H\G sind also gleichmächtig.

Beweis. Gilt $bH = aH$, so gibt es ein $x \in H$ mit $b = ax$. Es folgt $b^{-1} = x^{-1}a^{-1} \in Ha^{-1}$, also $Hb^{-1} = Ha^{-1}$. Durch $f(aH) := Ha^{-1}$ für alle $a \in G$ wird daher eine Abbildung $f: G/H \to H\backslash G$ erklärt. Diese ist trivialerweise surjektiv. Sie ist aber auch injektiv, denn aus $Ha^{-1} = Hb^{-1}$ folgt, daß es ein $x \in H$ mit $b^{-1} = xa^{-1}$ gibt, was sofort $b \in aH$, also $aH = bH$ liefert.

1.7. Normalteiler

1.7.1. Bemerkung. Sei G eine Gruppe und H eine Untergruppe von G. Dann sind folgende Aussagen äquivalent:

1) $aH = Ha$ für alle $a \in G$.
2) $aHa^{-1} \subset H$ für alle $a \in G$.
3) $\varphi(H) \subset H$ für alle inneren Automorphismen φ von G.
4) $aHa^{-1} = H$ für alle $a \in G$.
5) $\varphi(H) = H$ für alle inneren Automorphismen φ von G.

Beweis. 1) $\Rightarrow$ 2) Für jedes $a \in G$ und jedes $x \in aHa^{-1} = \{aya^{-1}: y \in H\}$ gilt $xa \in Ha$, also $x \in H$.
2) $\Leftrightarrow$ 3) folgt unmittelbar aus der Definition des Begriffes "innerer Automorphismus".
3) $\Rightarrow$ 4) Sei φ ein innerer Automorphismus von G. Dann ist auch φ^{-1} ein innerer Automorphismus von G, so daß $\varphi(H) \subset H$ und $\varphi^{-1}(H) \subset H$, also $\varphi(H) \subset H$ und $H = \varphi(\varphi^{-1}(H)) \subset \varphi(H)$ aus 3) folgt.
4) $\Leftrightarrow$ 5) ist wieder klar.
4) $\Rightarrow$ 1) Für jedes $a \in G$ gilt:
$x \in aH \Rightarrow a^{-1}x \in H = a^{-1}Ha \Rightarrow x \in Ha$.
$x \in Ha \Rightarrow xa^{-1} \in H = aHa^{-1} \Rightarrow x \in aH$.

1.7.2. Definition. Eine Untergruppe H einer Gruppe G heißt

Normalteiler von G, wenn sie eine (und damit jede) der äqui-
valenten Bedingungen aus 1.7.1 erfüllt.

1.7.3. Beispiele.

1) Jede Gruppe G besitzt die trivialen Normalteiler {e} und G
   (e sei das neutrale Element von G).

2) Jede Untergruppe einer abelschen Gruppe G ist Normalteiler
   von G.

3) In dem Beispiel aus 1.6.2 ist $\mathbb{R} \times \{0\}$ ein Normalteiler von
   $\mathbb{R} \times_\Phi \mathbb{R}$. Dagegen ist die Untergruppe $\{0\} \times \mathbb{R}$ kein Normalteiler.

1.7.4. Bemerkung. Ist φ: G → G' ein Homomorphismus der Gruppe
G in die Gruppe G', so gilt:

1) Für jeden Normalteiler N' von G' ist $\varphi^{-1}(N')$ Normalteiler
   von G. Insbesondere ist Ker(φ) Normalteiler von G.

2) Ist φ surjektiv und N ein Normalteiler von G, so ist $\varphi(N)$
   Normalteiler von G'.

Beweis. 1) Wegen 1.5.3 ist $\varphi^{-1}(N')$ eine Untergruppe von G. Für
alle a ∈ G und alle x ∈ $\varphi^{-1}(N')$ gilt außerdem $\varphi(axa^{-1})$ =
= $\varphi(a)\varphi(x)\varphi(a)^{-1} \in \varphi(a)N'\varphi(a)^{-1} \subset N'$, also $axa^{-1} \in \varphi^{-1}(N')$.

2) Sei x' ∈ $\varphi(N)$ und a' ∈ G'. Dann gibt es x ∈ N und a ∈ G mit
$\varphi(x)$ = x' und $\varphi(a)$ = a'. Es folgt $a'x'a'^{-1} = \varphi(axa^{-1}) \in \varphi(N)$.

1.7.5. Beispiel. Daß für einen Homomorphismus φ: G → G', der
nicht surjektiv ist, Im(φ) kein Normalteiler von G' zu sein
braucht, zeigt folgendes Beispiel:
Sei G eine Gruppe und H eine Untergruppe von G, die kein Normalteiler von G ist. Die Inklusionsabbildung ι: H → G, a ↦ a,
ist ein Homomorphismus der Gruppen, Im(ι) = H ist aber kein
Normalteiler von G.

1.7.6. Definition. Sei G eine Gruppe und H eine Untergruppe
von G. Die Menge

$$\text{Nor}(H) := \{a \in G: aHa^{-1} = H\}$$

heißt der Normalisator von H in G.

1.7.7. Bemerkung. Ist G eine Gruppe, H eine Untergruppe von G und Nor(H) der Normalisator von H in G, so gilt:

1) Nor(H) ist Untergruppe von G.

2) H ist Normalteiler von Nor(H).

3) Ist K eine Untergruppe von G und H Normalteiler von K, so gilt K $\subset$ Nor(H).

Nor(H) ist also die größte Untergruppe von G, in der H Normalteiler ist.

Beweis. 1) Für jedes a $\in$ G sei φ_a: G $\rightarrow$ G, x $\mapsto$ axa^{-1}, der durch a bestimmte innere Automorphismus von G. Dann gilt für jedes a $\in$ G: a $\in$ Nor(H) $\leftrightarrow$ φ_a(H) = H.

Beh. Nor(H) ist Untergruppe von G.

Bew. Offensichtlich liegt das neutrale Element von G in Nor(H). Außerdem gilt: a,b $\in$ Nor(H) $\Rightarrow$ φ_a(H) = H und φ_b(H) = H $\Rightarrow$ φ_{ab}(H) = = ($\varphi_a \circ \varphi_b$)(H) = H $\Rightarrow$ ab $\in$ Nor(H) und a $\in$ Nor(H) $\Rightarrow$ φ_a(H) = H $\Rightarrow$
$\Rightarrow$ $\varphi_{a^{-1}}$(H) = φ_a^{-1}(H) = H $\Rightarrow$ a^{-1} $\in$ Nor(H).

2) ist nach Definition von Nor(H) trivial.

3) H Normalteiler von K $\Rightarrow$ aHa^{-1} = H für alle a $\in$ K
$\Rightarrow$ a $\in$ Nor(H) für alle a $\in$ K $\Rightarrow$ K $\subset$ Nor(H).

1.8. Faktorgruppen

1.8.1. Satz. Sei G eine Gruppe, N ein Normalteiler von G, G/N die Menge der linken Nebenklassen von G bzgl. N und ρ: G $\rightarrow$ G/N, a $\mapsto$ aN.

Dann gibt es genau eine innere Verknüpfung $\cdot$ von G/N, so daß gilt:

a) (G/N,$\cdot$) ist eine Gruppe.

b) Die Abbildung ρ ist ein Homomorphismus von G in (G/N,$\cdot$).

ρ ist dann sogar ein Epimorphismus, es gilt Ker(ρ) = N, N ist das neutrale Element von (G/N,$\cdot$) und a^{-1}N das Inverse von aN.

Beweis. 1) Eindeutigkeit der Verknüpfung $\cdot$: Ist (G/N,$\cdot$) eine Gruppe und ρ ein Homomorphismus von G in (G/N,$\cdot$), so gilt für alle a,b $\in$ G:

$$aN \cdot bN = \rho(a) \circ \rho(b) = \rho(ab) = (ab)N.$$

2) Es gibt eine Verknüpfung $\cdot$ von G/N mit aN$\cdot$bN = (ab)N für alle a,b $\in$ G:

Dazu ist zu zeigen, daß aus $\tilde{a}N = aN$ und $\tilde{b}N = bN$ stets $(\tilde{a}\tilde{b})N =$ $= (ab)N$, d.h. $(\tilde{a}\tilde{b})^{-1}(ab) \in N$ folgt.

Wegen $\tilde{a}N = aN$ gibt es ein $n \in N$ mit $a = \tilde{a}n$ und wegen $\tilde{b}N =$ $= bN = Nb$ ein $m \in N$ mit $nb = \tilde{b}m$. Damit erhält man $(\tilde{a}\tilde{b})^{-1}(ab) =$ $= \tilde{b}^{-1}\tilde{a}^{-1}ab = \tilde{b}^{-1}\tilde{a}^{-1}\tilde{a}nb = \tilde{b}^{-1}\tilde{b}m = m \in N$.

3) Daß $(G/N, \cdot)$ eine Gruppe mit neutralem Element $N = eN$ ist (e sei dabei wieder das neutrale Element von G) und daß $a^{-1}N$ das Inverse von aN ist, folgt unmittelbar aus der Definition der Verknüpfung. Ebenso folgt, daß ρ ein Epimorphismus ist. Ferner gilt: $a \in \text{Ker}(\rho) \leftrightarrow aN = N \leftrightarrow a \in N$, also $\text{Ker}(\rho) = N$.

1.8.2. Definition. Sei G eine Gruppe und N ein Normalteiler von G.
Die in 1.8.1 konstruierte Gruppe G/N heißt die Faktorgruppe von G modulo N.
Der Epimorphismus $\rho: G \to G/N$, $a \mapsto aN$, heißt der kanonische Epimorphismus von G auf G/N.

1.8.3. Bemerkung. Sei G eine Gruppe und H eine Teilmenge von G.
Dann ist H genau dann Normalteiler von G, wenn es eine Gruppe G' und einen Homomorphismus $\varphi: G \to G'$ gibt mit $\text{Ker}(\varphi) = H$.

Beweis. Daß der Kern eines Gruppenhomomorphismus ein Normalteiler ist, wurde schon in 1.7.4 bewiesen.
Der Rest der Aussage folgt unmittelbar aus 1.8.1.

1.8.4. Beispiel. Da die Gruppe $(\mathbb{Z},+)$ abelsch ist, ist jede ihrer Untergruppen Normalteiler. Daher ist für jedes $m \in \mathbb{Z}$ die Faktorgruppe $\mathbb{Z}/m\mathbb{Z}$ erklärt.
In $\mathbb{Z}/m\mathbb{Z}$ rechnet man wie folgt:

$$(k+m\mathbb{Z}) + (\ell+m\mathbb{Z}) = (k+\ell) + m\mathbb{Z} \text{ für alle } k,\ell \in \mathbb{Z}.$$

Im Falle $m = 0$ gilt $\mathbb{Z}/m\mathbb{Z} = \{\{k\}: k \in \mathbb{Z}\}$ und die Abbildung $\rho: \mathbb{Z} \to \mathbb{Z}/m\mathbb{Z}$, $k \mapsto \{k\}$, ist ein Isomorphismus der Gruppen.
Im Falle $m \neq 0$ ist $\mathbb{Z}/m\mathbb{Z}$ eine Gruppe mit den $|m|$ Elementen $k + m\mathbb{Z}$, $k \in \{0,\ldots,|m|-1\}$ (vgl. 1.6.6).

1.9. Die Isomorphiesätze

Sei φ: G → G' ein Gruppenhomomorphismus, N ein Normalteiler von G und ρ: G → G/N der kanonische Epimorphismus. Es soll zunächst untersucht werden, wann es einen Gruppenhomomorphismus $\overline{\varphi}$: G/N → G' gibt, so daß das folgende Diagramm kommutiert:

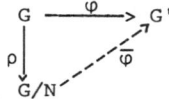

Notwendig für die Existenz eines derartigen Homomorphismus ist die Bedingung N ⊂ Ker(φ), denn aus $\overline{\varphi} \circ \rho = \varphi$ folgt $\varphi(n) = \overline{\varphi}(\rho(n)) = \overline{\varphi}(N)$ für alle n ∈ N, so daß $\varphi(n)$ für jedes n ∈ N gleich dem neutralen Element von G' ist (N ist das neutrale Element von G/N und $\overline{\varphi}$ ein Gruppenhomomorphismus).

Daß diese Bedingung auch hinreichend ist, zeigt der folgende Satz.

1.9.1. Satz. Sei φ: G → G' ein Gruppenhomomorphismus, N ein Normalteiler von G mit N ⊂ Ker(φ) und ρ: G → G/N der kanonische Epimorphismus.
Dann gibt es genau einen Gruppenhomomorphismus

$$\overline{\varphi}: G/N \longrightarrow G' \text{ mit } \overline{\varphi} \circ \rho = \varphi.$$

Mit φ ist auch $\overline{\varphi}$ ein Epimorphismus und es gilt Ker($\overline{\varphi}$) = = Ker(φ)/N.

Beweis. 1) Es gibt höchstens ein solches $\overline{\varphi}$, denn aus $\overline{\varphi} \circ \rho = \varphi$ folgt für jedes a ∈ G: $\overline{\varphi}(aN) = \overline{\varphi}(\rho(a)) = \varphi(a)$.
2) Es gibt eine Abbildung $\overline{\varphi}$: G/N → G' mit $\overline{\varphi}(aN) = \varphi(a)$ für alle a ∈ G, denn aus bN = aN folgt $b^{-1}a$ ∈ N, also e' = $\varphi(b^{-1}a)$= = $\varphi(b)^{-1}\varphi(a)$ und daher $\varphi(b) = \varphi(a)$ wegen N ⊂ Ker(φ) (e' sei dabei das neutrale Element von G').
3) Die Abbildung $\overline{\varphi}$: G/N → G' mit $\overline{\varphi}(aN) = \varphi(a)$ für alle a ∈ G ist ein Gruppenhomomorphismus, denn für alle a,b ∈ G gilt $\overline{\varphi}((aN)(bN)) = \overline{\varphi}((ab)N) = \varphi(ab) = \varphi(a)\varphi(b) = \overline{\varphi}(aN)\overline{\varphi}(bN)$.
4) Sei φ surjektiv. Dann gibt es zu jedem a' ∈ G' ein a ∈ G mit a' = $\varphi(a) = \overline{\varphi}(\rho(a))$; $\overline{\varphi}$ ist also ebenfalls surjektiv.
5) Für jedes a ∈ G gilt: aN ∈ Ker($\overline{\varphi}$) ↔ $\varphi(a)$ = e' ↔ a ∈ Ker(φ) ↔ aN ∈ Ker(φ)/N, denn wenn aN in Ker(φ)/N liegt, gibt es ein

b ∈ Ker(φ) mit aN = bN, so daß a wegen N ⊂ Ker(φ) Element von
Ker(φ) ist.

1.9.2. Homomorphiesatz. Sei φ: G → G' ein Gruppenhomomorphismus.
Dann ist durch
$$\overline{\varphi}(a \cdot \text{Ker}(\varphi)) := \varphi(a) \text{ für alle } a \in G$$
ein Monomorphismus
$$\overline{\varphi}: G/\text{Ker}(\varphi) \longrightarrow G'$$
erklärt.
Die Gruppen G/Ker(φ) und φ(G) sind also isomorph.

Beweis. Daß es genau einen Gruppenhomomorphismus $\overline{\varphi}$ mit der angegebenen Eigenschaft gibt, folgt aus 1.9.1. Wegen 1.9.1 gilt
auch Ker($\overline{\varphi}$) = Ker(φ)/Ker(φ) = {Ker φ}. Ker($\overline{\varphi}$) enthält somit
lediglich das neutrale Element von G/Ker(φ); $\overline{\varphi}$ ist daher in-
jektiv.

1.9.3. Erster Isomorphiesatz. Sei G eine Gruppe, H eine Untergruppe und N ein Normalteiler von G. Dann gilt:
1) HN:= {hn: h ∈ H, n ∈ N} ist eine Untergruppe von G.
2) N ist ein Normalteiler von HN.
3) H∩N ist ein Normalteiler von H.
4) Durch
$$\varphi(a(H \cap N)) := aN \text{ für alle } a \in H$$
wird ein Isomorphismus
$$\varphi: H/H \cap N \longrightarrow HN/N$$
erklärt.

Beweis. Es liegt folgende Situation vor:

1) Das neutrale Element e von G liegt in H und in N also auch
in HN.
Seien x,y ∈ HN gegeben. Dann gibt es h,k ∈ H und m,n ∈ N mit
x = hm und y = kn. Man erhält $xy^{-1} = h(mn^{-1})k^{-1}$. Da N Normalteiler ist, gilt $Nk^{-1} = k^{-1}N$, es gibt daher ein $\tilde{n} \in N$ mit
$(mn^{-1})k^{-1} = k^{-1}\tilde{n}$. Insgesamt folgt $xy^{-1} = hk^{-1}\tilde{n} \in HN$.
2) Da wegen e ∈ H trivialerweise N ⊂ HN gilt, ist N Normal-
teiler von HN.

3) und 4) Seien ρ: G $\to$ G/N und ρ': HN $\to$ HN/N die kanonischen Epimorphismen und $\rho'':= \rho'|H$. Dann hat man folgendes Diagramm aus Gruppen und Gruppenhomomorphismen.

$$
\begin{array}{ccccc}
G & \supset & HN & \supset & H \\
\rho\downarrow & & \rho'\downarrow & \nearrow \rho'' & \\
G/N & \supset & HN/N & &
\end{array}
$$

Wegen $\mathrm{Ker}(\rho'') = \mathrm{Ker}(\rho')\cap H = N\cap H$ ist $N\cap H$ Normalteiler von H.

Im Hinblick auf den Homomorphiesatz ist nur noch zu zeigen, daß ρ'' surjektiv ist. Dies ist aber leicht, denn ist $x \in HN/N$, so gibt es $h \in H$ und $n \in N$ mit $x = (hn)N = hN = \rho''(h)$.

1.9.4. Zweiter Isomorphiesatz. Sind M und N Normalteiler einer Gruppe G mit $M \subset N$, so gilt:

1) N/M ist ein Normalteiler von G/M.

2) Durch

$$\varphi((aM)(N/M)) := aN \text{ für alle } a \in G$$

wird ein Isomorphismus

$$\varphi: (G/M)/(N/M) \longrightarrow G/N$$

erklärt.

Beweis. Seien ρ: G $\to$ G/M und σ: G $\to$ G/N die kanonischen Epimorphismen. Da σ surjektiv ist und $M \subset N = \mathrm{Ker}(\sigma)$ gilt, gibt es nach 1.9.1 einen Epimorphismus $\bar\sigma$: G/M $\to$ G/N, so daß das Diagramm

$$
\begin{array}{ccc}
G & \xrightarrow{\sigma} & G/N \\
\rho\downarrow & \nearrow \bar\sigma & \\
G/M & &
\end{array}
$$

kommutativ wird.

Wegen $\mathrm{Ker}(\bar\sigma) = \mathrm{Ker}(\sigma)/M = N/M$ ist N/M Normalteiler von G/M und der Homomorphiesatz liefert den Rest der Behauptung.

1.10. Ordnung und Index

1.10.1. Definition.

a) Für eine Menge X heißt

$$\mathrm{ord}(X) := \begin{cases} \text{Anzahl der Elemente von X, falls X endlich} \\ \infty, \text{ falls X nicht endlich.} \end{cases}$$

die Ordnung von X.

b) Ist G eine Gruppe, H eine Untergruppe von G und G/H die
Menge der linken Nebenklassen von G bzgl. H, so heißt

$$[G:H] := \text{ord}(G/H)$$

der Index von H in G.

c) Eine Gruppe G heißt endlich, wenn die Ordnung von G endlich
ist.

1.10.2. Bemerkung. Ist G eine Gruppe und H eine Untergruppe
von G, so ist für jedes a $\in$ G die Abbildung H $\to$ aH, x $\mapsto$ ax,
bijektiv. Daher sind die Mengen H und aH gleichmächtig und
man erhält

$$\text{ord}(aH) = \text{ord}(H) \quad \text{für alle } a \in G.$$

1.10.3. Satz von Lagrange. Ist G eine Gruppe und H eine Untergruppe von G, so gilt

$$\text{ord}(G) = \text{ord}(H) \cdot [G:H]$$

Beweis. V $\subset$ G sei so gewählt, daß V aus jeder linken Nebenklasse bzgl. H genau ein Element enthält. Dann ist G die disjunkte Vereinigung aller aH, a $\in$ V.

Aus $\text{ord}(G) = \infty$ folgt daher $\text{ord}(H) = \infty$ oder $[G:H] = \infty$ und aus
$\text{ord}(G) < \infty$ folgt mit Hilfe von 1.10.2 sofort $\text{ord}(G) =$
$= \sum_{a \in V} \text{ord}(aH) = \text{ord}(H) \cdot \text{ord}(V) = \text{ord}(H) \cdot [G:H].$

1.10.4. Korollar. Ist die Ordnung einer Gruppe G eine Primzahl,
so besitzt G nur die beiden trivialen Untergruppen.

1.11. Zyklische Gruppen

1.11.1. Definition. Sei G eine Gruppe und X eine Teilmenge von
G. Dann heißt die Menge

$$[X] := \bigcap \{H: H \text{ Untergruppe von } G \text{ und } X \subset H\}$$

die von X erzeugte Untergruppe von G.

Für a $\in$ G schreibt man statt [{a}] meist [a].

$\text{ord}(a) := \text{ord}([a])$ heißt die Ordnung des Elementes a $\in$ G.

1.11.2. Lemma. Sei G eine Gruppe und X eine Teilmenge von G.
Dann gilt:

1) [X] ist die kleinste Untergruppe von G, die X enthält.

2) Im Falle X $\neq \emptyset$ gilt

$$[X] = \{a \in G: \text{Es gibt } n \in \mathbb{N}\setminus\{0\}, x_1, \ldots, x_n \in X \text{ und}$$
$$\varepsilon_1, \ldots, \varepsilon_n \in \{-1, +1\} \text{ mit } a = x_1^{\varepsilon_1} \ldots x_n^{\varepsilon_n}\},$$

d.h. [X] ist die Menge aller endlichen Produkte aus Elementen von X ∪ {x^{-1}: x ∈ X}.

Beweis. 1) ist klar, da jeder Durchschnitt von Untergruppen von G wieder Untergruppe von G ist.

2) Sei H die Menge auf der rechten Seite. Da [X] eine Untergruppe von G mit X ⊂ [X] ist, gilt H ⊂ [X].

Wegen X ⊂ H ist [X] ⊂ H bewiesen, wenn gezeigt ist, daß H eine Untergruppe von G ist. Dies prüft man aber sofort nach.

1.11.3. Definition. Sei G eine Gruppe mit neutralem Element e, a ein Element von G und n eine ganze Zahl.

Das durch

$$a^0 := e,$$
$$a^k := aa^{k-1}$$
$$\text{und } a^{-k} := (a^k)^{-1}$$
für k ∈ ℕ∖{0}

induktiv definierte Element a^n von G heißt n-te <u>Potenz</u> von a. Bezeichnet man die Verknüpfung von G mit +, so schreibt man na statt a^n und nennt na <u>Vielfaches</u> von a.

1.11.4. Rechenregeln. Durch vollständige Induktion beweist man leicht:

1) Ist a ein Element einer Gruppe, so gilt für alle m,n ∈ ℤ:
$$a^m a^n = a^{m+n} \text{ und } (a^m)^n = a^{mn}.$$

2) Sind a und b Elemente einer Gruppe mit <u>ab = ba</u>, so gilt für alle n ∈ ℤ:
$$(ab)^n = a^n b^n.$$

1.11.5. Bemerkung. Ist a ein Element einer Gruppe, so folgt aus 1.11.2 sofort
$$[a] = \{a^n: n ∈ ℤ\}.$$

1.11.6. Definition. Eine Gruppe G heißt <u>zyklisch</u>, wenn es ein a ∈ G mit G = [a] gibt.

a heißt dann ein <u>erzeugendes Element</u> von G.

1.11.7. Satz.

1) Jede zyklische Gruppe ist abelsch.

2) Ist die Ordnung einer Gruppe G eine Primzahl, so ist G zyklisch (also auch abelsch).

3) Ist G eine zyklische Gruppe und a ein erzeugendes Element von G, so ist die Abbildung

$$\varphi: \mathbb{Z} \longrightarrow G, \; n \longmapsto a^n,$$

ein Epimorphismus.

4) Jede Untergruppe einer zyklischen Gruppe ist zyklisch.

__Beweis.__ 1) und 3) folgen unmittelbar aus 1.11.4 und 1.11.5.
2) Sei e das neutrale Element von G. Da ord(G) eine Primzahl
ist, gilt ord(G) $\neq$ 1, es gibt also ein a $\in$ G mit a $\neq$ e. [a]
ist daher eine von {e} verschiedene Untergruppe von G. Wegen
1.10.4 folgt G = [a].
4) Sei G eine zyklische Gruppe, H eine Untergruppe von G und a
ein erzeugendes Element von G.
Ist φ der Epimorphismus aus 3), so ist φ^{-1}(H) eine Untergruppe
von $\mathbb{Z}$, es gibt also ein m $\in \mathbb{N}$ mit φ^{-1}(H) = m$\mathbb{Z}$. Daraus folgt
H = φ(m$\mathbb{Z}$) = {$(a^m)^k$: k $\in \mathbb{Z}$}; a^m ist also ein erzeugendes Element von H.

__1.11.8.__ __Satz__ (Klassifikation der zyklischen Gruppen).
Ist G eine zyklische Gruppe, a ein erzeugendes Element von G
und m:= ord(G), so gilt:
1) Im Falle m = ∞ ist die Abbildung

$$\varphi: \mathbb{Z} \longrightarrow G, \; k \longmapsto a^k,$$

ein Isomorphismus.
2) Im Falle m < ∞ wird durch

$$\psi(k+m\mathbb{Z}) := a^k \text{ für alle } k \in \mathbb{Z}$$

ein Isomorphismus

$$\psi: \mathbb{Z}/m\mathbb{Z} \longrightarrow G$$

erklärt.

Eine zyklische Gruppe ist also entweder isomorph zur Gruppe $\mathbb{Z}$
oder zu einer der Gruppen $\mathbb{Z}/m\mathbb{Z}$, m $\in \mathbb{N} \smallsetminus \{0\}$.

__Beweis.__ Nach 1.11.7 ist φ ein Epimorphismus. Sein Kern ist von
der Form n$\mathbb{Z}$ mit einem n $\in \mathbb{N}$. Daher gibt es nach dem Homomorphiesatz einen Isomorphismus $\psi: \mathbb{Z}/n\mathbb{Z} \longrightarrow G$ mit $\psi(k+n\mathbb{Z}) = a^k$
für alle k $\in \mathbb{Z}$. Im Falle m = ∞ ist somit n = 0, φ also sogar
ein Isomorphismus, und im Falle m < ∞ gilt n = ord($\mathbb{Z}/n\mathbb{Z}$) =
ord(G) = m. Beide Aussagen des Satzes sind also wahr.

__1.11.9.__ __Korollar.__ Sei G eine Gruppe, e ihr neutrales Element.
1) Hat a $\in$ G endliche Ordnung, so gilt für k $\in \mathbb{Z}$:

$a^k = e \leftrightarrow \text{ord}(a)$ ist Teiler von k.

2) Ist G endlich, so gilt $a^{\text{ord}(G)} = e$ für jedes $a \in G$ (<u>Kleiner</u> <u>Fermatscher Satz</u>).

<u>Beweis.</u> 1) Sei m:= ord(a) und ψ: $\mathbb{Z}/m\mathbb{Z} \to [a]$ der Isomorphismus aus 1.11.8. Dann gilt: $a^k = e \leftrightarrow k+m\mathbb{Z} \in \text{Ker}(\psi) = \{m\mathbb{Z}\} \leftrightarrow k \in m\mathbb{Z} \leftrightarrow$ m ist Teiler von k.

2) Sei $a \in G$. Nach 1) gilt $a^{\text{ord}(a)} = e$. Da ord(a) nach 1.10.3 ein Teiler von ord(G) ist, folgt $a^{\text{ord}(G)} = e$.

<u>1.11.10. Korollar.</u> Ist G eine Gruppe und a ein Element der Ordnung $m < \infty$ von G, so gilt
$$[a] = \{a^k: k \in \{0,\ldots,m-1\}\}.$$

<u>Beweis.</u> Nach 1.11.8 gibt es einen Isomorphismus
$$\psi: \mathbb{Z}/m\mathbb{Z} \longrightarrow [a] \text{ mit } \psi(k+m\mathbb{Z}) = a^k \text{ für alle } k \in \mathbb{Z}.$$
Daher gilt $[a] = \psi(\mathbb{Z}/m\mathbb{Z}) = \{\psi(k+m\mathbb{Z}): k \in \{0,\ldots,m-1\}\}$.

<u>1.11.11. Korollar.</u> Sei G eine Gruppe, $a \in G$ habe endliche Ordnung. Ist dann $m \in \mathbb{Z}$ und $d \in \mathbb{N}$ größter gemeinsamer Teiler von m und ord(a), so gilt

$$\text{ord}(a^m) = \frac{\text{ord}(a)}{d}.$$

<u>Beweis.</u> Sei n:= ord(a). Es gibt teilerfremde m',n' $\in \mathbb{Z}$ mit m = dm' und n = dn'. Mit s:= $\text{ord}(a^m)$ erhält man $a^{ms} = (a^m)^s = e$. Wegen 1.11.9 gibt es ein $t \in \mathbb{Z}$ mit ms = nt, also mit m's = n't. Da m',n' teilerfremd sind, ist n' ein Teiler von s, so daß $n' \leq s$ folgt. Analog erhält man $s \leq n'$ aus $(a^m)^{n'} = a^{mn'} = a^{m'dn'} = (a^n)^{m'} = e$.

<u>1.11.12. Korollar.</u> Sei G eine endliche zyklische Gruppe der Ordnung n, a ein erzeugendes Element von G und $b \in G$. b ist genau dann erzeugendes Element von G, wenn es eine zu n teilerfremde natürliche Zahl m gibt mit $b = a^m$.

<u>Beweis.</u> Da a erzeugendes Element von G ist, gibt es ein $m \in \mathbb{N}$ mit $b = a^m$. b ist genau dann erzeugendes Element von G, wenn ord(b) = n ist, wenn also m und n teilerfremd sind (1.11.11).

<u>1.11.13. Korollar.</u> Sei G eine endliche zyklische Gruppe der Ordnung n. Dann gibt es zu jedem positiven Teiler t von n genau eine Untergruppe H von G der Ordnung t. Ist a erzeugendes

Element von G, so gilt H = $[a^m]$, wobei m = $\frac{n}{t}$ ist.

Beweis. Da m größter gemeinsamer Teiler von tm und m ist, gilt ord(a^m) = $\frac{n}{m}$ = t; H:= $[a^m]$ ist also eine Untergruppe von G der Ordnung t. Sei H' eine weitere derartige Untergruppe. Da H' zyklisch ist, gibt es $\ell \in \mathbb{N}$ mit H' = $[a^\ell]$. Ist d $\in \mathbb{N}$ größter gemeinsamer Teiler von n und ℓ, so gilt t = ord(a^ℓ) = $\frac{n}{d}$ = $\frac{mt}{d}$, also m = d und daher m$|\ell$. Es folgt H' $\subset$ H und hieraus H' = H mit ord(H') = ord(H).

1.11.14. Korollar. Sei G eine Gruppe, e ihr neutrales Element. Gilt G $\neq$ {e} und sind {e} und G die einzigen Untergruppen von G, so gibt es eine Primzahl p mit G $\cong \mathbb{Z}/p\mathbb{Z}$.

Beweis. Wegen G = [a] für jedes a $\in$ G $\smallsetminus$ {e} ist G zyklisch. Daher gibt es ein n $\in \mathbb{N}$ mit n $\neq$ 1 und G $\cong \mathbb{Z}/n\mathbb{Z}$. Ist n keine Primzahl, so gibt es nach 1.11.13 und 1.5.4 echte Untergruppen von $\mathbb{Z}/n\mathbb{Z}$.

1.11.15. Satz. Seien G und H endliche zyklische Gruppen, m sei die Ordnung von G, n die Ordnung von H.
Das direkte Produkt G × H von G und H ist genau dann zyklisch, wenn m und n teilerfremd sind, und in diesem Fall ist (a,b) genau dann erzeugendes Element von G × H, wenn a erzeugendes Element von G und b erzeugendes Element von H ist.

Beweis. 1) Ist G × H zyklisch, so gibt es a $\in$ G und b $\in$ H mit G × H = [(a,b)] und man hat G = [a] und H = [b]. Sei nun e das neutrale Element von G und f das von H. Da (a,b) erzeugendes Element von G × H ist, gibt es ein k $\in \mathbb{Z}$ mit (e,f) = $(a,b)^k$ = (a^k,b^k). Aus a^k = e folgt m$|$k, es gibt also ein r $\in \mathbb{Z}$ mit k = rm. Aus b^k = b folgt b^{k-1} = f, also n$|$(k-1), so daß es ein s $\in \mathbb{Z}$ mit k-1 = sn gibt. Insgesamt erhält man 1 = rm - sn; m und n sind also teilerfremd.

2) Sind m,n teilerfremd und gilt G = [a] und H = [b], so beweisen wir G × H = [(a,b)] wie folgt: Zu jedem (x,y) $\in$ G × H gibt es r,s $\in \mathbb{Z}$ mit x = a^r und y = b^s. Da m,n teilerfremd sind, gibt es k $\in \mathbb{Z}$ mit k $\equiv$ r mod m und k $\equiv$ s mod n (vgl. Anhang 1) und man erhält sofort (x,y) = (a^r,b^s) = $(a,b)^k$.

§ 2. Permutationsgruppen

Für eine nichtleere Menge X sei wieder $\mathcal{Y}(X)$ die symmetrische Gruppe von X (vgl. 1.2.7), und $\mathcal{Y}_n$ die symmetrische Gruppe vom Grad n.

2.1. Operation einer Gruppe auf einer Menge

2.1.1. Definition. Eine Gruppe heißt Permutationsgruppe, wenn sie Untergruppe einer symmetrischen Gruppe ist.

Gruppen von Permutationen wurden schon lange vor der Einführung des abstrakten Gruppenbegriffes untersucht. Daß man tatsächlich jede beliebige Gruppe als Permutationsgruppe ansehen kann, besagt der

2.1.2. Satz von Cayley. Jede Gruppe ist isomorph zu einer Permutationsgruppe.

Beweis. Sei G eine Gruppe, und für jedes a ∈ G sei ℓ_a: G → G, x ↦ ax, die Linkstranslation um a. Die Abbildung

$$\ell: G \longrightarrow \mathcal{Y}(G), \quad a \longmapsto \ell_a,$$

ist nach 1.3.2 ein Homomorphismus.
Wegen Ker(ℓ) = {a ∈ G: ax = x für alle x ∈ G} = {e} (e das neutrale Element von G) ist ℓ injektiv.
ℓ(G) ist daher eine zu G isomorphe Untergruppe von $\mathcal{Y}(G)$.

2.1.3. Definition. Sei G eine Gruppe und X eine nichtleere Menge.
Eine Abbildung τ: G × X → X heißt Operation von G auf X, wenn für alle a,b ∈ G und alle x ∈ X gilt:

(*)   τ(ab,x) = τ(a,τ(b,x)) und τ(e,x) = x

(e sei dabei wieder das neutrale Element von G).
Ist τ eine Operation von G auf X, so schreibt man häufig a(x) für τ(a,x). In dieser Schreibweise haben die definierenden Gleichungen (*) die Gestalt

$$(ab)(x) = a(b(x)) \text{ und } e(x) = x.$$

2.1.4. Bemerkung. Sei G eine Gruppe und X eine nichtleere Menge.

1) Ist τ eine Operation von G auf X, so ist für jedes a $\in$ G die Abbildung

$$\tau_a: X \longrightarrow X, \quad x \longmapsto \tau(a,x),$$

bijektiv und die Abbildung

$$G \longrightarrow \mathcal{Y}(X), \quad a \longmapsto \tau_a,$$

ist ein Gruppenhomomorphismus.

2) Ist $\varphi: G \rightarrow \mathcal{Y}(X)$ ein Gruppenhomomorphismus, so ist die Abbildung

$$G \times X \longrightarrow X, \quad (a,x) \longmapsto \varphi(a)(x),$$

eine Operation von G auf X.

3) Die beiden so erklärten Abbildungen zwischen der Menge der Operationen von G auf X und der Menge der Homomorphismen von G in $\mathcal{Y}(X)$ sind bijektiv und zueinander invers.

Der Beweis dieser Aussagen ist einfach und soll hier übergangen werden.

2.1.5. Definition. Sei G eine Gruppe und X eine nichtleere Menge.

Eine Operation τ von G auf X heißt

effektiv, wenn die Abbildung $G \rightarrow \mathcal{Y}(X)$, $a \mapsto \tau_a$, injektiv ist (τ_a sei dabei wie in 2.1.4 erklärt),

transitiv, wenn es zu jedem Paar $(x,y) \in X \times X$ mindestens ein a $\in$ G mit $a(x) = y$ gibt,

einfach transitiv, wenn es zu jedem Paar $(x,y) \in X \times X$ genau ein a $\in$ G mit $a(x) = y$ gibt.

Ist τ eine transitive Operation von G auf X, so sagt man auch G operiert (vermöge τ) transitiv auf X.

2.1.6. Beispiele.

1) Ist G eine Gruppe und X eine nichtleere Menge, so ist die Abbildung

$$\tau: G \times X \longrightarrow X, \quad (a,x) \longmapsto x,$$

trivialerweise eine Operation von G auf X und es gilt $\tau_a = id_X$ für alle a $\in$ G.

Man nennt τ die triviale Operation von G auf X.

2) Ist G eine Gruppe, so ist die Abbildung

$$\ell: G \times G \longrightarrow G, \quad (a,x) \longmapsto ax,$$

eine einfach transitive, also auch effektive Operation von
G auf G und für jedes $a \in G$ ist ℓ_a die Linkstranslation
um a.

Man nennt die Operation ℓ daher häufig Linkstranslation
von G.

3) Ist G eine Gruppe, so ist die Abbildung

$$\kappa: G \times G \longrightarrow G, \quad (a,x) \longmapsto axa^{-1},$$

eine Operation von G auf G und für jedes $a \in G$ ist κ_a der
durch a bestimmte innere Automorphismus von G.

Man nennt κ die Konjugation unter G.

κ ist nicht transitiv, wenn G mindestens zwei Elemente enthält, denn ist e das neutrale Element von G und $x \in G \smallsetminus \{e\}$,
so gilt $axa^{-1} \neq e$ für alle $a \in G$.

2.2. Die Bahnengleichung

2.2.1. Definition. Sei G eine Gruppe, X eine nichtleere Menge,
$G \times X \to X$, $(a,x) \mapsto a(x)$, eine Operation von G auf X und $x \in X$.
Die Menge $\qquad G(x) := \{a(x): a \in G\}$
heißt Bahn (oder Transitivitätsbereich oder Orbit) von x unter der betrachteten Operation.

2.2.2. Bemerkung. Sei $\tau: G \times X \to X$, $(a,x) \mapsto a(x)$, eine Operation einer Gruppe G auf einer nichtleeren Menge X. Man prüft
leicht nach, daß gilt:

1) Ist Y eine nichtleere Teilmenge von X mit $a(y) \in Y$ für
alle $a \in G$ und $y \in Y$, so ist die Abbildung

$$G \times Y \longrightarrow Y, \quad (a,y) \longmapsto a(y),$$

eine Operation von G auf Y.

2) Ist Y die Bahn eines Elementes von X, so operiert G transitiv auf Y.

3) Durch

$$x \sim_\tau y :\Leftrightarrow y \in G(x)$$

wird eine Äquivalenzrelation auf X erklärt.

Die Bahnen von Elementen aus X sind die Äquivalenzklassen
bzgl. "$\sim_\tau$".

2.2.3. Definition. Sei τ eine Operation einer Gruppe G auf einer nichtleeren Menge X.
Die Menge $X/\sim_\tau$ der Äquivalenzklassen bzgl. $\sim_\tau$ heißt der Bahnenraum von τ.

2.2.4. Definition. Ist τ: G × X → X, $(a,x) \mapsto a(x)$, eine Operation einer Gruppe G auf einer nichtleeren Menge X, so ist für jedes $x \in X$ die Menge

$$Iso_\tau(G;x) := \{a \in G: a(x) = x\}$$

eine Untergruppe von G. Sie heißt Isotropiegruppe (oder Stabilisator) von x bzgl τ.

2.2.5. Lemma. Sei τ eine Operation einer Gruppe G auf einer nichtleeren Menge X. Dann gilt für jedes $x \in X$

$$\text{ord } G(x) = [G : Iso_\tau(G;x)],$$

der Index der Isotropiegruppe von x bzgl. τ ist also gleich der Ordnung der Bahn von x unter τ.

Beweis. Zur Abkürzung setzen wir $H := Iso_\tau(G;x)$ und zeigen, daß durch $a(x) \mapsto aH$ eine Bijektion von $G(x)$ auf die Menge der linken Nebenklassen bzgl. H erklärt wird. Wegen $a(x) = b(x) \Leftrightarrow (a^{-1}b)(x) = x \Leftrightarrow a^{-1}b \in H \Leftrightarrow aH = bH$ erhält man auf diese Weise jedenfalls eine injektive Abbildung; diese ist aber trivialerweise auch surjektiv.

Bevor der Satz von der Bahnengleichung formuliert wird, sei an folgende Sprechweise erinnert:
Ist $\sim$ eine Äquivalenzrelation auf einer Menge X, so nennt man eine Teilmenge V von X ein vollständiges Vertretersystem bzgl. $\sim$, wenn jedes Element von X zu genau einem Element von V äquivalent ist.

2.2.6. Satz (Bahnengleichung). Sei τ eine Operation einer Gruppe G auf einer endlichen nichtleeren Menge X.
Ist V ein vollständiges Vertretersystem bzgl. der Äquivalenzrelation $\sim_\tau$, so gilt

$$\text{ord}(X) = \sum_{x \in V} \text{ord } G(x) = \sum_{x \in V} [G : Iso_\tau(G;x)].$$

Beweis. Da X die disjunkte Vereinigung der Bahnen G(x), x ∈ V,
ist, folgt die Behauptung sofort aus 2.2.5.

2.3. Die Klassengleichung

In diesem Abschnitt wird die Konjugation unter einer Gruppe
näher behandelt.

2.3.1. **Definition.** Ist G eine Gruppe und X eine Teilmenge von
G, so heißt die Menge

$$\text{Cen}(X) := \{a \in G: ax = xa \text{ für alle } x \in X\}$$

der Zentralisator von X (in G).
Den Zentralisator Cen(G) von G nennt man auch das Zentrum
von G.

2.3.2. **Bemerkung.** Sei G eine Gruppe und Z ihr Zentrum. Dann
gilt:

1) Für jede Teilmenge X von G ist Cen(X) eine Untergruppe von
   G und es gilt Z ⊂ Cen(X).
2) Für x ∈ G gilt: Cen(x) = G ⟺ x ∈ Z.
3) Z ist abelsch und ein Normalteiler von G.
4) Die Gruppe der inneren Automorphismen von G ist isomorph
   zur Gruppe G/Z.
5) G ist abelsch, wenn G/Z zyklisch ist.

Beweis. 1) und 2) prüft man sofort nach. Da die Abbildung
$\varphi: G \to \mathcal{Y}(G)$, $a \mapsto \varphi_a$, nach 1.5.4 ein Gruppenhomomorphismus ist
und Ker(φ) = Z gilt, ist Z ein Normalteiler von G. Außerdem
ist Im(φ) die Menge der inneren Automorphismen von G, so daß
der Homomorphiesatz unmittelbar 4) liefert.
Zum Nachweis von 5) sei xZ ein erzeugendes Element von G/Z.
Dann gibt es zu a,b ∈ G ganze Zahlen k,ℓ mit $aZ = x^k Z$ und
$bZ = x^\ell Z$. Es gibt daher z,w ∈ Z mit $a = x^k z$ und $b = x^\ell w$, so
daß $ab = x^k z x^\ell w = x^{k+\ell} zw = ba$ folgt.

2.3.3. **Definition.** Sei G eine Gruppe.
a) Zwei Elemente x,y ∈ G heißen konjugiert (unter G), wenn es
   ein a ∈ G mit $axa^{-1} = y$ gibt, d.h. wenn x und y in der
   gleichen Bahn bzgl. der Konjugation unter G liegen.

b) Zwei Untergruppen H_1 und H_2 von G heißen konjugiert, wenn es ein a $\in$ G mit $aH_1a^{-1} = H_2$ gibt.

2.3.4. Satz (Klassengleichung). Sei G eine endliche Gruppe, Z ihr Zentrum und V eine Teilmenge von G. Ist jedes x $\in$ G∖Z zu genau einem Element von V konjugiert, so gilt

$$ord(G) = ord(Z) + \sum_{x \in V} [G : Cen(x)].$$

Beweis. Für jedes x $\in$ Z und jedes a $\in$ G gilt $axa^{-1} = x$. Daher ist Z∪V ein vollständiges Vertretersystem bzgl. der Konjugation unter G und wegen Iso(G;x) = {a $\in$ G: ax = xa} = Cen(x) für jedes x $\in$ G folgt die Behauptung aus der Bahnengleichung.

2.3.5. Korollar.

1) Ist p eine Primzahl, k eine von O verschiedene natürliche Zahl und G eine Gruppe der Ordnung p^k, so ist p ein Teiler der Ordnung des Zentrums Z von G; es gilt also insbesondere ord(Z) > 1.
2) Ist p eine Primzahl, so ist jede Gruppe der Ordnung p^2 abelsch.

Beweis. 1) Wir wählen V wie in 2.3.4 und haben im Hinblick auf die Klassengleichung nur zu zeigen, daß p für jedes x $\in$ V ein Teiler von [G : Cen(x)] ist. Wegen x $\notin$ Z ist der Index [G : Cen(x)] zunächst größer als 1. Da er aber auch ein Teiler von p^k = ord(G) ist, ist er durch p teilbar.
2) Ist G eine Gruppe der Ordnung p^2, so ist p wegen 1) ein Teiler der Ordnung ihres Zentrums Z. Es gilt also ord(Z) $\in$ {p,p^2} und man hat ord(Z) = p^2 zu beweisen. Nimmt man ord(Z) = p an, so ist G/Z wegen ord(G/Z) = [G:Z] = p zyklisch, G nach 2.3.2 also abelsch, im Widerspruch zur Annahme.

2.4. Zyklen und Transpositionen

2.4.1. Definition. Sei X eine nichtleere Menge und $\mathfrak{F}$(X) die symmetrische Gruppe von X.
Ein Element π von $\mathfrak{F}$(X) heißt (endlicher) Zyklus, wenn es endlich viele paarweise verschiedene Elemente $x_1,\ldots,x_m \in$ X gibt,

so daß

$$\pi(x_i) = x_{i+1} \text{ für alle } i \in \{1,\ldots,m-1\}, \ \pi(x_m) = x_1 \text{ und}$$
$$\pi(x) = x \quad \text{für alle } x \in X \smallsetminus \{x_1,\ldots,x_m\}$$

gilt. Man schreibt dann $\pi = \langle x_1,\ldots,x_m \rangle$ und nennt m die Länge des Zyklus.

Ein Zyklus der Länge 2 heißt Transposition, ein Zyklus der Länge n auch n-Zyklus und ein Zyklus der Länge 3 Dreierzyklus. Zwei Zyklen $\langle x_1,\ldots,x_m \rangle$ und $\langle y_1,\ldots,y_n \rangle$ heißen elementfremd, wenn die Mengen $\{x_1,\ldots,x_m\}$ und $\{y_1,\ldots,y_n\}$ disjunkt sind.

2.4.2. Bemerkung. Wie man sich leicht überlegt, gilt für jede endliche, nichtleere Menge X

$$\mathrm{ord}(\mathcal{S}(X)) = (\mathrm{ord}(X))!$$

2.4.3. Satz. Für jede natürliche Zahl $n \geq 2$ gilt:

1) Jedes $\pi \in \mathcal{S}_n$ ist endliches Produkt elementfremder Zyklen.

2) Je zwei elementfremde Zyklen π und σ aus $\mathcal{S}_n$ sind vertauschbar, d.h. es gilt $\pi \circ \sigma = \sigma \circ \pi$.

3) Jedes $\pi \in \mathcal{S}_n$ ist endliches Produkt von Transpositionen.

Beweis. 1) Sei H die von π erzeugte Untergruppe von $\mathcal{S}_n$. Dann ist $\tau: H \times \{1,\ldots,n\} \longrightarrow \{1,\ldots,n\}$, $(\sigma,i) \longmapsto \sigma(i)$, eine Operation von H auf $\{1,\ldots,n\}$. Seien $a_1,\ldots,a_r \in \{1,\ldots,n\}$ so gewählt, daß $H(a_1),\ldots,H(a_r)$ die verschiedenen Bahnen unter τ sind. Ferner sei $m_i+1 := \min\{k \in \mathbb{N} \smallsetminus \{0\}: \pi^k(a_i) = a_i\}$. Man überlegt sich leicht, daß $a_i, \pi(a_i),\ldots,\pi^{m_i}(a_i)$ für jedes i paarweise verschieden sind und daß $H(a_i) = \{a_i, \pi(a_i),\ldots,\pi^{m_i}(a_i)\}$ gilt. Daher sind die $\sigma_i := \langle a_i, \pi(a_i),\ldots,\pi^{m_i}(a_i) \rangle$, $i \in \{1,\ldots,r\}$, paarweise elementfremde Zyklen. Außerdem gilt $\sigma_1 \circ \ldots \circ \sigma_r = \pi$, denn jedes $x \in \{1,\ldots,n\}$ liegt in genau einem der $H(a_i)$, so daß es zu jedem solchen x genau ein i $\in \{1,\ldots,r\}$ und genau ein $\ell \in \{0,\ldots,m_i\}$ gibt mit $x = \pi^\ell(a_i)$. Man erhält $(\sigma_1 \circ \ldots \circ \sigma_r)(x) = \sigma_i(x) = \pi^{\ell+1}(a_i) = \pi(\pi^\ell(a_i)) = \pi(x)$.

2) folgt unmittelbar aus den Definitionen.

3) ist wegen $\langle x_1,\ldots,x_m \rangle = \langle x_1,x_m \rangle \circ \langle x_1,x_{m-1} \rangle \circ \ldots \circ \langle x_1,x_2 \rangle$ und 1) erfüllt.

2.5. Das Signum einer Permutation

2.5.1. Definition. Sei n eine natürliche Zahl mit $n \geq 2$. Für eine Permutation π aus $\mathcal{Y}_n$ heißt

$$\varepsilon(\pi) := \prod_{i>j} \frac{\pi(i)-\pi(j)}{i-j}$$

das Signum von π.

2.5.2. Bemerkung. Sei n eine natürliche Zahl mit $n \geq 2$.

1) Für $\pi \in \mathcal{Y}_n$ ist $\varepsilon(\pi) = (-1)^m$, wobei m die Anzahl der Paare $(i,j) \in \{1,\ldots,n\} \times \{1,\ldots,n\}$ mit $i > j$ und $\pi(i) < \pi(j)$ ist.

2) Die Abbildung $\varepsilon: \mathcal{Y}_n \to \{-1,+1\}$, $\pi \mapsto \varepsilon(\pi)$, ist ein Gruppenhomomorphismus.

3) Ist $\pi \in \mathcal{Y}_n$ und sind $\tau_1,\ldots,\tau_k \in \mathcal{Y}_n$ Transpositionen mit $\pi = \tau_1 \circ \ldots \circ \tau_k$, so ist $\varepsilon(\pi) = (-1)^k$.

Beweis. 1) $\prod_{i>j}(\pi(i)-\pi(j)) =$

$$\prod_{\substack{i>j \\ \pi(i)>\pi(j)}} (\pi(i)-\pi(j)) \cdot \prod_{\substack{i>j \\ \pi(i)<\pi(j)}} (\pi(i)-\pi(j)) =$$

$$(-1)^m \cdot \prod_{\pi(i)>\pi(j)} (\pi(i)-\pi(j)) = (-1)^m \cdot \prod_{i>j} (i-j) .$$

Das letzte Gleichheitszeichen ist wegen $\pi(\{1,\ldots,n\})=\{1,\ldots,n\}$ gerechtfertigt.

2) Für $\pi,\sigma \in \mathcal{Y}_n$ gilt $\varepsilon(\pi \cdot \sigma) = \prod_{i>j} \frac{\pi(\sigma(i)) - \pi(\sigma(j))}{i - j} =$

$$\prod_{i>j} \frac{\pi(\sigma(i)) - \pi(\sigma(j))}{\sigma(i) - \sigma(j)} \cdot \prod_{i>j} \frac{\sigma(i) - \sigma(j)}{i - j} \quad \text{und}$$

$$\prod_{i>j} \frac{\pi(\sigma(i)) - \pi(\sigma(j))}{\sigma(i) - \sigma(j)} =$$

$$\prod_{\substack{i>j \\ \sigma(i)>\sigma(j)}} \frac{\pi(\sigma(i)) - \pi(\sigma(j))}{\sigma(i) - \sigma(j)} \cdot \prod_{\substack{i>j \\ \sigma(i)<\sigma(j)}} \frac{\pi(\sigma(i)) - \pi(\sigma(j))}{\sigma(i) - \sigma(j)} =$$

$$\prod_{\substack{i>j \\ \sigma(i)>\sigma(j)}} \frac{\pi(\sigma(i)) - \pi(\sigma(j))}{\sigma(i) - \sigma(j)} \cdot \prod_{\substack{i<j \\ \sigma(i)>\sigma(j)}} \frac{\pi(\sigma(i)) - \pi(\sigma(j))}{\sigma(i) - \sigma(j)} =$$

$$\prod_{\sigma(i)>\sigma(j)} \frac{\pi(\sigma(i)) - \pi(\sigma(j))}{\sigma(i) - \sigma(j)} .$$

Das letzte Produkt stimmt wegen $\sigma(\{1,\ldots,n\}) = \{1,\ldots,n\}$ mit $\varepsilon(\pi)$ überein.

3) Man überlegt sich ohne Schwierigkeiten, daß das Signum der Transposition $\tau_o = \langle 1,2 \rangle \in \mathfrak{S}_n$ gleich -1 ist. Ist daher $\tau = \langle i,j \rangle \in \mathfrak{S}_n$ eine beliebige Transposition und hat $\pi \in \mathfrak{S}_n$ die Eigenschaften $\pi(1) = i$ und $\pi(2) = j$, so erhält man $\tau = \pi \cdot \tau_o \cdot \pi^{-1}$, also $\varepsilon(\tau) = \varepsilon(\pi)\varepsilon(\tau_o)\varepsilon(\pi)^{-1} = -1$. Mit Hilfe von 2) folgt hieraus unmittelbar 3).

2.5.3. Definition. Sei n eine natürliche Zahl mit $n \geq 2$. Eine Permutation π aus $\mathfrak{S}_n$ heißt
gerade, wenn $\varepsilon(\pi) = 1$ und
ungerade, wenn $\varepsilon(\pi) = -1$ ist.

2.5.4. Bemerkung. Sei n eine natürliche Zahl mit $n \geq 2$. Die Menge $\mathfrak{A}_n$ aller geraden Permutationen aus $\mathfrak{S}_n$ ist ein Normalteiler von $\mathfrak{S}_n$, es gilt $[\mathfrak{S}_n : \mathfrak{A}_n] = 2$ und $\text{ord}(\mathfrak{A}_n) = \frac{n!}{2}$. $\mathfrak{A}_n$ heißt alternierende Gruppe vom Grad n.

Beweis. Als Kern von ε ist $\mathfrak{A}_n$ Normalteiler. Sei $\pi \in \mathfrak{S}_n$ ungerade. Dann ist natürlich $\pi \cdot \mathfrak{A}_n \neq \mathfrak{A}_n$. Wir zeigen $\mathfrak{S}_n/\mathfrak{A}_n = \{\mathfrak{A}_n, \pi \cdot \mathfrak{A}_n\}$. Sei dazu $\sigma \in \mathfrak{S}_n$. Ist σ gerade, so gilt $\sigma \cdot \mathfrak{A}_n = \mathfrak{A}_n$. Ist σ ungerade, so hat man $\varepsilon(\pi^{-1} \cdot \sigma) = \varepsilon(\pi)^{-1}\varepsilon(\sigma) = (-1)(-1) = 1$, also $\pi^{-1} \cdot \sigma \in \mathfrak{A}_n$ und daher $\sigma \cdot \mathfrak{A}_n = \pi \cdot \mathfrak{A}_n$. Es folgt $[\mathfrak{S}_n : \mathfrak{A}_n] = 2$ und der Satz von Lagrange liefert $\text{ord}(\mathfrak{A}_n) = \frac{n!}{2}$.

2.5.5. Lemma. Ist n eine natürliche Zahl mit $n \geq 3$, so ist $\mathfrak{A}_n$ gleich der Menge aller endlichen Produkte von Dreierzyklen aus $\mathfrak{S}_n$.
Beweis. Nach 2.4.3 und 2.5.2 ist jedes Element von $\mathfrak{A}_n$ Produkt einer geraden Zahl von Transpositionen. Das Produkt je zweier Transpositionen ist aber ein Produkt aus Dreierzyklen, denn es gilt für alle $i,j,k,\ell \in \{1,\ldots,n\}$:
$\langle i,k \rangle \cdot \langle i,j \rangle = \langle i,j,k \rangle$, falls i,j,k paarweise verschieden sind,
$\langle k,\ell \rangle \cdot \langle i,j \rangle = \langle i,\ell,k \rangle \cdot \langle k,i,j \rangle$, falls i,j,k,ℓ paarweise verschieden sind.
Aus der ersten dieser beiden Gleichungen folgt außerdem, daß jeder Dreierzyklus aus $\mathfrak{S}_n$ und damit auch jedes endliche Produkt solcher Dreierzyklen in $\mathfrak{A}_n$ liegt.

§ 3. Auflösbare Gruppen

3.1. Die Kommutatorgruppe einer Gruppe

3.1.1. Definition. Sei G eine Gruppe.

a) Für $a,b \in G$ heißt $[a,b] := aba^{-1}b^{-1}$ der Kommutator von a und b.

b) Die von der Menge $\{[a,b] : a,b \in G\}$ erzeugte Untergruppe $K(G)$ von G heißt die Kommutatorgruppe von G.

3.1.2. Bemerkung. Ist G eine Gruppe und e ihr neutrales Element, so gilt:

1) G abelsch $\leftrightarrow$ $K(G) = \{e\}$.

2) $K(G) = \{[a_1,b_1] \cdots [a_n,b_n] : n \in \mathbb{N} \setminus \{0\}, a_1, \ldots, a_n, b_1, \ldots, b_n \in G\}$.

Beweis. 1) ist trivial, 2) folgt wegen $[a,b]^{-1} = bab^{-1}a^{-1} = [b,a]$ aus 1.11.2.

3.1.3. Lemma.

1) Die Kommutatorgruppe einer Gruppe G ist ein Normalteiler von G.

2) Ist G eine Gruppe und N ein Normalteiler von G, so gilt:
   G/N abelsch $\leftrightarrow$ $K(G) \subset N$.

Insbesondere ist die Gruppe G/K(G) abelsch.

Beweis. 1) $K(G)$ ist definitionsgemäß eine Untergruppe von G. Seien $x \in G$ und $c \in K(G)$ gegeben. Dann gibt es $n \in \mathbb{N} \setminus \{0\}$ und $a_1, \ldots, a_n, b_1, \ldots, b_n \in G$ mit $c = [a_1,b_1] \cdots [a_n,b_n]$, so daß
$$xcx^{-1} = x[a_1,b_1]x^{-1} \cdots x[a_n,b_n]x^{-1} =$$
$$= [xa_1x^{-1}, xb_1x^{-1}] \cdots [xa_nx^{-1}, xb_nx^{-1}] \in K(G) \text{ folgt.}$$

2) "$\Rightarrow$": Sei $\rho: G \to G/N$ der kanonische Epimorphismus. Da nach Voraussetzung G/N abelsch ist, erhält man $\rho([a,b]) =$
$= \rho(aba^{-1}b^{-1}) = \rho(a)\rho(b)\rho(a)^{-1}\rho(b)^{-1} = N$ für alle $a,b \in G$.
Es folgt $[a,b] \in \mathrm{Ker}(\rho) = N$ für alle $a,b \in G$, also $K(G) \subset N$.

"$\Leftarrow$": Wegen $K(G) \subset N$ gilt für alle $a,b \in G$:
$(aN)(bN) = (ab)N = (ab[b^{-1},a^{-1}])N = (ba)N = (bN)(aN)$.
G/N ist also abelsch.

3.1.4. Beispiele.

1) $K(\mathcal{S}_n) = \mathcal{A}_n$ falls $n \geq 2$.

2) $K(\alpha_n) = \alpha_n$ falls $n \geq 5$.

3) $\text{ord}(K(\alpha_n)) = 1$ falls $n \in \{2,3\}$.

4) $K(\alpha_4)$ ist eine Kleinsche Vierergruppe.

Beweis. Wegen $\text{ord}(\mathcal{V}_n/\alpha_n) = 2$ ist die Gruppe $\mathcal{V}_n/\alpha_n$ für alle $n \in \mathbb{N}$ mit $n \geq 2$ abelsch und es folgt $K(\mathcal{V}_n) \subset \alpha_n$ aus 3.1.3.

1) Trivialerweise gilt $\alpha_2 \subset K(\mathcal{V}_2)$. Im Falle $n \geq 3$ ist nach 2.5.5 jedes Element aus α_n endliches Produkt von Dreierzyklen aus $\mathcal{V}_n$. Außerdem gilt für alle paarweise verschiedenen $i,j,k \in \{1,\ldots,n\}$

$$\langle i,j,k \rangle = \langle i,k \rangle \circ \langle j,k \rangle \circ \langle i,k \rangle^{-1} \circ \langle j,k \rangle^{-1} \in K(\mathcal{V}_n),$$

so daß $\alpha_n \subset K(\mathcal{V}_n)$ auch für $n \geq 3$ gilt.

2) Im Hinblick auf 2.5.5 genügt es, noch zu zeigen, daß im Falle $n \geq 5$ jeder Dreierzyklus aus $\mathcal{V}_n$ ein Kommutator von Dreierzyklen aus $\mathcal{V}_n$ ist. Sei also $\alpha = \langle i,j,k \rangle \in \mathcal{V}_n$ ein Dreierzyklus und seien $\ell,m \in \{1,\ldots,n\}$ so gewählt, daß i,j,k,ℓ,m paarweise verschieden sind. Man rechnet sofort nach, daß man mit $\pi := \langle i,j,\ell \rangle$ und $\sigma := \langle i,k,m \rangle$ die Beziehung $\pi \circ \sigma \circ \pi^{-1} \circ \sigma^{-1} = \alpha$ erhält.

3) Die Gruppen α_2 und α_3 sind abelsch.

Die Kontrolle von 4) sei dem Leser als Übungsaufgabe überlassen.

3.2. Auflösbare Gruppen

Der für die Galois-Theorie wichtige Begriff der auflösbaren Gruppe kann auf zwei verschiedene Weisen eingeführt werden. Wir wollen hier beide Möglichkeiten behandeln.

3.2.1. Bemerkung. Iteriert man das Verfahren der Kommutatorgruppenbildung, definiert man also für eine Gruppe G induktiv

$$K^0(G) := G \quad \text{und} \quad K^n(G) := K(K^{n-1}(G)) \quad \text{für } n \in \mathbb{N}\setminus\{0\}$$

so erhält man eine absteigende Kette

$$G \supset K^1(G) \supset K^2(G) \supset \ldots$$

von Untergruppen von G. Wegen 3.1.3 ist $K^{n+1}(G)$ für jedes $n \in \mathbb{N}$ ein Normalteiler von $K^n(G)$ und die Gruppe $K^n(G)/K^{n+1}(G)$ ist abelsch.

3.2.2. Definition. Sei G eine Gruppe und e ihr neutrales Element.

a) Ein $(n+1)$-Tupel $(G_0,\ldots,G_n)$ von Untergruppen von G heißt Normalreihe in G, wenn gilt:

   1) $G = G_0 \supset G_1 \supset \ldots \supset G_n = \{e\}$.

   2) Für jedes $i \in \{0,\ldots,n-1\}$ ist G_{i+1} Normalteiler von G_i.

b) Ist $(G_0,\ldots,G_n)$ eine Normalreihe in G, so heißen die Gruppen $G_i/G_{i+1}, i \in \{0,\ldots,n-1\}$, die Faktoren von $(G_0,\ldots,G_n)$.

3.2.3. Satz. Für eine Gruppe G mit neutralem Element e sind folgende Aussagen äquivalent:

1) In G gibt es eine Normalreihe mit abelschen Faktoren.

2) Es gibt ein $n \in \mathbb{N}$ mit $K^n(G) = \{e\}$.

Beweis. 2) $\Rightarrow$ 1): Wegen 3.2.1 ist $(G,K(G),\ldots,K^n(G))$ eine Normalreihe mit abelschen Faktoren in G.

1) $\Rightarrow$ 2): Sei $G = G_0 \supset G_1 \supset G_2 \supset \ldots$ eine absteigende Kette von Untergruppen von G, für jedes $i \in \mathbb{N}$ sei G_{i+1} ein Normalteiler von G_i und die Faktorgruppe G_i/G_{i+1} sei abelsch. Es soll durch vollständige Induktion bewiesen werden, daß $K^i(G) \subset G_i$ für alle $i \in \mathbb{N}$ gilt. Hieraus folgt unmittelbar die Implikation 1) $\Rightarrow$ 2). Der Induktionsanfang ist wegen $K^0(G) = G = G_0$ gesichert.

Da G_i/G_{i+1} für jedes $i \in \mathbb{N}$ abelsch ist, folgt $K(G_i) \subset G_{i+1}$ aus 3.1.3. Gilt $K^i(G) \subset G_i$, so erhält man deshalb $K^{i+1}(G) = K(K^i(G)) \subset K(G_i) \subset G_{i+1}$ und das war zu zeigen.

3.2.4. Definition. Eine Gruppe G heißt auflösbar, wenn sie eine (und damit beide) der Bedingungen von 3.2.3 erfüllt.

3.2.5. Beispiele.

1) Trivialerweise ist jede abelsche Gruppe G auflösbar und $(G,\{e\})$ ist eine Normalreihe mit abelschen Faktoren in G.

2) Die Gruppen α_n und γ_n sind für $n \geq 5$ nicht auflösbar, da wegen 3.1.4 für alle $m \in \mathbb{N}\setminus\{0\}$ gilt: $K^m(\alpha_n) = K^m(\gamma_n) = \alpha_n$.

3) Die Gruppen $\alpha_2,\gamma_2,\alpha_3$ und γ_3 sind (wieder wegen 3.1.4) auflösbar.

   $(\gamma_3,\alpha_3,\{id\})$ ist eine Normalreihe mit abelschen Faktoren in γ_3, denn wegen $\text{ord}(\alpha_3) = 3$ und $\text{ord}(\gamma_3/\alpha_3) = 2$ sind die Gruppen $\alpha_3/\{id\} \cong \alpha_3$ und γ_3/α_3 abelsch.

4) Die Gruppen α_4 und $\mathcal{V}_4$ sind ebenfalls auflösbar, denn $K(\alpha_4)$ ist als Kleinsche Vierergruppe abelsch.

3.2.6. Satz. In jeder endlichen auflösbaren Gruppe gibt es eine Normalreihe, deren Faktoren (zyklische) Gruppen von Primzahlordnung sind.

Beweis. Ist G eine endliche auflösbare Gruppe, so gibt es in G eine Normalreihe $(G_o, \ldots, G_n)$ mit abelschen Faktoren, so daß $G_{i+1} \neq G_i$ für alle i gilt. Wir verfeinern diese Normalreihe, indem wir für jedes i zwischen G_{i+1} und G_i so lange geeignete Untergruppen von G einschieben, bis wir am Ziel sind.
Zunächst wählen wir $A \in G_i/G_{i+1}$ so, daß $A \neq G_{i+1}$ gilt und die von A erzeugte Untergruppe $[A]$ von G_i/G_{i+1} keine echten Untergruppen besitzt. Da G endlich ist, ist das möglich. Nach 1.11.14 ist ord($[A]$) eine Primzahl. Nun sei $\rho: G_i \to G_i/G_{i+1}$ der kanonische Epimorphismus. Dann ist $N := \rho^{-1}([A])$ ein Normalteiler von G_i, denn G_i/G_{i+1} ist abelsch. Weil die Abbildung $N \to [A]$, $x \mapsto xG_{i+1}$, ein Epimorphismus mit Kern G_{i+1} ist, liefert der Homomorphiesatz $N/G_{i+1} \cong [A]$; die Gruppe N/G_{i+1} ist also eine zyklische Gruppe von Primzahlordnung. Wir sind am Ziel, wenn $N = G_i$ gilt. Andernfalls können wir die Konstruktion mit N an Stelle von G_{i+1} wiederholen, denn G_i/N ist abelsch, weil G_i/G_{i+1} abelsch ist und nach dem zweiten Isomorphiesatz $G_i/N \cong (G_i/G_{i+1})/(N/G_{i+1})$ gilt.
Da G endlich ist, erhält man auf diese Weise Normalteiler $N_1, \ldots, N_r$ von G_i mit $G_{i+1} \subsetneqq N_1 \subsetneqq \cdots \subsetneqq N_r \subsetneqq G_i$, so daß $N_1/G_{i+1}, N_2/N_1, \ldots, G_i/N_r$ zyklische Gruppen von Primzahlordnung sind.

3.2.7. Bemerkung. Sei $\varphi: G \to G'$ ein Gruppenhomomorphismus. Dann gilt:
1) $\varphi(K(H)) = K(\varphi(H))$ für jede Untergruppe H von G.
2) $\varphi(K^n(G)) \subset K^n(G')$ für alle $n \in \mathbb{N}$.
3) $\varphi(K^n(G)) = K^n(G')$ für alle $n \in \mathbb{N}$, falls φ surjektiv ist.

Beweis. 1) ist wegen $\varphi([a,b]) = [\varphi(a), \varphi(b)]$ für alle $a, b \in G$ klar.
2) wird durch vollständige Induktion über n bewiesen:

Es gilt $\varphi(K^o(G)) = \varphi(G) \subset G' = K^o(G')$.
Sei $n \in \mathbb{N}$ und gelte $\varphi(K^n(G)) \subset K^n(G')$. Dann folgt mit 1)
$\varphi(K^{n+1}(G)) = \varphi(K(K^n(G))) \subset K(\varphi(K^n(G))) \subset K(K^n(G')) = K^{n+1}(G')$.
3) wird ebenfalls durch vollständige Induktion über n bewiesen: Da φ surjektiv ist, gilt zunächst $K^o(G') = \varphi(K^o(G))$.
Sei $n \in \mathbb{N}$ und gelte $\varphi(K^n(G)) = K^n(G')$. Dann folgt mit 1)
$\varphi(K^{n+1}(G)) = \varphi(K(K^n(G))) = K(\varphi(K^n(G))) = K(K^n(G')) = K^{n+1}(G')$.

3.2.8. Satz.

1) Jede Untergruppe einer auflösbaren Gruppe ist auflösbar.

2) Ist G eine Gruppe und N ein Normalteiler von G, so ist G genau dann auflösbar, wenn N und G/N es sind.

Beweis. 1) Ist G eine Gruppe, H eine Untergruppe von G und $\iota: H \to G$ die Inklusionsabbildung, so gilt
$K^n(H) = \iota(K^n(H)) \subset K^n(G)$ für alle $n \in \mathbb{N}$ nach 3.2.7. Mit G ist also auch H auflösbar.

2) Sei $\rho: G \to G/N$ der kanonische Epimorphismus.
Wegen 3.2.7 gilt $K^n(G/N) = \rho(K^n(G))$ für alle $n \in \mathbb{N}$; mit G ist daher auch G/N auflösbar.

Sind umgekehrt N und G/N auflösbar, so gibt es $n \in \mathbb{N}$ mit
$K^n(N) = \{e\}$ und $K^n(G/N) = \{N\}$ (e sei dabei wieder das neutrale Element von G). Mit 3.2.7 folgt $\rho(K^n(G)) = \{N\}$, also $K^n(G) \subset N$ und hieraus (durch vollständige Induktion) $K^{2n}(G) = K^n(K^n(G))$
$\subset K^n(N) = \{e\}$. G ist also ebenfalls auflösbar.

3.2.9. Korollar.

Ist p eine Primzahl und k eine natürliche Zahl, so ist jede Gruppe der Ordnung p^k auflösbar.

Beweis durch vollständige Induktion über k. Offenbar ist jede Gruppe der Ordnung p^o auflösbar. Sei $k \in \mathbb{N} \setminus \{0\}$ und sei jede Gruppe der Ordnung p^ℓ mit $\ell < k$ auflösbar.
Ist dann G eine Gruppe der Ordnung p^k und Z ihr Zentrum, so ist $\text{ord}(Z) > 1$ nach 2.3.5, so daß es ein $\ell \in \mathbb{N}$ mit $\ell < k$ und $\text{ord}(G/Z) = p^\ell$ gibt. Nach Induktionsvoraussetzung ist die Gruppe G/Z auflösbar. Da Z als abelsche Gruppe ebenfalls auflösbar ist, folgt die Auflösbarkeit von G aus dem Satz.

Zum Abschluß geben wir noch eines der tiefliegendsten Ergebnisse aus der Theorie der endlichen Gruppen an.

- 50 -

3.2.10. Theorem von FEIT-THOMPSON. Jede endliche Gruppe ungerader Ordnung ist auflösbar. Einen Beweis dieses Resultats findet man in [15]. Er ist 254 Seiten lang.

§ 4. Produkte und freie Gruppen

In diesem Paragraphen sollen einige wichtige Konstruktionen von Gruppen behandelt werden. Dabei stellen wir die universellen Eigenschaften in den Vordergrund, denn sie sind oft wichtiger (und ganz sicher einfacher zu merken) als die Einzelheiten der Konstruktion. Es sei daran erinnert, daß Lösungen universeller Probleme immer bis auf Isomorphie eindeutig bestimmt sind (vgl. 1.4.5 und 1.4.6). Zuvor soll jedoch der Begriff des direkten Produktes von Untergruppen behandelt werden. Nur die Ergebnisse dieses ersten Abschnitts werden später gebraucht.

4.1. Direkte Produkte von Untergruppen

4.1.1. Definition. Sei G eine Gruppe und seien $H_1,\ldots,H_n$ Untergruppen von G.

Man sagt, G ist das <u>direkte</u> <u>Produkt</u> <u>der</u> <u>Untergruppen</u> $H_1,\ldots,H_n$ und schreibt G = $H_1\times\ldots\times H_n$, wenn die Abbildung

$$H_1\times\ldots\times H_n \longrightarrow G, \quad (a_1,\ldots,a_n) \longmapsto a_1\cdot\ldots\cdot a_n,$$

ein Isomorphismus ist. $H_1\times\ldots\times H_n$ sei dabei das in 1.2.7 erklärte (äußere) direkte Produkt der Gruppen $H_1,\ldots,H_n$.

4.1.2. Bemerkung. Seien $G_1,\ldots,G_n$ Gruppen, für jedes $i \in \{1,\ldots,n\}$ sei e_i das neutrale Element von G_i. Ist G das äußere direkte Produkt der Gruppen $G_1,\ldots,G_n$, so gilt:

1) Für jedes $i \in \{1,\ldots,n\}$ ist
$$H_i := \{(e_1,\ldots,e_{i-1},a,e_{i+1},\ldots,e_n) : a \in G_i\}$$ eine zu G_i isomorphe Untergruppe von G.

2) G ist das direkte Produkt der Untergruppen $H_1,\ldots,H_n$.

Der <u>Beweis</u> dieser Aussagen ist einfach und soll dem Leser überlassen bleiben.

4.1.3. Lemma. Seien $H_1, \ldots, H_n$ $(n \geq 2)$ Untergruppen einer Gruppe G, e sei das neutrale Element von G.

G ist genau dann das direkte Produkt der Untergruppen $H_1, \ldots, H_n$, wenn gilt:

1) $a_i a_j = a_j a_i$ für alle $a_i \in H_i$, $a_j \in H_j$ und alle $i,j \in \{1, \ldots, n\}$ mit $i \neq j$.

2) $G = H_1 \cdots \cdots H_n := \{a_1 \cdots \cdots a_n \in G : a_i \in H_i, i \in \{1, \ldots, n\}\}$.

3) $H_i \cap (H_1 \cdots \cdots H_{i-1} \cdot H_{i+1} \cdots \cdots H_n) = \{e\}$.

Beweis. Wir haben die Abbildung $\mu: H_1 \times \ldots \times H_n \longrightarrow G$, $(a_1, \ldots, a_n) \longmapsto a_1 \cdots \cdots a_n$, zu betrachten. Diese ist offenbar genau dann surjektiv, wenn Eigenschaft 2) erfüllt ist.

Ist daher μ ein Isomorphismus, so hat man nur noch 1) und 3) nachzuprüfen. Zum Nachweis von 1) sei $a_i \in H_i$ und $a_j \in H_j$, wobei $i < j$ ist, und $a := (e, \ldots, e, a_i, e, \ldots, e, a_j, e, \ldots, e)$. Man erhält $a_i^2 a_j^2 = \mu(a^2) = \mu(a)^2 = (a_i a_j)^2$, also $a_i a_j = a_j a_i$.

Zum Nachweis von 3) sei $a \in H_i \cap (H_1 \cdots \cdots H_{i-1} \cdot H_{i+1} \cdots \cdots H_n)$. Es gibt $a_j \in H_j$ mit $a = a_1 \cdots \cdots a_{i-1} \cdot a_{i+1} \cdots \cdots a_n$ und mit 1) folgt $\mu(a_1, \ldots, a_{i-1}, a^{-1}, a_{i+1}, \ldots, a_n) = e$, so daß man $a = e$ erhält, weil μ injektiv ist.

Sind umgekehrt 1),2) und 3) erfüllt, so ist μ wegen 1) und 2) ein Epimorphismus. Aus $\mu(a_1, \ldots, a_n) = e$ mit $a_i \in H_i$ für alle i folgt mit 1) zunächst $a_i \in H_1 \cdots \cdots H_{i-1} \cdot H_{i+1} \cdots \cdots H_n$ und daher $a_i = e$ für jedes i mit 3).

4.1.4. Bemerkung. In 4.1.3 kann Bedingung 1) durch die Bedingung ersetzt werden, daß $H_1, \ldots, H_n$ Normalteiler von G sind.

Beweis. Sei zunächst G das direkte Produkt der Untergruppen $H_1, \ldots, H_n$. Ferner sei $i \in \{1, \ldots, n\}$, $x \in H_i$ und $a \in G$. Wählt man $a_j \in H_j$ so, daß $a = a_1 \cdots \cdots a_n$ gilt, so erhält man $a x a^{-1} = a_i x a_i^{-1} \in H_i$ mit Bedingung 1) aus 4.1.3. H_i ist also Normalteiler von G.

Ist umgekehrt H_k für jedes $k \in \{1, \ldots, n\}$ Normalteiler von G und sind $i,j \in \{1, \ldots, n\}$ mit $i \neq j$ und $a_i \in H_i$ und $a_j \in H_j$ gegeben, so gilt $a_i a_j a_i^{-1} a_j^{-1} \in H_i \cap H_j \subset$
$H_i \cap (H_1 \cdots \cdots H_{i-1} \cdot H_{i+1} \cdots \cdots H_n) = \{e\}$, und daher $a_i a_j = a_j a_i$.

4.2. Direkte Produkte

4.2.1. In 1.2.7 hatten wir direkte Produkte von endlich vielen Gruppen definiert. Sei nun I eine beliebige nichtleere Indexmenge und $(G_i)_{i \in I}$ eine Familie von Gruppen. Wir betrachten folgendes universelle Problem.

Gesucht ist eine Gruppe $\prod_{i \in I} G_i$ zusammen mit einer Familie von Homomorphismen $\pi_i : \prod_{i \in I} G_i \to G_i$ so daß folgende universelle Eigenschaft erfüllt ist: Zu jeder Gruppe G und zu jeder Familie von Homomorphismen $\alpha_i : G \to G_i$ gibt es genau einen Homomorphismus $\varphi : G \to \prod_{i \in I} G_i$, so daß für jedes i ∈ I das Diagramm

$$
\begin{array}{ccc}
G & \dashrightarrow^{\varphi} & \prod_{i \in I} G_i \\
& \alpha_i \searrow & \downarrow \pi_i \\
& & G_i
\end{array}
$$

kommutiert.

Die Homomorphismen π_i sind dann surjektiv. Das liest man sofort an obigem Diagramm ab, indem man G = G_i setzt und für α_i den identischen und für α_j, j ≠ i, einen beliebigen Homomorphismus wählt.

4.2.2. Satz. Das universelle Problem aus 4.2.1 besitzt eine Lösung. Sie heißt das direkte Produkt der Gruppen G_i. Sind alle Gruppen G_i abelsch, so ist auch $\prod_{i \in I} G_i$ abelsch.

Beweis. Die zugrundeliegende Menge sei das direkte Produkt der Mengen G_i, das wir auch mit $\prod_{i \in I} G_i$ bezeichnen. Nach Definition ist

$$\prod_{i \in I} G_i = \{f : I \longrightarrow \bigcup_{i \in I} G_i : f(i) \in G_i \text{ für alle } i \in I\}$$

und nach dem Auswahlaxiom ist dieses Produkt nicht leer, da $G_i \neq \emptyset$ und $I \neq \emptyset$.
Sind $f,g \in \prod_{i \in I} G_i$ so definieren wir $f \cdot g \in \prod_{i \in I} G_i$ durch

$$(f \cdot g)(i) := f(i) \cdot g(i)$$

Es ist klar, daß dadurch $\prod_{i \in I} G_i$ zu einer Gruppe und die kanonischen Abbildungen

$$\pi_i : \prod_{i \in I} G_i \longrightarrow G_i, \ f \longmapsto f(i),$$

zu Epimorphismen werden.

Sind nun Homomorphismen $\alpha_i : G \to G_i$ gegeben, so hat jeder Homomorphismus φ, der obiges Diagramm kommutativ macht, die Eigenschaft

(*) $\qquad \varphi(a)(i) = \alpha_i(a)$ für jedes $a \in G$ und jedes $i \in I$,

es gibt also höchstens ein derartiges φ. Da alle α_i Homomorphismen sind, wird durch (*) aber ein Homorphismus φ mit der gewünschten Eigenschaft erklärt.

*4.3. Freie Gruppen

4.3.1. Gegeben sei eine beliebige Menge X. Wir wollen eine "von X erzeugte freie Gruppe" konstruieren. Diese Konstruktion ist zum Beispiel in der Theorie der Fundamentalgruppen topologischer Räume von großer Bedeutung. Zunächst formulieren wir wieder ein universelles Problem:

Zur Menge X wird eine Gruppe F(X) und eine Abbildung $\iota : X \to F(X)$ gesucht, so daß folgende universelle Eigenschaft erfüllt ist: Zu jeder Gruppe G und jeder <u>Abbildung</u> f: X → G gibt es genau einen <u>Homomorphismus</u> φ: F(X) → G, so daß das Diagramm

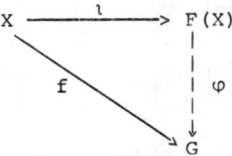

kommutiert.

4.3.2. <u>Satz.</u> Das universelle Problem aus 4.3.1 besitzt eine Lösung. Sie heißt die von X erzeugte freie Gruppe. F(X) ist genau dann abelsch, wenn X höchstens ein Element enthält.

<u>Beweis.</u> Seien X^+ und X^- mit X gleichmächtige disjunkte Mengen. Es gibt also bijektive Abbildungen

$$X \longrightarrow X^+, \ x \longmapsto x^+, \text{ und}$$
$$X \longrightarrow X^-, \ x \longmapsto x^-.$$

$X^+ \cup X^-$ heißt die Menge der Buchstaben und jeder Ausdruck

$$w = x_1^{\varepsilon_1} \ldots x_n^{\varepsilon_n}$$

mit $n \in \mathbb{N}$, $x_1, \ldots, x_n \in X$, $\varepsilon_1, \ldots, \varepsilon_n \in \{+,-\}$ heißt ein Wort. Mit $W(X)$ bezeichnen wir die Menge aller Worte. Für $n = 0$ erhalten wir das leere Wort $e := $. Ein Wort heißt reduziert, wenn es keine Stelle der Gestalt

(*) $\ldots x_i^+ x_{i+1}^- \ldots$ oder $\ldots x_i^- x_{i+1}^+ \ldots$ mit $x_i = x_{i+1}$

enthält. Sei $F(X) \subset W(X)$ die Menge der reduzierten Worte. Aus einem beliebigen Wort w erhält man ein reduziertes Wort w_r, indem man von links beginnend alle Stellen der Gestalt (*) wegläßt. Die Abbildung $W(X) \to F(X)$, $w \mapsto w_r$, heißt Reduktion. In $F(X)$ kann man durch

$$(x_1^{\varepsilon_1} \ldots x_n^{\varepsilon_n}) \cdot (y_1^{\delta_1} \ldots y_m^{\delta_m}) := (x_1^{\varepsilon_1} \ldots x_n^{\varepsilon_n} y_1^{\delta_1} \ldots y_m^{\delta_m})_r$$

eine innere Verknüpfung erklären. Man schreibt einfach die Worte hintereinander und reduziert anschließend.

Wir behaupten, daß $F(X)$ zusammen mit dieser Verknüpfung und der Abbildung $\iota: X \to F(X)$, $x \mapsto x^+$, unser universelles Problem löst.

Zunächst ist zu zeigen, daß $F(X)$ mit der angegebenen Verknüpfung eine Gruppe ist. Der Nachweis des Assoziativgesetzes ist recht unangenehm und sei dem unerschrockenen Leser zur Übung empfohlen (vgl. auch [27]). Der Rest ist dagegen ein Kinderspiel. Neutrales Element ist das Leere Wort e und für $x_1^{\varepsilon_1} \ldots x_n^{\varepsilon_n}$ ist $x_n^{-\varepsilon_n} \ldots x_1^{-\varepsilon_1}$ das Inverse; dabei soll

$$-\varepsilon_i = \begin{cases} - & \text{für } \varepsilon_i = + \\ + & \text{für } \varepsilon_i = - \end{cases}$$

sein. Sei nun $f: X \to G$ gegeben. Für jeden Homomorphismus $\varphi: F(X) \to G$ mit $\varphi \cdot \iota = f$ gilt $\varphi(x^+) = f(x)$ und daher $\varphi(x_1^{\varepsilon_1} \ldots x_n^{\varepsilon_n}) = f(x_1)^{\varepsilon_1 1} \cdot \ldots \cdot f(x_n)^{\varepsilon_n 1}$. Es gibt also höchstens einen derartigen Homomorphismus.

Definiert man umgekehrt φ durch die letzte Gleichung, so erhält man tatsächlich einen Homomorphismus mit $\varphi \cdot \iota = f$.

Außerdem gilt $F(\emptyset) = \{e\}$ und die Gruppen $(F(X), \cdot)$ und $(\mathbb{Z}, +)$

sind kanonisch isomorph, wenn X nur ein Element besitzt. Enthält X jedoch zwei verschiedene Elemente x_1, x_2, so ist die Gruppe F(X) wegen $x_1^+ x_2^+ \neq x_2^+ x_1^+$ nicht abelsch.

4.3.3. Definition. Sei G eine Gruppe.

a) G heißt frei über einer Teilmenge X von G, wenn es zu jeder Gruppe G' und zu jeder Abbildung f: X → G' genau einen Homomorphismus φ: G → G' mit $\varphi|X = f$ gibt.

b) G heißt frei, wenn es eine Teilmenge X von G gibt, so daß G frei über X ist.

4.3.4. Bemerkung. Ist F(X) zusammen mit ι: X → F(X) eine Lösung des universellen Problems 4.3.1, so ist die Gruppe F(X) frei über $\iota(X)$.

Sei G eine Gruppe, X eine Teilmenge von G und F(X) die in 4.3.2 konstruierte Lösung von 4.3.1. Wie man sich leicht überlegt, ist G genau dann frei über X, wenn die Abbildung

$$F(X) \longrightarrow G, \quad x_1^{\varepsilon_1} \ldots x_n^{\varepsilon_n} \longmapsto x_1^{\varepsilon_1 1} \cdot \ldots \cdot x_n^{\varepsilon_n 1},$$

ein Isomorphismus ist. Man beachte dabei, daß links ein Wort in F(X) und rechts ein Produkt in G steht.

Nach 4.3.2 sind $\mathbb{Z}$ und die einelementigen Gruppen (bis auf Isomorphie) die einzigen freien Gruppen, die auch abelsch sind. Schon $\mathbb{Z} \times \mathbb{Z}$ ist nicht mehr frei.

4.3.5. Satz. Zu jeder Gruppe G gibt es eine freie Gruppe F und einen Epimorphismus φ: F → G.

Beweis. Sei X eine Teilmenge von G, die G erzeugt (z.B. X = G). Dann ist die Abbildung

$$F(X) \longrightarrow G, \quad x_1^{\varepsilon_1} \ldots x_n^{\varepsilon_n} \longmapsto x_1^{\varepsilon_1 1} \cdot \ldots \circ x_n^{\varepsilon_n 1},$$

ein Epimorphismus.

4.3.6. Bemerkung. Die im Beweis von 4.3.5 verwendete Abbildung ist i.a. nicht injektiv. Zum Beispiel erzeugen die Elemente x:= (1,0) und y:= (0,1) die Gruppe $\mathbb{Z} \times \mathbb{Z}$ und das Wort $x^+ y^+ x^- y^-$ ist ein nichttriviales Element des Kerns von $F(\{x,y\}) \to \mathbb{Z} \times \mathbb{Z}$.

4.3.7. Theorem von Nielsen und Schreier (1927).

Jede Untergruppe einer freien Gruppe ist frei.

Einen Beweis dieses schwierigen Satzes findet man z.B. in
[27].

Es sei noch zur Warnung erwähnt, daß Untergruppen endlich er-
zeugter freier Gruppen keineswegs endlich erzeugt zu sein
brauchen. Ist etwa $F(x,y)$ die freie Gruppe über der zweiele-
mentigen Menge $\{x,y\}$, so kann man zeigen, daß die von
$\{x^n \cdot y \cdot x^{-n}: n \in \mathbb{N}\}$ erzeugte Untergruppe von $F(x,y)$ nicht endlich erzeugt ist. Mit Hilfe von 4.3.7 und der universellen
Eigenschaft kann man sich ferner überlegen, daß man sogar jede
Gruppe, die frei über einer abzählbaren Menge ist, monomorph
in $F(x,y)$ abbilden kann.

4.4. Frei-abelsche Gruppen

Fordert man im universellen Problem 4.3.1, daß alle auftretenden Gruppen abelsch sind, so erhält man eine andere und viel
einfachere Lösung. Man nennt sie die von X erzeugte frei-abelsche Gruppe. Diese Terminologie ist üblich und gefährlich,
denn wie wir in 4.3.2 gesehen haben, sind freie Gruppen fast
nie abelsch.

4.4.1. Sei X eine Menge. Wir betrachten folgendes universelle
Problem:

Gesucht ist eine abelsche Gruppe $FA(X)$ zusammen mit einer Abbildung $\iota: X \to FA(X)$ derart, daß zu jeder Abbildung $f: X \to G$
in eine abelsche Gruppe G genau ein Homomorphismus
$\varphi: FA(X) \to G$ existiert, so daß das Diagramm

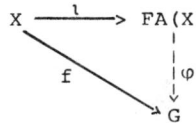

kommutiert.

4.4.2. Satz. Das universelle Problem 4.4.1 besitzt eine
Lösung. Sie heißt die von X erzeugte frei-abelsche Gruppe.

Beweis. Die Menge $FA(X) := \{\Phi: X \to \mathbb{Z}: \Phi(x) = 0 \text{ für fast alle}$

$x \in X$} ist zusammen mit der durch $(\Phi+\Phi')(x) := \Phi(x) + \Phi'(x)$ erklärten Verknüpfung eine abelsche Gruppe. Die Abbildung $\iota: X \to FA(X)$, $x \mapsto \Phi_x$, sei definiert durch

$$\Phi_x(y) := \begin{cases} 0 & \text{für } y \neq x \\ 1 & \text{für } y = x. \end{cases}$$

Man prüft leicht nach, daß es zu jedem $\Phi \in FA(X)$ eindeutig bestimmte $m_1,\ldots,m_n \in \mathbb{Z}$ und $x_1,\ldots,x_n \in X$ mit $\Phi = m_1\Phi_{x_1}+\ldots+m_n\Phi_{x_n}$ gibt.

Ist $f: X \to G$ gegeben, so gilt für jeden Homomorphismus $\varphi: FA(X) \to G$ mit $\varphi\circ\iota = f$

$$\varphi(m_1\Phi_{x_1}+\ldots+m_n\Phi_{x_n}) = m_1 f(x_1)+\ldots+m_n f(x_n)$$

für alle $m_1,\ldots,m_n \in \mathbb{Z}$ und alle $x_1,\ldots,x_n \in X$. Es gibt daher höchstens einen derartigen Homomorphismus. Da G abelsch ist, wird aber umgekehrt durch diese Gleichung ein Homomorphismus $\varphi: FA(X) \to G$ mit $\varphi\circ\iota = f$ erklärt.

4.4.3. Bemerkung. Die in 4.3.3 eingeführten Begriffe definiert man ganz analog für den frei-abelschen Fall. Demnach ist eine abelsche Gruppe G genau dann frei-abelsch, wenn es eine Teilmenge X von G gibt, so daß die Abbildung

$$FA(X) \longrightarrow G$$
$$m_1\Phi_{x_1}+\ldots+m_n\Phi_{x_n} \longmapsto m_1 x_1+\ldots+m_n x_n$$

ein Isomorphismus ist. Für jede abelsche Gruppe G ist diese Abbildung ein Epimorphismus, falls G von X erzeugt wird.

4.5. Coprodukte

Anstelle des in 4.2 beschriebenen direkten Produktes benötigt man gelegentlich ein anderes Produkt, das Coprodukt oder freies Produkt genannt wird. Seine universelle Eigenschaft ist dual zu 4.2.1, aber die Konstruktion ist wesentlich komplizierter.

4.5.1. Gegeben sei eine nicht leere Indexmenge I und eine Familie $(G_i)_{i\in I}$ von Gruppen. Gesucht ist eine Gruppe $\coprod_{i\in I} G_i$ zu-

sammen mit einer Familie von Homomorphismen $\iota_j: G_i \to \coprod_{i\in I} G_i$ mit
folgender universeller Eigenschaft: Zu jeder Gruppe G und zu
jeder Familie von Homomorphismen $\alpha_i: G_i \to G$ gibt es genau einen Homomorphismus $\varphi: \coprod_{i\in I} G_i \to G$, so daß für jedes $i \in I$ das
Diagramm

$$G \xleftarrow{\varphi} \coprod_{i\in I} G_i$$

kommutiert.

Setzt man in diesem Diagramm $G = G_i$ und wählt für α_i den
identischen und für α_j, $j \neq i$, einen beliebigen Homomorphismus, so erkennt man sofort, daß die Abbildungen ι_i injektiv
sind.

4.5.2. Satz. Das universelle Problem 4.5.1 besitzt eine Lösung.
Sie heißt das Coprodukt der Gruppen G_i.

Beweis. Die Mengen G_i brauchen a priori keineswegs disjunkt zu
sein. Indem wir sie aber nötigenfalls durch $G_i \times \{i\}$ ersetzen,
können wir dies zur Vereinfachung der Notationen o.B.d.A. annehmen. Unter einem Wort verstehen wir einen Ausdruck

$$w = a_1 \ldots a_n,$$

wobei $n \in \mathbb{N}$ und $a_1, \ldots, a_n \in \bigcup_{i\in I} G_i$. Für $n = 0$ erhält man wieder
das leere Wort $e :=$. Sei W die Menge aller Worte. Ein Wort
$w = a_1 \ldots a_n$ heißt reduziert, wenn in ihm kein neutrales Element aus einer der Gruppen G_i vorkommt und wenn ferner a_ν und
$a_{\nu+1}$ für kein $\nu \in \{1, \ldots, n-1\}$ in der gleichen Gruppe liegen.
Sei $\coprod_{i\in I} G_i \subset W$ die Menge der reduzierten Worte. Eine Reduktion

$$W \longrightarrow \coprod_{i\in I} G_i, \quad w \longmapsto w_r,$$

erhält man dadurch, daß man die neutralen Elemente wegläßt und
aufeinanderfolgende Elemente der gleichen Gruppe ausmultipliziert.

Eine Verknüpfung in $\coprod_{i\in I} G_i$ ist nun definiert durch

$$(a_1 \ldots a_n) \cdot (b_1 \ldots b_m) = (a_1 \ldots a_n b_1 \ldots b_m)_r;$$

man schreibt also die Worte hintereinander und reduziert. Der
Beweis des Assoziativgesetzes ist wieder etwas langwierig und
sei hier nicht ausgeführt. Neutrales Element ist das leere
Wort e = und das Inverse von $a_1 \ldots a_n$ ist gleich $a_n^{-1} \ldots a_1^{-1}$.
Für jedes $i \in I$ erhält man den Monomorphismus $\iota_j : G_i \to \coprod_{i \in I} G_i$,
indem man das neutrale Element $e_i \in G_i$ auf e und jedes $a \neq e_i$
auf das reduzierte Wort a abbildet.
Sei schließlich die Familie von Homomorphismen $\alpha_j : G_i \to G$ ge-
geben. Ist $a_1 \ldots a_n \in \coprod_{i \in I} G_i$ und $a_1 \in G_{i_1}, \ldots, a_n \in G_{i_n}$, so muß
notwendigerweise

$$\varphi(a_1 \ldots a_n) = \alpha_{i_1}(a_1) \cdot \ldots \cdot \alpha_{i_n}(a_n)$$

sein, und durch diese Gleichung wird tatsächlich der gesuchte
Homomorphismus definiert.

§ 5. p-Gruppen und p-Sylow-Gruppen

5.1. Das Theorem von Sylow

5.1.1. Definition. Sei G eine Gruppe, e ihr neutrales Element
und p eine Primzahl.

a) G heißt p-Gruppe, wenn es zu jedem $a \in G$ ein (i.a. von a
   abhängiges) $k \in \mathbb{N}$ gibt mit $a^{p^k} = e$.

b) Eine Untergruppe H von G heißt p-Untergruppe von G, wenn H
   eine p-Gruppe ist.

c) Eine Untergruppe S von G heißt p-Sylow-Gruppe in G, wenn S
   eine maximale p-Untergruppe von G ist, d.h. wenn gilt:

   i) S ist eine p-Untergruppe von G.

   ii) Es gibt keine p-Untergruppe H von G mit $S \subsetneq H$.

5.1.2. Bemerkung. Sei G eine Gruppe, e ihr neutrales Element,
p eine Primzahl und

$$S(p) := \{a \in G : \text{Es gibt } \ell \in \mathbb{N} \text{ mit } a^{p^\ell} = e\}.$$

Ist G abelsch, so ist S(p) die einzige p-Sylow-Gruppe in G.
Falls G nicht abelsch ist, braucht S(p) keine Untergruppe zu
sein.

Beweis. Trivialerweise ist jede p-Untergruppe von G in S(p)

enthalten. Es bleibt daher nur zu zeigen, daß S(p) eine Untergruppe von G ist, wenn G abelsch ist. Das prüft man aber sofort nach.

5.1.3. Theorem von Sylow. Ist G eine endliche Gruppe und p
eine Primzahl, so gilt:

1) Eine Untergruppe S von G ist genau dann eine p-Sylow-Gruppe
   in G, wenn ord(S) = p^k gilt und ord(G) durch p^k, aber nicht
   durch p^{k+1} teilbar ist.

2) Zu jeder p-Untergruppe H von G gibt es eine p-Sylow-Gruppe
   S in G mit H $\subset$ S.

3) a) Mit S ist auch jede zu S konjugierte Untergruppe von G
      eine p-Sylow-Gruppe in G.
   b) Je zwei p-Sylow-Gruppen in G sind konjugiert.

4) Die Anzahl s der p-Sylow-Gruppen in G ist ein Teiler der
   Ordnung von G und es gilt s $\equiv$ 1 mod p.

5.2. Beweis des Theorems von Sylow (nach H. WIELANDT)

Zunächst benötigen wir einige Vorbereitungen.

5.2.1. Hilfssatz. Sei p eine Primzahl und seien k,m,n natürliche Zahlen mit n = $p^k m$ und p $\nmid$ m.
Dann ist $p^{k-\ell+1}$ für kein $\ell \in \{1,\dots,k\}$ Teiler von $\binom{n}{p^\ell}$.

Beweis. Es gilt $\binom{n}{p^\ell} = p^{k-\ell} \cdot m \cdot \prod_{i=1}^{p^\ell-1} \frac{p^k m - i}{p^\ell - i} = p^{k-\ell} \cdot m \cdot \binom{n-1}{p^\ell-1}$ und

es bleibt zu zeigen, daß p kein Teiler von r:= $\binom{n-1}{p^\ell-1}$ ist.
Dazu wählt man für jedes i $\in \{1,\dots,p^\ell-1\}$ natürliche Zahlen
n_i und t_i, so daß i = $p^{n_i} t_i$ und p$\nmid t_i$ gilt. Dann hat man $n_i < \ell$

und $\frac{p^k m - i}{p^\ell - i} = \frac{p^{k-n_i} \cdot m - t_i}{p^{\ell-n_i} - t_i}$, so daß es a,b,c $\in \mathbb{Z}$ gibt mit

$$r = \frac{a+pb}{a+pc} \quad (a = \prod_{i=1}^{p^\ell-1}(-t_i)) \quad .$$

Multiplikation mit dem Nenner liefert (r-1)a = pd mit einem
d $\in \mathbb{Z}$ und wegen p$\nmid t_i$ für alle i folgt p$\nmid$a, also p$|$(r-1) und
daher p$\nmid$r.

5.2.2. Lemma. Sei G eine endliche Gruppe und p eine Primzahl.
k,m $\in \mathbb{N}$ seien so gewählt, daß ord(G) = $p^k m$ und p $\nmid$ m gilt.

Dann gibt es zu jedem $\ell \in \{0,\ldots,k\}$ eine Untergruppe H von G mit ord(H) = p^ℓ.

Beweis. Sei $\ell \in \{0,\ldots,k\}$ fest gewählt und sei X die Menge aller Teilmengen von G der Ordnung p^ℓ. Bekanntlich gilt ord(X) = $= \binom{n}{p^\ell}$, wenn man die Ordnung von G mit n bezeichnet. Da im Falle $\ell = 0$ nichts zu beweisen ist, wird $\ell \neq 0$ vorausgesetzt. Die Abbildung

$$\tau: G \times X \longrightarrow X, \quad (a,U) \longmapsto aU := \{au: u \in U\}$$

ist (wie man leicht nachprüft) eine Operation von G auf X. Aus 5.2.1 folgt, daß $p^{k-\ell+1}$ kein Teiler der Ordnung von X ist, so daß es wegen der Bahnengleichung ein $U \in X$ mit $p^{k-\ell+1} \nmid$ ord(G(U)) gibt.

Es soll gezeigt werden, daß H:= $\mathrm{Iso}_\tau(G;U)$ eine Untergruppe der Ordnung p^ℓ von G ist: Zunächst gibt es r,v $\in \mathbb{N}$ mit ord(H) = $= p^r v$ und $p \nmid v$ und ebenso s,w $\in \mathbb{N}$ mit [G:H] = $p^s w$ und $p \nmid w$. Wegen 2.2.5 gilt [G:H] = ord G(U), also s $\leq$ k-ℓ, und aus ord(G) = ord(H)·[G:H] folgt $p^k m = p^{r+s} vw$, also k = r+s $\leq$ r+k-ℓ. Man erhält $\ell \leq r$, so daß p^ℓ ein Teiler der Ordnung von H ist. Da für ein u $\in$ U die Abbildung H → U, a ↦ au, injektiv ist, hat man andererseits auch ord(H) $\leq$ ord(U) = p^ℓ.

5.2.3. Korollar. Ist G eine endliche Gruppe und p eine Primzahl, so gilt:

1) Ist p ein Teiler der Ordnung von G, so gibt es ein a $\in$ G mit ord(a) = p. (Satz von Cauchy).

2) G ist genau dann eine p-Gruppe, wenn die Ordnung von G eine Potenz von p ist.

3) Gilt ord(G) = $p^k m$ mit k,m $\in \mathbb{N}$ und $p \nmid m$, so ist jede Untergruppe von G der Ordnung p^k eine p-Sylow-Gruppe in G.

Beweis. 1) Ist p ein Teiler von ord(G), so gibt es k,m $\in \mathbb{N}$ mit k $\neq$ 0, $p \nmid m$ und ord(G) = $p^k m$. Nach 5.2.2 gibt es eine Untergruppe H der Ordnung p von G. Als Gruppe von Primzahlordnung ist H zyklisch und für jedes erzeugende Element a von H gilt ord(a) = p.

2) Ist e das neutrale Element von G und gilt ord(G) = p^k, so folgt $a^{p^k} = e$ für jedes a $\in$ G. Sei umgekehrt G eine endliche

p-Gruppe. Im Fall G = {e} ist alles klar. Gilt G $\neq$ {e} und ist
q ein Primteiler von ord(G), so gibt es nach 1) ein a $\in$ G mit
ord(a) = q. Da G eine p-Gruppe ist, ist ord(a) eine Potenz von
p, so daß q = p folgt. Daher ist p der einzige Primteiler von
ord(G).
3) Sei S eine Untergruppe der Ordnung p^k von G und H eine
p-Untergruppe von G mit S $\subset$ H. Nach 2) gibt es ein $\ell \in \mathbb{N}$ mit
ord(H) = p^ℓ und aus S $\subset$ H folgt $\ell \geq$ k. Da die Ordnung von H
ein Teiler der Ordnung von G ist, erhält man ℓ = k und damit
H = S.

5.2.4. Hilfssatz. Sei G eine endliche Gruppe, p eine Primzahl,
H eine p-Untergruppe von G und S eine p-Sylow-Gruppe in G.
Ist dann H im Normalisator N von S enthalten, so gilt sogar
H $\subset$ S.
Beweis. S ist nach 1.7.7 ein Normalteiler von N. Da nach Vor-
aussetzung H eine Untergruppe von N ist, kann man den ersten
Isomorphiesatz in N anwenden und erhält
$$HS/S \cong H/H\cap S .$$
Da ord(H/H$\cap$S) ein Teiler von ord(H) und daher eine Potenz von
p ist, ist auch ord(HS/S) eine Potenz von p. Nun ist aber nach
Voraussetzung ord(S) ebenfalls eine Potenz von p. Daher ist HS
eine p-Untergruppe von G mit S $\subset$ HS. Da S eine p-Sylow-Gruppe
in G ist, folgt S = HS und damit H $\subset$ S.

5.2.5. Hilfssatz. Sei G eine endliche Gruppe, p eine Primzahl
und k $\in \mathbb{N}$ so, daß die Ordnung von G durch p^k, aber nicht
durch p^{k+1} teilbar ist.
Ist dann S_o eine Untergruppe von G der Ordnung p^k, so gibt es
zu jeder p-Untergruppe H von G ein b $\in$ G mit H $\subset bS_ob^{-1}$.
Beweis. Ist X:= $\{aS_oa^{-1}: a \in G\}$, so ist die Abbildung
$$G \times X \longrightarrow X, \quad (a,S) \longmapsto aSa^{-1},$$
offenbar eine Operation von G auf X und X ist die Bahn von S_o
unter dieser Operation. 2.2.5 liefert daher
$$ord(X) = [G : Iso(G;S_o)]$$
und mit dem Satz von Lagrange folgt
$$ord(G) = ord(Iso(G;S_o))\cdot ord(X) .$$

Da S_o Untergruppe von Iso$(G;S_o)$ ist, ist p^k ein Teiler der
Ordnung von Iso$(G;S_o)$, so daß p nach Voraussetzung kein Teiler
von ord(X) ist.
Nun betrachten wir die Abbildung

$$H \times X \longrightarrow X, \quad (a,S) \longmapsto aSa^{-1}.$$

Diese ist eine Operation von H auf X, so daß wegen der Bahnengleichung für ein geeignetes $V \subset X$

$$\text{ord}(X) = \sum_{S \in V} [H : \text{Iso}(H;S)]$$

gilt. Da H eine p-Untergruppe von G ist, ist $[H : \text{Iso}(H;S)]$ für
jedes $S \in X$ entweder gleich 1 oder durch p teilbar. Nun ist
ord(X) aber nicht durch p teilbar. Folglich gibt es ein $S \in X$
mit $H = \text{Iso}(H;S)$, also mit $aSa^{-1} = S$ für alle $a \in H$. H liegt
somit im Normalisator von S. Nach Definition von X gibt es ein
$b \in G$ mit $S = bS_o b^{-1}$, so daß S nach 5.2.3 eine p-Sylow-Gruppe
in G ist und $H \subset S$ mit 5.2.4 folgt.

Beweis des Theorems von Sylow:

1) Daß jede Untergruppe der Ordnung p^k eine p-Sylow-Gruppe in
G ist, wenn ord(G) durch p^k, aber nicht durch p^{k+1} teilbar ist,
wurde in 5.2.3 bewiesen. Sei umgekehrt S eine p-Sylow-Gruppe
in G und ord(G) sei durch p^k, aber nicht durch p^{k+1} teilbar.
Nach 5.2.2 gibt es eine Untergruppe S_o von G der Ordnung p^k.
Setzt man $H = S$ in 5.2.5, so erhält man ord$(S) = \text{ord}(S_o) = p^k$,
denn $bS_o b^{-1}$ ist für jedes $b \in G$ eine p-Untergruppe von G.

2) Nach 5.2.2 gibt es eine Untergruppe S_o von G der Ordnung p^k.
Nach 5.2.3 ist $bS_o b^{-1}$ für jedes $b \in G$ eine p-Sylowgruppe in G,
so daß die Behauptung unmittelbar aus 5.2.5 folgt.

3) a) folgt unmittelbar aus 1). Zum Nachweis von b) seien S_o, S_1
p-Sylow-Gruppen in G. Nach 5.2.5 und 1) gibt es ein $b \in G$ mit
$S_1 \subset bS_o b^{-1}$. Da S_1 eine p-Sylow-Gruppe in G und $bS_o b^{-1}$ eine
p-Untergruppe von G ist, folgt $S_1 = bS_o b^{-1}$.

4) Sei S_o eine p-Sylow-Gruppe in G und $X := \{aS_o a^{-1} : a \in G\}$.
Nach 3) ist X die Menge aller p-Sylow-Gruppen in G. Indem man
die Operation $G \times X \to X$, $(a,S) \mapsto aSa^{-1}$, betrachtet, erhält man
wegen $s = \text{ord}(X) = [G : \text{Iso}(G;S_o)]$ sofort, daß s ein Teiler der

Ordnung von G ist.

Zum Nachweis von $s \equiv 1 \mod p$ betrachtet man die Operation $S_o \times X \to X$, $(a,S) \mapsto aSa^{-1}$, und wählt ein vollständiges Vertretersystem V bzgl. der zur betrachteten Operation gehörigen Äquivalenzrelation so, daß S_o Element von V ist. Für jedes $S \in V$ ist $\text{ord}(S_o(S)) = [S_o : \text{Iso}(S_o;S)]$ ein Teiler von $\text{ord}(S_o)$, also gleich 1 oder durch p teilbar. Nun ist aber $\text{ord}(S_o(S)) > 1$ für jedes $S \in V$ mit $S \neq S_o$, denn andernfalls hätte man $S_o \subset \text{Nor}(S)$, also $S_o \subset S$ und $S_o = S$ mit 5.2.4. Wegen $\text{ord}(S_o(S_o)) = 1$ liefert daher die Bahnengleichung unmittelbar $s \equiv 1 \mod p$.

*5.3. Anwendungen des Theorems von Sylow

Das Theorem von Sylow ist ein wichtiges Hilfsmittel bei Untersuchungen der Struktur endlicher Gruppen. Wir wollen dies an einem einfachen Beispiel illustrieren.

*5.3.1. Satz. Seien p und q Primzahlen. Gilt $p < q$ und ist p kein Teiler von q-1, so ist jede Gruppe der Ordnung $p \cdot q$ zyklisch.

Beweis. Sei s die Anzahl der p-Sylow-Gruppen in G. Nach dem Theorem von Sylow gibt es ein $k \in \mathbb{N}$ mit $s = 1 + kp$ und es gilt $s | \text{ord}(G)$. Da deshalb p und s teilerfremd sind, folgt $s | q$ aus $s | pq$. $s = q$ würde $p | (q-1)$ implizieren, also gilt $s = 1$. Es gibt also genau eine p-Sylow-Gruppe S(p) in G. Entsprechend erhält man wegen $q > p$, daß es genau eine q-Sylow-Gruppe S(q) in G gibt. Wegen $\text{ord}(S(p)) = p$, $\text{ord}(S(q)) = q$ und 1.11.15 brauchen wir nur noch zu zeigen, daß G isomorph ist zum äußeren direkten Produkt von S(p) und S(q): Die Untergruppen S(p) und S(q) sind Normalteiler von G, denn sie müssen mit ihren Konjugierten (die ebenfalls Sylow-Gruppen sind) übereinstimmen. Da S(p) und S(q) teilerfremde Ordnungen haben, enthält ihr Durchschnitt nur das neutrale Element. $S(p) \cdot S(q)$ besteht daher aus genau $p \cdot q$ Elementen, stimmt also mit G überein. Nach 4.1.4 ist damit alles gezeigt.

Die kleinste Ordnung, für die sich dieser Satz anwenden läßt, ist 15. Andere Beispiele sind etwa 91 und 1003.

*5.3.2. Satz. Ist p eine Primzahl und G eine Gruppe der Ordnung p^2, so ist G entweder isomorph zur Gruppe $\mathbb{Z}/p^2\mathbb{Z}$ oder zur Gruppe $\mathbb{Z}/p\mathbb{Z} \times \mathbb{Z}/p\mathbb{Z}$.

Beweis. Nach dem Satz von Cauchy (5.2.3) gibt es ein $a \in G$ mit $\text{ord}(a) = p$. Sei $H := [a]$, $b \in G \smallsetminus H$ und $H' := [b]$. Ist $\text{ord } H' = p^2$, so ist G zyklisch. Ist $\text{ord } H' = p$, so ist G isomorph zum äußeren direkten Produkt von H und H'. Dies sieht man wie folgt ein: Da die Ordnung von $H \cap H'$ ein Teiler von p ist und $H \neq H'$ gilt, ist $H \cap H' = \{e\}$ und $H \cdot H' = G$. Da die Gruppe G ferner nach 2.3.5 abelsch ist, erhält man mit 4.1.4 und 1.11.8 die Behauptung.

*5.3.3. Wichtige Beispiele für endliche Gruppen sind die <u>Diedergruppen</u>. Für $n \in \mathbb{N} \smallsetminus \{0,1\}$ gehen wir aus von der symmetrischen Gruppe $\mathcal{S}_n$. Sei

$$\sigma := \left\langle \begin{matrix} 1 & 2 & 3 & \cdots & n \\ 2 & 3 & 4 & \cdots & 1 \end{matrix} \right\rangle \quad \text{und} \quad \tau := \left\langle \begin{matrix} 1 & 2 & 3 & \cdots & n-1 & n \\ 1 & n & n-1 & \cdots & 3 & 2 \end{matrix} \right\rangle$$

und $D_n \subset \mathcal{S}_n$ die von den Elementen σ, τ erzeugte Untergruppe. Offensichtlich ist $\text{ord}(\sigma) = n$, $\text{ord}(\tau) = 2$ und $\tau \circ \sigma \circ \tau = \sigma^{-1}$. D_2 ist eine Kleinsche Vierergruppe. Geometrisch kann man D_n als Gruppe der Bewegungen der Ebene ansehen, die ein gegebenes regelmäßiges n-Eck in sich überführen. Dabei ist σ eine Drehung um den Winkel α und τ eine Spiegelung an der Achse A.

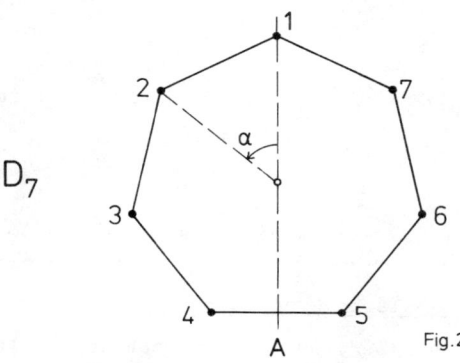

Fig.2

Wie man sich leicht überlegt ist $\text{ord } D_n = 2n$.

*5.3.4. Satz. Sei p eine Primzahl und G eine Gruppe der Ordnung

2p. Dann ist G entweder zyklisch oder isomorph zur Diedergruppe D_p.

Einen <u>Beweis</u> findet man z.B. in [27].

*5.3.5. Für kleine Ordnungen geben wir nun bis auf Isomorphie alle Gruppen an. Zur Abkürzung setzen wir $\mathbb{Z}_n := \mathbb{Z}/n\mathbb{Z}$ und bezeichnen mit Q die in 1.5.4 definierte Quaternionengruppe. Der Leser möge sich überlegen, welche Fälle man mit den bisher beschriebenen Ergebnissen und dem Hauptsatz über endlich erzeugte abelsche Gruppen (5.4.6) erledigen kann. Die weiteren (zum Teil komplizierten) Einzelheiten können wir hier nicht ausführen. Einiges davon findet man in [27].

Ordnung	Gruppen	Anzahl
1	$\{e\}$	1
2	$\mathbb{Z}_2$	1
3	$\mathbb{Z}_3$	1
4	$\mathbb{Z}_4$, $\mathbb{Z}_2 \times \mathbb{Z}_2 = D_2$	2
5	$\mathbb{Z}_5$	1
6	$\mathbb{Z}_6$, $\mathcal{J}_3 = D_3$	2
7	$\mathbb{Z}_7$	1
8	$\mathbb{Z}_8$, $\mathbb{Z}_4 \times \mathbb{Z}_2$, $\mathbb{Z}_2 \times \mathbb{Z}_2 \times \mathbb{Z}_2$, D_4, Q	5
9	$\mathbb{Z}_9$, $\mathbb{Z}_3 \times \mathbb{Z}_3$	2
10	$\mathbb{Z}_{10}$, D_5	2
11	$\mathbb{Z}_{11}$	1
12	$\mathbb{Z}_{12}$, $\mathbb{Z}_2 \times \mathbb{Z}_6$, $\mathbb{Z}_2 \times \mathcal{J}_3$, $\mathcal{O}_4$ und eine weitere	5
13	$\mathbb{Z}_{13}$	1
14	$\mathbb{Z}_{14}$, D_7	2
15	$\mathbb{Z}_{15}$	1
16	$\mathbb{Z}_{16}$, $\mathbb{Z}_8 \times \mathbb{Z}_2$, $\mathbb{Z}_4 \times \mathbb{Z}_4$, D_8 und zehn weitere	14

5.4. <u>Endliche abelsche Gruppen</u>

Wie wir gesehen haben, ist es sehr schwierig, Aussagen über die Struktur endlicher Gruppen zu machen. Wenn man sich jedoch auf abelsche Gruppen beschränkt, ist alles viel einfacher. Wir beginnen mit einem direkten Beweis des Satzes von Cauchy

(5.2.3) für diesen Fall. Wie üblich schreiben wir die Verknüpfung additiv und bezeichnen mit O das neutrale Element.

5.4.1. Lemma. Sei G eine endliche abelsche Gruppe. Dann gibt
es zu jeder Primzahl p, die ord G teilt, ein a $\in$ G mit
ord(a) = p.

Beweis. Sei p eine Primzahl, die ord G teilt. Es genügt zu
zeigen, daß es ein a $\in$ G und ein m $\in \mathbb{N} \setminus \{0\}$ mit ord(a) = pm
gibt, denn dann ist ord(ma) = p. Wir führen den Beweis durch
Induktion über ord G. Der Induktionsanfang ist offenbar gesichert. Sei also G eine endliche abelsche Gruppe mit ord G > 1
und die Aussage richtig für jede solche Gruppe, deren Ordnung
kleiner als die von G ist. Ist p ein Primteiler von ord G und
b $\in G \setminus \{0\}$, so bleibt nur noch im Falle, daß p kein Teiler von
ord(b) ist, etwas zu beweisen. Da G abelsch ist, ist H:= [b]
ein Normalteiler von G und auch die Gruppe G/H ist abelsch.
Wegen p$\nmid$ord(H) ist p ein Teiler von ord(G/H) < ord(G), so daß
es nach Induktionsannahme ein c $\in$ G/H mit p$\mid$ord(c) gibt. Ist
daher ρ: G $\to$ G/H der kanonische Epimorphismus und wählt man
a $\in$ G so, daß ρ(a) = c gilt, so ist p auch ein Teiler von
ord(a).

Es sei dem Leser zur Übung empfohlen, mit Hilfe dieses Lemmas
und der Klassengleichung (2.3.4) den Satz von Cauchy ohne Verwendung von 5.2.2 zu beweisen.

5.4.2. Hilfssatz. Sei G eine endliche abelsche Gruppe. Gilt
ord G = mn mit teilerfremden natürlichen Zahlen m und n, so
sind
$$G_m := \{a \in G: ma = 0\} \quad \text{und} \quad G_n := \{a \in G: na = 0\}$$
Untergruppen von G und es gilt:
1) $G = G_m \times G_n$.
2) ord G_m = m, ord G_n = n.

Beweis. Da G abelsch ist, sind G_m und G_n Normalteiler von G.
Außerdem gilt $G_m \cap G_n = \{0\}$, denn aus ma = na = 0 folgt ord(a)$\mid$m
und ord(a)$\mid$n, also ord(a) = 1 und a = 0. Schließlich gilt auch
$G = G_m + G_n$. Da nämlich m und n teilerfremd sind, gibt es
k,$\ell \in \mathbb{Z}$ mit km + ℓn = 1, so daß man für jedes a $\in$ G die Zerle-

gung

$$a = 1 \cdot a = (km+\ell n)a = \ell na + kma$$

erhält. Wegen ord $G = mn$ gilt $\ell na \in G_m$ und $kma \in G_n$. Damit ist
1) bewiesen.

Zu jedem Primteiler p von ord G_m gibt es nach 5.4.1 ein $a \in G_m$
mit $ord(a) = p$. Wegen $ma = O$ ist p ein Teiler von m. Ebenso
ist jeder Primteiler von ord G_n ein Teiler von n. Mit
$m \cdot n = ord\ G_m \cdot ord\ G_n$ folgt 2).

5.4.3. Satz. Sei G eine endliche abelsche Gruppe. Für jeden
Primteiler p von ord G sei

$$S(p) := \{a \in G:\ \text{Es gibt ein } \ell \in \mathbb{N} \text{ mit } p^\ell a = O\}$$

die bereits in 5.1.2 betrachtete p-Gruppe.
Sind dann $p_1,\ldots,p_r$ die verschiedenen Primteiler von ord G,
so gilt

$$G = S(p_1) \times \ldots \times S(p_r).$$

Beweis durch Induktion über r. Für $r=1$ ist alles klar. Sei also $r > 1$ und ord $G = p_1^{k_1} \cdot \ldots \cdot p_r^{k_r}$. Da $m := p_1^{k_1} \cdot \ldots \cdot p_{r-1}^{k_{r-1}}$ und $n := p_r^{k_r}$ teilerfremd sind, ist $G = G_m \times G_n$ nach 5.4.2. Ist H
gleich G_m oder gleich G_n, so gilt für jeden Primteiler p von
ord H

$$S(p) = \{a \in H:\ \text{Es gibt ein } \ell \in \mathbb{N} \text{ mit } p^\ell a = O\},$$

denn aus $a \in G$ und $p^\ell a = O$ folgt, daß ord(a) eine Potenz von p
ist, so daß a wegen ord$(a)|mn$ in H liegt.
Die Induktionsannahme liefert

$$G_m = S(p_1) \times \ldots \times S(p_{r-1}) \text{ und } G_n = S(p_r),$$

und hieraus folgt die Behauptung.

Satz 5.4.3 werden wir in der Körpertheorie anwenden. Man kann
die hier begonnenen Überlegungen weiterführen, um eine Übersicht über alle möglichen endlichen und schließlich auch alle
endlich erzeugten abelschen Gruppen zu erhalten. Der Weg zu
dieser Klassifikation ist elementar, aber etwas langwierig
(vgl. [1], [5], [27]). Wir beschränken uns darauf, die Ender-
gebnisse zu notieren. Es sei bemerkt, daß die Klassifikation
nicht abelscher Gruppen ein hoffnungsloses Unterfangen ist.

Für jede abelsche Gruppe G ist
$$T(G) := \{a \in G: \text{ord}(a) < \infty\}$$
eine Untergruppe von G. Man nennt sie die Torsionsuntergruppe
von G. Daß sie endlich ist, folgt sofort aus

*5.4.4. Lemma. Jede Untergruppe einer endlich erzeugten abel-
schen Gruppe ist endlich erzeugt.
Wie wir in 4.3 gesehen haben, ist diese Aussage im nicht-abel-
schen Fall falsch.

Das Klassifikationsproblem wird auf den endlichen Fall zurückgeführt mit Hilfe von

*5.4.5. Satz. Ist G eine endlich erzeugte abelsche Gruppe, so
gibt es eine (i.a. nicht eindeutig bestimmte) frei-abelsche
Untergruppe F von G mit
$$G = T(G) \times F.$$

Führt man die in 5.4.3 begonnene Klassifikation endlicher
abelscher Gruppen zu Ende, so erhält man schließlich

*5.4.6. Hauptsatz über endlich erzeugte abelsche Gruppen.
Ist G eine endlich erzeugte abelsche Gruppe, so gestattet G
eine Darstellung

$$G \cong \mathbb{Z}/q_1\mathbb{Z} \times \ldots \times \mathbb{Z}/q_m\mathbb{Z} \times \underbrace{\mathbb{Z} \times \ldots \times \mathbb{Z}}_{r\text{-mal}},$$

wobei $q_1, \ldots, q_m$ Primzahlpotenzen sind. $q_1, \ldots, q_m$ und r sind
dabei durch G eindeutig bestimmt.
Man nennt r auch den Rang von G.

Kapitel II.   RINGTHEORIE

§ 1.   Grundbegriffe

1.1. <u>Ringe</u>

1.1.1. <u>Definition.</u> Ein Tripel $(R,+,\cdot)$, bestehend aus einer nichtleeren Menge R und zwei inneren Verknüpfungen + und $\cdot$ von R, heißt <u>Ring</u>, wenn gilt:

a) $(R,+)$ ist eine abelsche Gruppe.

b) Die Verknüpfung $\cdot$ ist assoziativ.

c) Es gelten die Distributivgesetze, d.h. für alle $a,b,c \in R$ gilt
$$a \cdot (b+c) = a \cdot b + a \cdot c \text{ und } (b+c) \cdot a = b \cdot a + c \cdot a.$$

1.1.2. <u>Bemerkung.</u> Ist $(R,+,\cdot)$ ein Ring, so schreibt man für $a,b \in R$ statt $a \cdot b$ meist ab und statt $(R,+,\cdot)$ meist R. Die Gruppe $(R,+)$ heißt die <u>additive</u> <u>Gruppe</u> des Ringes R, ihr neutrales Element wird stets mit O bezeichnet und heißt <u>Nullelement</u> des Ringes.

Die Distributivgesetze besagen, daß für jedes $a \in R$ die Abbildungen
$$\ell_a: R \longrightarrow R \quad \text{und} \quad r_a: R \longrightarrow R$$
$$x \longmapsto ax \qquad\qquad x \longmapsto xa$$

Endomorphismen der Gruppe $(R,+)$ sind.

1.1.3. <u>Definition.</u>

a) Ein Ring R heißt <u>kommutativ</u>, wenn $ab = ba$ für alle $a,b \in R$ gilt.

b) Ein Element 1 eines Ringes R heißt <u>Einselement</u> von R, wenn $1a = a1 = a$ für alle $a \in R$ gilt, d.h. wenn 1 neutrales Element der Halbgruppe $(R,\cdot)$ ist.

c) Ist R ein Ring, so erklärt man die <u>Potenzen</u> a^n, $n \in \mathbb{N}\setminus\{0\}$, eines Elements a von R wieder induktiv durch
$$a^1 := a \text{ und } a^k := aa^{k-1} \text{ für } k \in \mathbb{N}, k \geq 2.$$

Besitzt R ein Einselement 1, so setzt man außerdem $a^0 := 1$.

1.1.4. <u>Rechenregeln.</u> Sei R ein Ring.

1) Mit Hilfe der Distributivgesetze zeigt man sofort, daß für alle $a,b \in R$ gilt:

$a0 = 0a = 0$, $(-a)b = a(-b) = -(ab)$, $(-a)(-b) = ab$.

2) Durch vollständige Induktion erhält man ebenso leicht für
alle $a \in R$ und $m,n \in \mathbb{N}\setminus\{0\}$:

$$a^m a^n = a^{m+n} \quad \text{und} \quad (a^m)^n = a^{mn}.$$

1.1.5. Bemerkung. Wegen I,1.1.7 besitzt ein Ring höchstens ein
Einselement.

Ist R ein Ring mit Einselement 1, so folgt aus $R \neq \{0\}$, daß
$1 \neq 0$ gilt, denn aus $1 = 0$ würde $a = 1a = 0a = 0$ für alle
$a \in R$ folgen.

1.1.6. Beispiele. (Vgl. I,1.2.7).

1) Sei $(G,+)$ eine abelsche Gruppe und 0 ihr neutrales Element.
Erklärt man eine innere Verknüpfung $\cdot$ von G durch

$$a \cdot b := 0 \quad \text{für alle } a,b \in G,$$

so ist das Tripel $(G,+,\cdot)$ ein kommutativer Ring.

Dieser heißt Nullring, wenn $G = \{0\}$ gilt. Im Falle $G \neq \{0\}$
besitzt er offenbar kein Einselement.

2) $\mathbb{Z}, \mathbb{Q}, \mathbb{R}$ und $\mathbb{C}$ sind zusammen mit der üblichen Addition und
Multiplikation kommutative Ringe mit Einselement.

3) Sei X eine nichtleere Menge und R ein Ring. Erklärt man auf
der Menge $\text{Abb}(X,R)$ aller Abbildungen von X in R innere Verknüpfungen + und $\cdot$ durch

$$(f \dagger g)(x) := f(x) \dagger g(x) \quad \text{für alle } x \in X,$$

so erhält man einen Ring. Dieser ist kommutativ, wenn R
kommutativ ist. Besitzt R ein Einselement 1, so ist die Abbildung $1\colon X \to R, x \mapsto 1$, Einselement von $\text{Abb}(X,R)$.

4) Sei X ein topologischer Raum und $\mathscr{C}(X,\mathbb{R})$ die Menge aller
stetigen Abbildungen von X in $\mathbb{R}$. Erklärt man innere Verknüpfungen + und $\cdot$ wie in 3), so erhält man ebenfalls einen
kommutativen Ring mit Einselement.

5) Sei X eine nichtleere offene Teilmenge von $\mathbb{C}$ und $\mathscr{O}(X)$ die
Menge aller auf X holomorphen Funktionen. Erklärt man inne-
re Verknüpfungen + und $\cdot$ von $\mathscr{O}(X)$ wie in 3), so erhält man
erneut einen kommutativen Ring mit Einselement.

6) Sei $(G,+)$ eine abelsche Gruppe und $\text{End}(G)$ die Menge aller

Endomorphismen dieser Gruppe. Bezeichnet man mit + die übliche Addition und mit ∘ die Hintereinanderausführung von Elementen aus End(G), so ist (End(G),+,∘) ein Ring mit Einselement id_G, der i.a. nicht kommutativ ist. Man nennt ihn den Endomorphismenring der gegebenen Gruppe.

7) Die Menge M(n, $\mathbb{R}$) aller reellen (n×n)-Matrizen ist zusammen mit den üblichen Verknüpfungen ein Ring mit Einselement, der für n ≥ 2 nicht kommutativ ist.

8) Seien $R_1, \ldots, R_n$ endlich viele Ringe. Erklärt man auf dem kartesischen Produkt $R_1 \times \ldots \times R_n$ Addition und Multiplikation komponentenweise, so erhält man einen Ring, den man das (äußere) direkte Produkt der Ringe $R_1, \ldots, R_n$ nennt (vgl. I,1.2.7).

1.1.7. Definition.

a) Ein Element a eines Ringes R heißt rechter (linker) Nullteiler von R, wenn es ein x ∈ R∖{0} gibt mit xa = 0 (ax=0).

b) Ein Ring heißt nullteilerfrei, wenn er weder rechte noch linke vom Nullelement verschiedene Nullteiler besitzt.

1.1.8. Bemerkung. Sei R ein Ring und a ein Element von R. Dann gilt:

1) a ist genau dann kein rechter (linker) Nullteiler von R, wenn die Abbildung r_a: R → R, x ↦ xa (ℓ_a: R → R, x ↦ ax) injektiv ist.

2) Ist a kein rechter (linker) Nullteiler von R, so gilt für x,y ∈ R: xa = ya ⇒ x = y (ax = ay ⇒ x = y).

1.1.9. Beispiele.

1) Ist X eine Menge mit mindestens zwei Elementen, so ist der Ring Abb(X, $\mathbb{R}$) (vgl. 1.1.6) nicht nullteilerfrei.

2) Für n ∈ $\mathbb{N}$ mit n ≥ 2 ist der Ring M(n, $\mathbb{R}$) nicht nullteilerfrei.

3) Ist X eine nichtleere offene Teilmenge von $\mathbb{C}$, so ist der Ring $\mathfrak{G}$(X) (vgl. 1.1.6) genau dann nullteilerfrei, wenn X zusammenhängend ist.

Beweis. 1) Seien a und b zwei verschiedene Elemente von X und seien Abbildungen f,g: X → $\mathbb{R}$ erklärt durch

$f(a) = g(b) = 0$, $f(b) = g(a) = 1$ und $f(x) = g(x) = 0$ für alle $x \in X \smallsetminus \{a,b\}$. Dann gilt $f \neq 0$ und $g \neq 0$ aber $fg = 0$.

2)

$$\left(\begin{array}{cc|c} 0 & 0 & \\ 0 & 1 & 0 \\ \hline & 0 & 0 \end{array}\right) \cdot \left(\begin{array}{cc|c} 0 & 1 & \\ 0 & 0 & 0 \\ \hline & 0 & 0 \end{array}\right) = \left(\begin{array}{c|c} 0 & 0 \\ \hline 0 & 0 \end{array}\right)$$

3) Ist X nicht zusammenhängend, so gibt es nichtleere offene Teilmengen U und V von X mit $U \cap V = \emptyset$ und $U \cup V = X$. Die durch

$$f(x) := \begin{cases} 0 \text{ falls } x \in U \\ 1 \text{ falls } x \in V \end{cases} \quad \text{und} \quad g(x) := \begin{cases} 1 \text{ falls } x \in U \\ 0 \text{ falls } x \in V \end{cases}$$

erklärten Abbildungen $f,g\colon X \to \mathbb{C}$ sind holomorph und es gilt $f \neq 0$, $g \neq 0$, $fg = 0$. $\mathcal{O}(X)$ ist also nicht nullteilerfrei. Sind umgekehrt $f,g \in \mathcal{O}(X)$ mit $g \neq 0$ und $fg = 0$ gegeben, so gibt es wegen $g \neq 0$ ein $x \in X$ mit $g(x) \neq 0$. Da g stetig ist, gibt es eine offene Umgebung U von x mit $g(u) \neq 0$ für alle $u \in U$. Wegen $fg = 0$ folgt $f|U = 0$. Da f holomorph und X zusammenhängend ist, folgt hieraus $f = 0$ mit Hilfe des Identitätssatzes für holomorphe Funktionen.

1.1.10. Definition. Ein Ring R heißt Integritätsring, wenn gilt:

a) R ist nullteilerfrei.

b) R ist kommutativ.

c) R besitzt ein vom Nullelement verschiedenes Einselement.

1.1.11. Definition. Sei R ein Ring mit von 0 verschiedenem Einselement 1.
Ein Element a von R heißt Einheit von R, wenn es ein Element b von R gibt mit $ab = ba = 1$.
Die Menge der Einheiten von R wird mit R* bezeichnet.

1.1.12. Beispiel. Die Menge F aller Folgen $(x_0, x_1, x_2, \ldots)$ reeller Zahlen ist zusammen mit der gliedweisen Addition eine Gruppe. Die Abbildungen

$f\colon F \longrightarrow F$, $(x_0, x_1, x_2, \ldots) \longmapsto (x_1, x_2, x_3, \ldots)$, und

$g\colon F \longrightarrow F$, $(x_0, x_1, x_2, \ldots) \longmapsto (0, x_0, x_1, \ldots)$

sind Elemente des Endomorphismenrings R von F und es gilt $f \circ g = id_F$. Da f nicht injektiv ist, gibt es aber kein $h \in R$

mit h ∘ f = id$_F$.

1.1.13. Satz. Für jeden Ring R mit von O verschiedenem Einselement 1 gilt:

1) Mit a und b liegt auch ab in R*.

2) Die Menge R* ist zusammen mit der induzierten Verknüpfung
R* × R* → R*, (a,b) ↦ ab, eine Gruppe.

Beweis. 1) Liegen a und b in R*, so gibt es c und d aus R mit
ca = ac = 1 und db = bd = 1. Es folgt (ab)(dc) = (dc)(ab) = 1;
ab liegt also ebenfalls in R*.

2) Die angegebene Verknüpfung ist assoziativ, da die entsprechende Verknüpfung von R es ist. Außerdem liegt 1 in R* und zu
jedem a ∈ R* gibt es ein b ∈ R mit ab = ba = 1, also ein b ∈ R*
mit ba = 1.

1.1.14. Definition. Ein Ring (R,+,·) heißt Schiefkörper, wenn
gilt:

1) R ist nullteilerfrei, d.h. mit a und b liegt auch ab in
R∖{O}; die Multiplikation in R induziert also eine Multiplikation in R∖{O}.

2) Die Menge R∖{O} ist zusammen mit der induzierten Multiplikation eine Gruppe.

Ein kommutativer Schiefkörper heißt Körper.

1.1.15. Bemerkung. Ein Ring R mit von O verschiedenem Einselement ist genau dann ein Schiefkörper, wenn R* = R∖{O} gilt.

1.1.16. Bemerkung. Jeder endliche Integritätsring ist ein
Körper.

Beweis. Ist R ein endlicher Integritätsring, so ist nur noch
R∖{O} ⊂ R* zu zeigen. Sei also a ∈ R∖{O}. Da R nullteilerfrei
ist, ist die Abbildung ℓ_a: R → R, x ↦ ax, injektiv. Weil R eine endliche Menge ist, ist ℓ_a auch surjektiv, so daß 1 ∈ ℓ_a(R),
und daher a ∈ R* folgt.

1.2. Ringhomomorphismen, Unterringe, Ideale

1.2.1. Definition. Seien (R,+,·) und (R',+',·') Ringe.
Eine Abbildung φ: R → R' heißt Homomorphismus der Ringe, wenn
für alle a,b ∈ R gilt:

a) $\varphi(a+b) = \varphi(a) +' \varphi(b)$.

b) $\varphi(a \cdot b) = \varphi(a) \cdot' \varphi(b)$.

Die Begriffe Monomorphismus, Epimorphismus, Isomorphismus, Endomorphismus und Automorphismus definiert man wie die entsprechenden Begriffe in der Gruppentheorie.

Ist $\varphi: R \rightarrow R'$ ein Ringhomomorphismus, so nennt man die Menge

$$Ker(\varphi) := \{a \in R: \varphi(a) = 0\}$$

den Kern von φ.

1.2.2. Bemerkung. Jeder Ringhomomorphismus $\varphi: R \rightarrow R'$ ist insbesondere ein Homomorphismus der additiven Gruppe von R in die additive Gruppe von R'. Daher ist ein Ringhomomorphismus φ genau dann injektiv, wenn $Ker(\varphi) = \{0\}$ gilt.

Leicht zu verifizieren sind auch die folgenden Aussagen:

1) Mit φ ist auch φ^{-1} ein Ringisomorphismus.

2) Sind $\varphi: R \rightarrow R'$ und $\psi: R' \rightarrow R''$ Ringhomomorphismen, so ist auch $\psi \circ \varphi: R \rightarrow R''$ ein Ringhomomorphismus.

1.2.3. Definition. Eine Teilmenge S eines Ringes R heißt Unterring von R, wenn gilt:

a) $S \neq \emptyset$.

b) Mit a und b liegen auch a+b und ab in S.

c) Die Menge S ist zusammen mit den induzierten Verknüpfungen $S \times S \rightarrow S$, $(a,b) \mapsto a+b$, und $S \times S \rightarrow S$, $(a,b) \mapsto ab$, ein Ring.

1.2.4. Bemerkung. Eine Teilmenge S eines Ringes R ist genau dann ein Unterring von R, wenn S eine Untergruppe der additiven Gruppe von R ist und wenn mit a und b auch ab in S liegt. Wegen I,1.5.2, ist daher S genau dann ein Unterring von R, wenn gilt:

1) $S \neq \emptyset$.

2) $a,b \in S \Rightarrow a-b \in S$ und $ab \in S$.

1.2.5. Definition. Eine Teilmenge α eines Ringes R heißt Ideal von R, wenn gilt:

a) α ist eine Untergruppe der additiven Gruppe von R.

b) Für jedes $a \in \alpha$ und jedes $x \in R$ gilt $xa \in \alpha$ und $ax \in \alpha$.

1.2.6. Beispiele.

1) Ist R ein Ring, so sind $\{0\}$ und R Ideale von R. Man nennt

sie die trivialen Ideale von R.

2) Ist R ein kommutativer Ring, so ist für jedes a ∈ R die Menge Ra:= {xa: x ∈ R} ein Ideal von R.

3) α ist genau dann ein Ideal des Ringes $\mathbb{Z}$ der ganzen Zahlen, wenn es ein m ∈ $\mathbb{N}$ mit α = m $\mathbb{Z}$ gibt (vgl. I,1.5.4).

4) Sei X eine nichtleere Menge und Abb(X,$\mathbb{R}$) der Ring aller Abbildungen von X in $\mathbb{R}$. Dann ist für jede Teilmenge A von X die Menge I(A):= {f ∈ Abb(X,$\mathbb{R}$): f|A = 0} ein Ideal von Abb(X,$\mathbb{R}$) und für A ⊂ B ⊂ X gilt I(B) ⊂ I(A).

1.2.7. Bemerkung.

1) Jedes Ideal eines Ringes R ist ein Unterring von R.

2) Der Durchschnitt jeder nichtleeren Menge von Idealen (Unterringen) eines Ringes R ist ein Ideal (Unterring) von R.

3) Ist φ: R → R' ein Ringhomomorphismus, so gilt:

a) Ist α' ein Ideal (Unterring) von R', so ist $\varphi^{-1}(\alpha')$ ein Ideal (Unterring) von R. Insbesondere ist Ker(φ) ein Ideal von R.

b) Ist S ein Unterring von R, so ist φ(S) ein Unterring von R'. Insbesondere ist Im(φ) ein Unterring von R'.

c) Ist φ surjektiv und α ein Ideal von R, so ist $\varphi(\alpha)$ ein Ideal von R'. (Daß man auf die Surjektivität nicht verzichten kann, zeigt das Beispiel φ: $\mathbb{Z}$ → $\mathbb{Q}$, x ↦ x.)

4) Enthält ein Ideal α eines Ringes R eine Einheit von R, so gilt α = R.

5) Ein Schiefkörper K besitzt nur die trivialen Ideale {0} und K.

6) Ein Homomorphismus φ: K → R eines Schiefkörpers K in einen Ring R ist entweder die Nullabbildung oder injektiv.

Beweis. Die Aussagen 1) und 2) folgen sofort aus den Definitionen.

3) a) Da α' eine Untergruppe der additiven Gruppe von R' ist und φ ein Homomorphismus der additiven Gruppen der Ringe, ist $\varphi^{-1}(\alpha')$ eine Untergruppe von R. Für jedes a ∈ $\varphi^{-1}(\alpha')$ und jedes x ∈ R gilt φ(a) ∈ α', φ(xa) = φ(x)φ(a) ∈ α' und φ(ax) = = φ(a)φ(x) ∈ α', also xa,ax ∈ $\varphi^{-1}(\alpha')$. b) und c) beweist man entsprechend.

4) Liegt a in $\mathfrak{a} \cap R^*$, so gibt es ein a' $\in$ R mit 1 = a'a $\in \mathfrak{a}$.
Hieraus folgt x = x1 $\in \mathfrak{a}$ für alle x $\in$ R, also $\mathfrak{a}$ = R.

5) folgt aus K* = K$\smallsetminus$\{0\} und 4).

6) Da Ker(φ) ein Ideal von K ist, gilt nach 5) entweder
Ker(φ) = K oder Ker(φ) = \{0\}.

1.2.8. Satz. Ist R ein kommutativer Ring mit mindestens zwei
Elementen, der nur die trivialen Ideale \{0\} und R besitzt, so
ist R entweder ein Körper oder es gibt eine Primzahl p, so
daß gilt:

1) Die additive Gruppe von R ist isomorph zur Gruppe $\mathbb{Z}/p\mathbb{Z}$.

2) ab = 0 für alle a,b $\in$ R.

Beweis. i) Gilt ab = 0 für alle a,b $\in$ R, so ist jede Untergruppe der additiven Gruppe von R ein Ideal von R; diese besitzt also nach Voraussetzung nur die trivialen Untergruppen
und ist somit nach I,1.11.14, für eine geeignete Primzahl p
isomorph zur Gruppe $\mathbb{Z}/p\mathbb{Z}$.

ii) Es gebe a,b $\in$ R mit ab $\ne$ 0. Da Rb ein Ideal von R mit
ab $\in$ Rb ist, gilt Rb $\ne$ \{0\}, also Rb = R. Daher gibt es ein
Element 1 $\in$ R mit b = 1b. Das Element 1 ist Einselement von R,
denn wegen R = Rb gibt es zu jedem x $\in$ R ein y $\in$ R mit x = yb,
so daß 1x = 1(yb) = y(1b) = yb = x folgt. Da R mindestens zwei
Elemente besitzt, gilt 1 $\ne$ 0. Es bleibt zu zeigen, daß R ein
Körper ist, d.h. daß R* = R$\smallsetminus$\{0\} gilt. Sei dazu u $\in$ R$\smallsetminus$\{0\} gegeben. Dann ist Ru ein von \{0\} verschiedenes Ideal von R, so daß
Ru = R folgt. Es gibt daher ein v $\in$ R mit vu = uv = 1; u ist
also eine Einheit von R.

1.2.9. Definition. Ist A eine Teilmenge eines Ringes R, so
heißt die Menge
$$(A) := \bigcap \{\mathfrak{a}: \mathfrak{a} \text{ Ideal von R und } A \subset \mathfrak{a}\}$$
das von A in R <u>erzeugte Ideal</u> ((A) ist wegen 1.2.7 ein Ideal
von R).
Ist A = $\{a_1, \ldots, a_n\}$ endlich, so schreibt man statt (A) meist
$(a_1, \ldots, a_n)$.

1.2.10. Bemerkung.

1) Ist A eine Teilmenge eines Ringes R, so ist (A) das

kleinste Ideal von R, das A umfaßt.

2) Ist R ein kommutativer Ring mit Einselement, so gilt für jede nichtleere Teilmenge A von R:

$(A) = \{x \in R: \text{Es gibt } n \in \mathbb{N} \setminus \{0\}, a_1, \ldots, a_n \in A, r_1, \ldots, r_n \in R$

$$\text{mit } x = \sum_{i=1}^{n} r_i a_i\}$$

Beweis. 1) ist klar. 2) Da (A) ein Ideal von R ist, das A umfaßt, liegt die Menge auf der rechten Seite des Gleichheitszeichens in (A). Weil diese Menge aber offensichtlich ein Ideal von R ist, das A enthält, stimmt sie sogar mit (A) überein.

1.2.11. Definition. Sind α und β Ideale eines Ringes R, so heißt

$$\alpha + \beta := \{a+b: a \in \alpha \text{ und } b \in \beta\}$$

die Summe und

$$\alpha\beta := (\{ab: a \in \alpha \text{ und } b \in \beta\})$$

das Produkt der Ideale α und β.

1.2.12. Bemerkung. Man überlegt sich leicht, daß für Ideale α, β, c eines Ringes R gilt:

1) $\alpha + \beta$ ist ein Ideal von R und $\alpha + \beta = (\alpha \cup \beta)$.

2) $\alpha\beta = \{x \in R: \text{Es gibt } n \in \mathbb{N} \setminus \{0\}, a_1, \ldots, a_n \in \alpha, b_1, \ldots, b_n \in \beta$

$$\text{mit } x = \sum_{i=1}^{n} a_i b_i\}.$$

3) $\alpha\beta \subset \alpha \cap \beta$.

4) $\alpha(\beta+c) = \alpha\beta + \alpha c$ und $(\beta+c)\alpha = \beta\alpha + c\alpha$ und $(\alpha\beta)c = \alpha(\beta c)$.

1.3. Restklassenringe

1.3.1. Bemerkung. Da die additive Gruppe eines Ringes abelsch ist, ist jedes Ideal α eines Ringes R ein Normalteiler seiner additiven Gruppe. Man kann daher die Faktorgruppe

$$R/\alpha = \{x + \alpha: x \in R\}$$

bilden. Die Summe zweier Elemente $x+\alpha$ und $y+\alpha$ von R/α ist $(x+y) + \alpha$.

1.3.2. Satz. Sei R ein Ring, α ein Ideal von R und $\rho: R \to R/\alpha$ der kanonische Gruppenepimorphismus.

Dann gibt es genau eine innere Verknüpfung · von $R/\mathfrak{a}$, so daß $(R/\mathfrak{a},+,\cdot)$ ein Ring und ρ ein Ringepimorphismus ist.

Beweis. 1) Ist $(R/\mathfrak{a},+,\circ)$ ein Ring und ρ ein Ringhomomorphismus, so gilt für alle $x,y \in R$:

$$(x+\mathfrak{a}) \cdot (y+\mathfrak{a}) = \rho(x) \cdot \rho(y) = \rho(xy) = (xy) + \mathfrak{a},$$

es gibt also höchstens eine Verknüpfung von $R/\mathfrak{a}$ mit den gewünschten Eigenschaften.

2) Um zu zeigen, daß es eine Verknüpfung · von $R/\mathfrak{a}$ mit $(x+\mathfrak{a}) \cdot (y+\mathfrak{a}) = (xy)+\mathfrak{a}$ für alle $x,y \in R$ gibt, hat man sich zu überlegen, daß aus $x'+\mathfrak{a} = x+\mathfrak{a}$ und $y'+\mathfrak{a} = y+\mathfrak{a}$ auch $(x'y')+\mathfrak{a} = (xy)+\mathfrak{a}$ folgt. Das ist jedoch klar, denn es gilt: $x'+\mathfrak{a} = x+\mathfrak{a}$ und $y'+\mathfrak{a} = y+\mathfrak{a} \Rightarrow x'-x \in \mathfrak{a}$ und $y'-y \in \mathfrak{a} \Rightarrow x'y'-xy = (x'-x)y' + x(y'-y) \in \mathfrak{a} \Rightarrow (x'y')+\mathfrak{a} = (xy)+\mathfrak{a}$.

3) Da sich das Assoziativgesetz der Multiplikation und die Distributivgesetze von R auf $R/\mathfrak{a}$ übertragen, ist $(R/\mathfrak{a},+,\cdot)$ ein Ring.

1.3.3. Definition. Ist $\mathfrak{a}$ ein Ideal eines Ringes R, so heißt der in 1.3.2 konstruierte Ring $R/\mathfrak{a}$ der Restklassenring von R modulo $\mathfrak{a}$.

1.3.4. Bemerkung.
1) Ist $\mathfrak{a}$ ein Ideal eines Ringes R, so gilt:
   a) Mit R ist auch $R/\mathfrak{a}$ kommutativ.
   b) Besitzt R ein Einselement 1, so ist $1+\mathfrak{a}$ Einselement von $R/\mathfrak{a}$.

2) Eine Teilmenge $\mathfrak{a}$ eines Ringes R ist genau dann ein Ideal von R, wenn es einen Ring R' und einen Ringhomomorphismus $\varphi: R \to R'$ mit $\mathrm{Ker}(\varphi) = \mathfrak{a}$ gibt (vgl. I,1.8.3).

Die folgenden drei Sätze beweist man, indem man nachprüft, daß die nach I,1.9 konstruierten Homomorphismen der additiven Gruppen der betrachteten Ringe sogar Ringhomomorphismen sind.

1.3.5. Satz. Ist $\varphi: R \to R'$ ein Ringhomomorphismus und $\mathfrak{a}$ ein Ideal von R mit $\mathfrak{a} \subset \mathrm{Ker}(\varphi)$, so gibt es genau einen Ringhomomorphismus $\bar{\varphi}: R/\mathfrak{a} \to R'$, so daß das folgende Diagramm kommutiert.

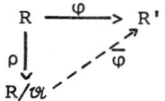

Mit φ ist auch $\bar{\varphi}$ surjektiv und es gilt $\text{Ker}(\bar{\varphi}) = \text{Ker}(\varphi)/\alpha$.

1.3.6. Homomorphiesatz. Ist $\varphi: R \to R'$ ein Ringhomomorphismus, so wird durch

$$\bar{\varphi}(x+\text{Ker}(\varphi)) := \varphi(x) \quad \text{für alle } x \in R$$

ein injektiver Ringhomomorphismus

$$\bar{\varphi}: R/\text{Ker}(\varphi) \longrightarrow R'$$

erklärt. Die Ringe $R/\text{Ker}(\varphi)$ und $\varphi(R)$ sind also isomorph.

1.3.7. Erster Isomorphiesatz. Sind α und β Ideale eines Ringes R, so gilt:

1) β ist ein Ideal von $\alpha+\beta$.
2) $\alpha \cap \beta$ ist ein Ideal von α.
3) Durch

$$\varphi(a+(\alpha \cap \beta)) := a + \beta \quad \text{für alle } a \in \alpha$$

wird ein Isomorphismus

$$\varphi: \alpha/\alpha \cap \beta \longrightarrow (\alpha+\beta)/\beta$$

erklärt.

1.3.8. Zweiter Isomorphiesatz. Sind α und β Ideale eines Ringes R mit $\alpha \subset \beta$, so gilt:

1) β/α ist ein Ideal von R/α.
2) Durch

$$\varphi((x+\alpha)+\beta/\alpha) := x + \beta \quad \text{für alle } x \in R$$

wird ein Isomorphismus

$$\varphi: R/\alpha/\beta/\alpha \longrightarrow R/\beta$$

erklärt.

1.3.9. Satz. Sei $\varphi: R \to R'$ ein Ringepimorphismus, I die Menge aller Ideale α von R mit $\text{Ker}(\varphi) \subset \alpha$ und I' die Menge aller Ideale von R'. Dann sind die Abbildungen

$$F: I \longrightarrow I' \qquad \text{und} \qquad G: I' \longrightarrow I$$
$$\alpha \longmapsto \varphi(\alpha) \qquad\qquad \alpha' \longmapsto \varphi^{-1}(\alpha')$$

bijektiv und zueinander invers.

Beweis. Für jedes Ideal $\mathcal{U} \in I$ gilt: $a \in \varphi^{-1}(\varphi(\mathcal{U})) \Leftrightarrow \varphi(a) \in \varphi(\mathcal{U}) \Leftrightarrow$
$\Leftrightarrow$ Es gibt $b \in \mathcal{U}$ mit $\varphi(a) = \varphi(b) \Leftrightarrow$ Es gibt $b \in \mathcal{U}$ mit
$a - b \in \text{Ker}(\varphi) \Leftrightarrow a \in \mathcal{U}$. Hieraus folgt $G \circ F = \text{id}_I$. Da für
$\text{Ker}(\varphi) \subset \mathcal{U}$
alle $\mathcal{U}' \in I'$ die Gleichung $\varphi(\varphi^{-1}(\mathcal{U}')) = \mathcal{U}'$ gilt, hat man auch
$F \circ G = \text{id}_{I'}$.

1.3.10. Chinesischer Restsatz. Sei R ein kommutativer Ring mit
Einselement, $\alpha_1, \ldots, \alpha_n$ seien Ideale von R und für alle
$i, j \in \{1, \ldots, n\}$ mit $i \neq j$ gelte $\alpha_i + \alpha_j = R$.
Dann ist die Abbildung

$$R \longrightarrow R/\alpha_1 \times \ldots \times R/\alpha_n, \quad r \longmapsto (r + \alpha_1, \ldots, r + \alpha_n),$$

ein surjektiver Ringhomomorphismus mit Kern $\alpha_1 \cap \ldots \cap \alpha_n = \alpha_1 \cdot \ldots \cdot \alpha_n$.

Beweis. Daß die angegebene Abbildung ein Ringhomomorphismus
mit Kern $\alpha_1 \cap \ldots \cap \alpha_n$ ist, ist klar. Zum Nachweis der Surjektivität seien $r_1, \ldots, r_n \in R$ gegeben. Wir müssen ein $r \in R$ mit
$r - r_i \in \alpha_i$ für alle $i \in \{1, \ldots, n\}$ konstruieren. Sei dazu
$j \in \{1, \ldots, n\}$. Nach Voraussetzung gibt es zu jedem
$i \in \{1, \ldots, n\}$ mit $i \neq j$ Elemente $a_{ij} \in \alpha_i$ und $b_{ij} \in \alpha_j$ mit
$1 = a_{ij} + b_{ij}$. Wir setzen $s_j := \prod_{i \neq j} a_{ij}$. Nach Konstruktion gilt
$s_j \in \alpha_i$ für jedes $i \neq j$ und $s_j = \prod_{i \neq j} (1 - b_{ij}) \in 1 + \alpha_j$. Setzt man
daher $r := \sum_{j=1}^{n} r_j s_j$, so erhält man $r + \alpha_i = r_i s_i + \alpha_i =$
$(r_i + \alpha_i)(s_i + \alpha_i) = (r_i + \alpha_i)(1 + \alpha_i) = r_i + \alpha_i$ für jedes $i \in \{1, \ldots, n\}$;
r wird also bei der betrachteten Abbildung auf das vorgegebene
Element $(r_1 + \alpha_1, \ldots, r_n + \alpha_n)$ abgebildet.
Somit ist nur noch $\alpha_1 \cdot \ldots \cdot \alpha_n = \alpha_1 \cap \ldots \cap \alpha_n$ zu zeigen. Dazu führen wir Induktion über n. Im Falle n = 1 ist die Aussage
sicher richtig. Ist n = 2, so gibt es nach Voraussetzung
$a_1 \in \alpha_1$ und $a_2 \in \alpha_2$ mit $1 = a_1 + a_2$ und man erhält
$r = r a_1 + r a_2 \in \alpha_1 \cdot \alpha_2$ für jedes $r \in \alpha_1 \cap \alpha_2$, also $\alpha_1 \cap \alpha_2 \subset$
$\alpha_1 \cdot \alpha_2$. Daß $\alpha_1 \cdot \alpha_2$ eine Teilmenge von $\alpha_1 \cap \alpha_2$ ist, ist klar.
Nun sei $n \geq 2$ und $\alpha_1 \cdot \ldots \cdot \alpha_{n-1} = \alpha_1 \cap \ldots \cap \alpha_{n-1}$. Nach Voraussetzung

gibt es zu jedem $i \in \{1,\ldots,n-1\}$ Elemente $a_i \in \mathcal{O}_i$ und $b_i \in \mathcal{O}_n$

mit $1 = a_i + b_i$. Man erhält $1 = \prod\limits_{i=1}^{n-1} (a_i + b_i) \in \mathcal{O}_1 \cdot \ldots \cdot \mathcal{O}_{n-1} + \mathcal{O}_n$,

also $\mathcal{O}_1 \cdot \ldots \cdot \mathcal{O}_{n-1} + \mathcal{O}_n = R$, so daß die Induktionsannahme zusammen mit der Überlegung für den Fall $n = 2$ sofort
$$\mathcal{O}_1 \cdot \ldots \cdot \mathcal{O}_n = \mathcal{O}_1 \cdot \ldots \cdot \mathcal{O}_{n-1} \cap \mathcal{O}_n = (\mathcal{O}_1 \cap \ldots \cap \mathcal{O}_{n-1}) \cap \mathcal{O}_n = \mathcal{O}_1 \cap \ldots \cap \mathcal{O}_n$$
liefert.

Da für teilerfremde $m, n \in \mathbb{Z}$ nach Anhang 1 stets $(m) + (n) = \mathbb{Z}$
gilt, erhält man aus 1.3.10 unmittelbar das folgende Ergebnis
über simultane Kongruenzen:

1.3.11. Korollar. Sind $m_1, \ldots, m_n \in \mathbb{Z}$ paarweise teilerfremd, so
gibt es zu beliebig vorgegebenen $a_1, \ldots, a_n \in \mathbb{Z}$ stets ein $x \in \mathbb{Z}$
mit
$$x \equiv a_1 \bmod m_1$$
$$\vdots \qquad \vdots$$
$$x \equiv a_n \bmod m_n .$$

Das betrachtete System von Kongruenzen besitzt also stets eine
Lösung und ist x eine Lösung, so ist $x + (m_1 \cdot \ldots \cdot m_n)\mathbb{Z}$ die
Menge aller seiner Lösungen.

1.4. Noethersche Ringe

1.4.1. Definition.
a) Ein Ideal $\mathcal{O}$ eines Ringes R heißt Hauptideal, wenn es ein
   $a \in R$ mit $\mathcal{O} = (a)$ gibt, es heißt endlich erzeugt, wenn es
   $a_1, \ldots, a_n \in R$ gibt mit $\mathcal{O} = (a_1, \ldots, a_n)$.
b) Ein Ring R heißt Hauptidealring, wenn er ein Integritätsring ist und jedes Ideal von R Hauptideal ist.
c) Ein Ring R heißt noethersch, wenn jedes Ideal von R endlich
   erzeugt ist.

1.4.2. Satz. Für einen Ring R sind folgende Aussagen äquivalent:

1) R ist noethersch.

2) Jede aufsteigende Kette $\mathcal{O}_0 \subset \mathcal{O}_1 \subset \mathcal{O}_2 \subset \ldots$ von Idealen von
   R wird stationär, d.h. es gibt ein $n \in \mathbb{N}$ mit $\mathcal{O}_{n+k} = \mathcal{O}_n$ für
   alle $k \in \mathbb{N}$.

3) Jede nichtleere Menge I von Idealen von R besitzt ein maxi-

males Element, d.h. es gibt ein $\ell \in I$, so daß für kein $\mathfrak{a} \in I$ gilt $\ell \subsetneqq \mathfrak{a}$.

__Beweis.__ 1) $\rightarrow$ 2): Man prüft sofort nach, daß für jede aufsteigende Kette $\mathfrak{a}_o \subset \mathfrak{a}_1 \subset \mathfrak{a}_2 \subset \ldots$ von Idealen von R die Menge $\mathfrak{a} := \bigcup_{k \in \mathbb{N}} \mathfrak{a}_k$ ein Ideal von R ist. Da R noethersch ist, gibt es $a_1, \ldots, a_\ell \in R$ mit $\mathfrak{a} = (a_1, \ldots, a_\ell)$. Auf Grund der Definition von $\mathfrak{a}$ gibt es zu jedem $i \in \{1, \ldots, \ell\}$ ein $n_i \in \mathbb{N}$ mit $a_i \in \mathfrak{a}_{n_i}$. Ist n das Maximum der natürlichen Zahlen $n_1, \ldots, n_\ell$, so liegt a_i für jedes $i \in \{1, \ldots, \ell\}$ in $\mathfrak{a}_n$ und es folgt $\mathfrak{a} = (a_1, \ldots, a_\ell) \subset \subset \mathfrak{a}_n$. Wegen $\mathfrak{a}_{n+k} \subset \mathfrak{a} \subset \mathfrak{a}_n$ für jedes $k \in \mathbb{N}$ erhält man $\mathfrak{a}_{n+k} = \mathfrak{a}_n$ für alle $k \in \mathbb{N}$.

2) $\rightarrow$ 3): Gäbe es in einer nichtleeren Menge I von Idealen von R kein maximales Element, so könnte man sukzessive eine aufsteigende Kette $\mathfrak{a}_o \subsetneqq \mathfrak{a}_1 \subsetneqq \mathfrak{a}_2 \subsetneqq \ldots$ aus Elementen von I gewinnen.

3) $\rightarrow$ 1): Sei $\mathfrak{a}$ ein Ideal von R und I die Menge aller in $\mathfrak{a}$ enthaltenen endlich erzeugten Ideale von R. Es gilt $\{0\} \in I$, so daß I wegen 3) ein maximales Element τ enthält. Wegen $\tau \in I$ gibt es $c_1, \ldots, c_n \in R$ mit $\tau = (c_1, \ldots, c_n)$. Das Ideal $\mathfrak{a}$ ist sicher endlich erzeugt, wenn $\mathfrak{a} = \tau$ gilt. Das soll jetzt bewiesen werden: Zunächst hat man $\tau \subset \mathfrak{a}$ wegen $\tau \in I$. Zum Nachweis von $\mathfrak{a} \subset \tau$ sei $a \in \mathfrak{a}$ beliebig. Das Ideal $\tau' := (c_1, \ldots, c_n, a)$ ist endlich erzeugt und in $\mathfrak{a}$ enthalten, ist also ein Element von I. Da τ ein maximales Element von I ist und $\tau \subset \tau'$ gilt, erhält man $\tau' = \tau$ und damit $a \in \tau$.

__1.4.3. Korollar.__ Ist $\varphi: R \rightarrow R'$ ein Ringepimorphismus, so ist mit R auch R' noethersch.

__Beweis.__ Sei $\mathfrak{a}_o' \subset \mathfrak{a}_1' \subset \ldots$ eine aufsteigende Kette von Idealen von R'. Für jedes $i \in \mathbb{N}$ ist $\mathfrak{a}_i := \varphi^{-1}(\mathfrak{a}_i')$ ein Ideal von R und es gilt $\mathfrak{a}_o \subset \mathfrak{a}_1 \subset \ldots$. Ist R noethersch, so wird die Kette $\mathfrak{a}_o \subset \mathfrak{a}_1 \subset \ldots$ und daher auch die Kette $\mathfrak{a}_o' \subset \mathfrak{a}_1' \subset \ldots$ stationär.

__1.4.4. Beispiele.__

1) Der Ring $\mathbb{Z}$ der ganzen Zahlen ist ein Hauptidealring, denn zu jedem Ideal $\mathfrak{a}$ von $\mathbb{Z}$ gibt es nach 1.2.6 ein $m \in \mathbb{Z}$ mit
$$\mathfrak{a} = m\mathbb{Z} = (m).$$

2) Der Ring $\ell(\mathbb{R})$ aller stetigen Abbildungen von $\mathbb{R}$ in sich ist nicht noethersch, denn für jedes $n \in \mathbb{N}\setminus\{0\}$ ist die Menge $\mathfrak{A}_n := \{f \in \ell(\mathbb{R}) : f|[0,\frac{1}{n}] = 0\}$ ein Ideal von $\ell(\mathbb{R})$ und es gilt $\mathfrak{A}_1 \subsetneq \mathfrak{A}_2 \subsetneq \mathfrak{A}_3 \subsetneq \cdots$.

3) Der Ring $\mathcal{O}(\mathbb{C})$ aller auf $\mathbb{C}$ holomorphen Funktionen ist nicht noethersch, denn für jedes $n \in \mathbb{N}$ ist die Menge $\mathfrak{A}_n := \{f \in \mathcal{O}(\mathbb{C}) : f(n+k) = 0 \text{ für alle } k \in \mathbb{N}\}$ ein Ideal von $\mathcal{O}(\mathbb{C})$ und es gilt $\mathfrak{A}_0 \subset \mathfrak{A}_1 \subset \mathfrak{A}_2 \subset \cdots$. Nach dem Weierstraßschen Produktsatz gibt es zu jedem $n \in \mathbb{N}$ ein $f \in \mathcal{O}(\mathbb{C})$ mit $f(n) = 1$ und $f(n+k) = 0$ für alle $k \in \mathbb{N}\setminus\{0\}$. Daher gilt sogar $\mathfrak{A}_0 \subsetneq \mathfrak{A}_1 \subsetneq \mathfrak{A}_2 \subsetneq \cdots$.

4) Die Menge $\mathcal{M}(\mathbb{C})$ aller auf $\mathbb{C}$ meromorphen Funktionen ist ein Körper, also auch ein noetherscher Ring. $\mathcal{O}(\mathbb{C})$ ist ein Unterring von $\mathcal{M}(\mathbb{C})$. <u>Unterringe noetherscher Ringe brauchen also nicht noethersch zu sein.</u>

§ 2. Polynomringe

2.1. Konstruktion von Polynomringen

Sind $a_o, \ldots, a_n$ Elemente eines Ringes R, so nennt man einen formalen Ausdruck

$$f = a_o + a_1 X + \ldots + a_n X^n$$

ein Polynom. Die Elemente $a_o, \ldots, a_n$ heißen Koeffizienten von f und X ist eine "Unbestimmte". Ihre wesentliche Eigenschaft ist es, daß man alles was "sinnvoll" ist, dafür einsetzen kann. Dies ist natürlich keine Definition, aber für den praktischen Umgang mit Polynomen ausreichend. Um auch Puristen zu befriedigen, wollen wir zeigen, daß sich der Polynomring als Lösung eines universellen Problems erhalten läßt.

Wir setzen dazu voraus, daß <u>alle in diesem Paragraphen auftretenden Ringe kommutativ sind, ein Einselement besitzen, und daß alle Ringhomomorphismen die Einselemente aufeinander abbilden.</u>

2.1.1. Definition. Sei R ein Ring. Ein Tripel $(R[X], X, \iota)$, bestehend aus einem Ring $R[X]$, einem (ausgezeichneten) Element $X \in R[X]$ und einem Homomorphismus $\iota : R \to R[X]$ heißt <u>Polynom-</u>

ring über R in der Unbestimmten X, wenn es folgende universelle Eigenschaft hat:

Zu jedem Ring S, zu jedem x ∈ S und zu jedem Homomorphismus φ: R → S gibt es genau einen Homomorphismus Φ: R[X] → S, so daß Φ(X) = x gilt und das Diagramm

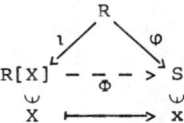

kommutiert.

2.1.2. Satz. Das universelle Problem aus 2.1.1 besitzt eine Lösung (R[X],X,ι). Dabei ist ι injektiv, so daß man R als Unterring von R[X] auffassen kann, und zu jedem f ∈ R[X]\{0} gibt es eindeutig bestimmte Elemente n ∈ $\mathbb{N}$ und $a_o,\ldots,a_n$ ∈ R mit $a_n \neq 0$ und $f = a_o + a_1 X + \ldots + a_n X^n$.

Beweis. Sei R[X] die Menge aller Folgen $(a_o,a_1,a_2,\ldots)$ von Elementen aus R, wobei $a_k = 0$ für fast alle k ∈ $\mathbb{N}$ gilt. Addition und Multiplikation in R[X] seien erklärt durch

$(a_o,a_1,a_2,\ldots) + (b_o,b_1,b_2,\ldots) := (a_o+b_o,a_1+b_1,a_2+b_2,\ldots)$
$(a_o,a_1,a_2,\ldots) \cdot (b_o,b_1,b_2,\ldots) := (c_o,c_1,c_2,\ldots)$, wobei

$c_n := \sum_{k=o}^{n} a_k b_{n-k}$. Dadurch wird R[X] zu einem kommutativen Ring mit Einselement $(1,0,0,\ldots)$, wie man sofort nachrechnet. Die Abbildung

$$ι: R \longrightarrow R[X], \quad a \longmapsto (a,0,0,\ldots),$$

ist trivialerweise ein Monomorphismus. Wir können daher R mit seinem Bild in R[X] identifizieren.

Das ausgezeichnete Element sei X:= $(0,1,0,0,\ldots)$. Aus der Definition der Multiplikation in R[X] folgt, daß

$$X^k = (\underbrace{0,0,\ldots,0,1}_{\text{k-te Stelle}},0,\ldots)$$

für k ∈ $\mathbb{N}$ gilt (man beachte, daß man mit der 0-ten Stelle beginnt). Zu jedem f ∈ R[X] \ {0} gibt es $a_o,\ldots,a_n$ ∈ R mit $a_n \neq 0$ und f = $(a_o,a_1,\ldots,a_n,0,\ldots)$ und man erhält f = $a_o+a_1 X+\ldots+a_n X^n$. Offenbar ist diese Darstellung eindeutig. Mit ihrer Hilfe

weist man nach, daß die universelle Eigenschaft erfüllt ist.
Seien dazu ein Homomorphismus $\varphi: R \to S$ und ein $x \in S$ gegeben.
Ist $\Phi: R[X] \to S$ ein Homomorphismus mit $\Phi(X) = x$ und $\Phi(a) = \varphi(a)$
für alle $a \in R$, so gilt für jedes $f = a_0 + a_1 X + \ldots + a_n X^n \in R[X]$

$$\Phi(f) = \varphi(a_0) + \varphi(a_1)x + \ldots + \varphi(a_n)x^n \qquad (*)$$

Es gibt also höchstens ein solches Φ.
Definiert man umgekehrt Φ durch die Gleichung (*), so erhält
man tatsächlich einen Ringhomomorphismus. Die hierzu erforder-
lichen einfachen Rechnungen seien dem Leser zur Übung empfohlen. Gerüstet mit der universellen Eigenschaft kann er sie
sich später oft ersparen.

Wie üblich (vgl. I,1.4.6) zeigt man, daß je zwei Polynomringe
über R in einer Unbestimmten isomorph sind. Es soll noch gezeigt werden, daß die Darstellbarkeit eines Polynoms f in der
Form $f = a_0 + a_1 X + \ldots + a_n X^n$ nicht von der speziellen Konstruktion des Polynomrings abhängt.

2.1.3. Satz. Sei $(R[Y],Y,\kappa)$ irgend eine Lösung des universellen Problems aus 2.1.1. Dann ist κ injektiv und zu jedem
$g \in R[Y] \setminus \{0\}$ gibt es eindeutig bestimmte Elemente $n \in \mathbb{N}$ und
$a_0, \ldots, a_n \in R$, so daß $a_n \neq 0$ und $g = \kappa(a_0) + \kappa(a_1)Y + \ldots + \kappa(a_n)Y^n$
gilt.

Beweis. Ist $(R[X],X,\iota)$ der in 2.1.2 konstruierte Polynomring,
so gibt es wegen der universellen Eigenschaften genau einen
Ringisomorphismus $\Psi: R[X] \to R[Y]$ mit $\Psi(X) = Y$ und $\kappa = \Psi \circ \iota$
(vgl. I,1.4.5). Da ι injektiv ist, ist auch κ injektiv und die
eindeutige Darstellbarkeit von g folgt aus der entsprechenden
Eigenschaft von $f = \Psi^{-1}(g)$ in $R[X]$.

Im Anhang werden wir Polynomringe in beliebig vielen Unbestimmten konstruieren. Polynomringe in endlich vielen Unbestimmten
kann man auch rekursiv aus Polynomringen in einer Unbestimmten
gewinnen.

2.1.4. Bemerkung. Sei R ein kommutativer Ring mit Einselement;
$R[X_1]$ der Polynomring über R in der Unbstimmten X_1, $R[X_1,X_2]$
der Polynomring über $R[X_1]$ in der Unbestimmten X_2, usw.

Auf diese Weise erhält man eine aufsteigende Kette

$$R \subset R[X_1] \subset R[X_1,X_2] \subset R[X_1,X_2,X_3] \subset \ldots$$

von Ringen. Man nennt den Ring $R[X_1,\ldots,X_n]$ den Polynomring über R in den Unbestimmten $X_1,\ldots,X_n$. Mit Hilfe von 2.1.3 beweist man durch vollständige Induktion über n sofort, daß es zu jedem $f \in R[X_1,\ldots,X_n]$ mit $f \neq 0$ genau eine endliche Teilmenge I von $\mathbb{N}^n$ und eindeutig bestimmte $a_{i_1\ldots i_n} \in R\setminus\{0\}, (i_1,\ldots,i_n) \in I$, gibt mit

$$f = \sum_{(i_1,\ldots,i_n)\in I} a_{i_1\ldots i_n} X_1^{i_1}\ldots X_n^{i_n}.$$

2.2. Division mit Rest

2.2.1. Definition. Sei R ein kommutativer Ring mit Einselement, $f \in R[X]$ und

$$\deg(f) := \begin{cases} n, \text{ falls } f \neq 0 \text{ und } f = \sum_{i=0}^{n} a_i X^i \text{ mit } a_n \neq 0 \\ -\infty, \text{ falls } f = 0. \end{cases}$$

$\deg(f)$ heißt der Grad von f.
Gilt $f = \sum_{i=0}^{n} a_i X^i$ und $a_n \neq 0$, so heißt a_n der Leitkoeffizient von f.
Ein von 0 verschiedenes Polynom heißt normiert, wenn sein Leitkoeffizient gleich dem Einselement von R ist.

2.2.2. Bemerkung. Sei R ein kommutativer Ring mit Einselement. Dann gilt, wenn man mit $-\infty$ wie üblich rechnet:

1) $\deg(fg) \leq \deg(f) + \deg(g)$ für alle $f,g \in R[X]$.

2) Sind $f,g \in R[X]\setminus\{0\}$ und ist das Produkt der Leitkoeffizienten der beiden Polynome von 0 verschieden, so gilt
   $\deg(fg) = \deg(f) + \deg(g)$.

3) $R[X]$ Integritätsring $\Leftrightarrow$ R Integritätsring.

4) R Integritätsring $\Rightarrow$ $(R[X])^* = R^*$.

Beweis. 1)2) Seien $f,g \in R[X]$. Im Falle $f = 0$ oder $g = 0$ folgt $fg = 0$, so daß Ungleichung 1) erfüllt ist. Im Falle $f \neq 0$ und $g \neq 0$ gibt es $a_0,\ldots,a_m,b_0,\ldots,b_n \in R$ mit $a_m \neq 0$, $b_n \neq 0$, $f = \sum_{i=0}^{m} a_i X^i$ und $g = \sum_{i=0}^{n} b_i X^i$. Man erhält $fg = \sum_{i=0}^{m+n} c_i X^i$ mit

$c_i = \sum\limits_{k+\ell=i} a_k b_\ell$. Hieraus folgt unmittelbar $\deg(fg) \leq m+n$ und
$\deg(fg) = m+n$, wenn $c_{m+n} = a_m b_n \neq 0$ ist.

3) ist wegen 2) klar.

4) "⊃" ist klar. Zum Nachweis von "⊂" sei $f \in (R[X])^*$. Dann
gibt es ein $g \in R[X]$ mit $fg = 1$, so daß $\deg(f) + \deg(g) =$
$= \deg(fg) = \deg(1) = 0$, also $\deg(f) = \deg(g) = 0$ folgt. Man
erhält $f,g \in R$, so daß f wegen $fg = 1$ in R^* liegt.

2.2.3. Satz (Division mit Rest). Sei R ein kommutativer Ring
mit Einselement und seien f,g von 0 verschiedene Polynome aus
$R[X]$. Sei $m := \deg(f)$, $n := \deg(g)$ und $k := \max\{0, m-n+1\}$.
Ist b der Leitkoeffizient von g, so gibt es Polynome $q,r \in R[X]$
mit
$$b^k f = qg + r \text{ und } \deg(r) < \deg(g).$$

Ist b kein Nullteiler von R, so sind q und r eindeutig bestimmt.

Ist b eine Einheit von R, so gibt es genau ein $q \in R[X]$ und
genau ein $r \in R[X]$ mit
$$f = qg + r \text{ und } \deg(r) < \deg(g).$$

Beweis. Daß es Polynome $q,r \in R[X]$ mit $b^k f = qg + r$ und
$\deg(r) < \deg(g)$ gibt, wird durch vollständige Induktion über
m bewiesen:
Sei zunächst $m = 0$. Dann liegt f in $R\backslash\{0\}$. Im Falle $n = 0$ ist
$g = b$ und $k = 1$, so daß $bf = fg + 0$ eine Zerlegung der gewünschten Art ist. Im Falle $n > 0$ ist $k = 0$ und $f = 0g + f$ ist
so eine Zerlegung.
Sei also $m > 0$ und die Behauptung richtig für alle Polynome,
deren Grad kleiner als m ist. Hat $f \in R[X]$ den Grad m, so ist
$f = 0g + f$ im Falle $m < n$ eine Zerlegung der gewünschten Art,
denn dann gilt $k = 0$. Im Falle $m \geq n$ schließt man wie folgt:
Ist a der Leitkoeffizient von f, so gilt $\deg(bf - aX^{m-n}g) \leq m-1$,
so daß es nach Induktionsannahme $q',r' \in R[X]$ und ein $\ell \in \mathbb{N}$
gibt mit $0 \leq \ell \leq (m-1)-n+1$, $\deg(r') < \deg(g)$ und $b^\ell(bf - aX^{m-n}g)$
$= q'g + r'$. Multipliziert man diese Gleichung mit einer geeigneten Potenz von b, so erkennt man, daß es $q,r \in R[X]$ gibt mit
$b^{m-n+1} f = qg + r$ und $\deg(r) < \deg(g)$. Dies ist die Behauptung,
denn im Falle $m \geq n$ gilt $k = m-n+1$.

Ist b kein Nullteiler von R und gilt qg + r = q'g + r' mit
q,r,q',r' $\in$ R[X] und deg(r) < deg(g), deg(r') < deg(g), so
gilt zunächst (q-q')g = r'-r. Aus q $\neq$ q' würde deg(g) >
deg(r'-r) = deg(q-q') + deg(g), also ein Widerspruch folgen.
Es gilt also q = q' und damit auch r = r'.

Ist schließlich b eine Einheit von R, so gibt es ein c $\in$ R mit
cb = 1, so daß es q,r $\in$ R[X] gibt mit f = qg + r und deg(r) <
deg(g). Da b als Einheit von R kein Nullteiler ist, sind q und
r eindeutig bestimmt.

2.2.4. Definition. Ein Paar (R,d), bestehend aus einem Integritätsring R und einer Abbildung d: R$\setminus${O} $\to$ $\mathbb{N}$, heißt euklidischer Ring, wenn es zu je zwei Elementen a,b $\in$ R$\setminus${O} Elemente q,r $\in$ R mit folgenden Eigenschaften gibt:
a) a = qb + r,
b) r = O oder d(r) < d(b).

2.2.5. Beispiele.
1) Ist d: $\mathbb{Z}\setminus${O} $\to$ $\mathbb{N}$, n $\mapsto$ |n|, so ist das Paar ($\mathbb{Z}$,d) ein eu-
   klidischer Ring.
   An diesem Beispiel erkennt man auch, daß die Elemente q und
   r in der Definition des Begriffes "euklidischer Ring" i.a.
   nicht durch a und b eindeutig bestimmt sind, es gilt nämlich z.B. 5 = 2·2+1 und 5 = 3·2-1.
2) Ist K ein Körper und d: K[X]$\setminus${O} $\to$ $\mathbb{N}$, f $\mapsto$ deg(f), so ist
   das Paar (K[X],d) nach 2.2.2 und 2.2.3 ein euklidischer
   Ring, denn es gilt K* = K$\setminus${O}. (Vgl. hierzu auch 2.2.7.)
3) Trivialerweise ist $\mathbb{Z}$[i]:= {m+in $\in$ $\mathbb{C}$: m,n $\in$ $\mathbb{Z}$} ein Unterring
   von $\mathbb{C}$. $\mathbb{Z}$[i] heißt der Ring der ganzen Gaußschen Zahlen. Zusammen mit der Abbildung d: $\mathbb{Z}$[i]$\setminus${O} $\to$ $\mathbb{N}$, m+in $\mapsto$ m^2+n^2, ist
   $\mathbb{Z}$[i] ein euklidischer Ring.
   Ist nämlich d': $\mathbb{C}$ $\to$ $\mathbb{R}$, a+ib $\mapsto$ a^2+b^2, die Fortsetzung von d
   auf $\mathbb{C}$, so hat man d'(zw) = d'(z)d'(w) für alle z,w $\in$ $\mathbb{C}$. Sind
   z,w $\in$ $\mathbb{Z}$[i]$\setminus${O} gegeben, so gibt es a,b $\in$ $\mathbb{R}$ mit $\frac{z}{w}$ = a+ib.
   Wählt man m,n $\in$ $\mathbb{Z}$ so, daß |a-m| $\leq \frac{1}{2}$ und |b-n| $\leq \frac{1}{2}$ gilt, so
   erhält man
   $$d'(\frac{z}{w} - (m+in)) = (a-m)^2 + (b-n)^2 \leq \frac{1}{4} + \frac{1}{4} = \frac{1}{2}$$
   und daher

$$d(z-(m+in)w) = d(w)d'(\frac{z}{w} - (m+in)) < d(w).$$

2.2.6. Satz. Sei R ein Integritätsring. Gibt es eine Abbildung
$d: R \smallsetminus \{0\} \to \mathbb{N}$, so daß (R,d) ein euklidischer Ring ist, so ist
R ein Hauptidealring.

Beweis. Das Nullideal ist trivialerweise ein Hauptideal in R.
Ist $\mathfrak{a}$ ein Ideal von R mit $\mathfrak{a} \neq \{0\}$, so ist die Menge aller $n \in \mathbb{N}$,
zu denen es ein $a \in \mathfrak{a} \smallsetminus \{0\}$ mit $d(a) = n$ gibt, nicht leer. Sei k
ihr kleinstes Element und sei $a \in \mathfrak{a} \smallsetminus \{0\}$ so gewählt, daß $d(a)=k$
gilt. Dann gilt $\mathfrak{a} = (a)$, denn gäbe es ein $b \in \mathfrak{a}$ mit $b \notin (a)$,
so könnte man $q, r \in R$ mit $b = qa + r$, $r \neq 0$ und $d(r) < d(a) = k$
wählen. Da $r = b - qa$ ein Element von $\mathfrak{a}$ wäre, würde man einen
Widerspruch zur Wahl von k erhalten.

2.2.7. Satz. Für einen kommutativen Ring R mit Einselement
sind folgende Aussagen äquivalent:

1) R ist ein Körper.

2) Der Polynomring R[X] ist zusammen mit der Abbildung
   $d: R[X] \smallsetminus \{0\} \to \mathbb{N}$, $f \mapsto \deg(f)$, ein euklidischer Ring.

3) R[X] ist ein Hauptidealring.

Beweis. Wegen 2.2.5 und 2.2.6 ist nur mehr "3) $\Rightarrow$ 1)" zu
beweisen. Dazu betrachtet man den Ringhomomorphismus
$\varphi: R[X] \to R$ mit $\varphi(X) = 0$, der das Diagramm

kommutativ macht. φ bildet also $f = \sum_{i=0}^{n} a_i X^i$ aus R[X] auf
$f(0) := a_0$ ab. Aus der Kommutativität des Diagramms folgt, daß
φ surjektiv ist.

Wegen 1.2.8 ist R ein Körper, wenn R nur die beiden trivialen
Ideale besitzt, denn R ist ein Integritätsring. Da nach 1.3.9
die Ideale von R den Idealen von R[X] entsprechen, die Ker(φ)
umfassen, genügt es zu zeigen, daß es kein Ideal $\mathfrak{a}$ von R[X]
gibt mit Ker(φ) $\subsetneq \mathfrak{a} \subsetneq$ R[X].

Sei also $\mathfrak{a}$ ein Ideal von R[X] mit Ker(φ) $\subsetneq \mathfrak{a}$. Da R[X] nach

Voraussetzung ein Hauptidealring ist, gibt es f,g ∈ R[X] mit
Ker(φ) = (f), 𝔞 = (g) und g ∉ (f). Wegen (f) ⊂ (g) gibt es ein
h ∈ R[X] mit f = gh. Aus O = f(O) = g(O)h(O) und g ∉ Ker(φ)
folgt h(O) = O, also h ∈ Ker(φ) = (f), so daß es ein q ∈ R[X]
mit h = qf gibt. Insgesamt erhält man f = gh = gqf und daher
f(1-gq) = O. Wegen X ∈ Ker(φ) = (f) gilt f ≠ O. Da R ein Integritätsring ist, folgt gq = 1; g ist also eine Einheit und man
hat 𝔞 = (g) = R[X].

2.2.8. Korollar. Ist K ein Körper und 𝔞 ein Ideal von K[X] mit
𝔞 ≠ {O}, so gibt es genau ein normiertes Polynom f aus K[X]
mit 𝔞 = (f).

Beweis. Nach 2.2.7 ist K[X] ein Hauptidealring, es gibt daher
ein f ∈ K[X]∖{O} mit 𝔞 = (f). Wegen (af) = (f) für alle
a ∈ K* = K∖{O} kann ein normiertes f gewählt werden.
Sind f,g ∈ K[X] mit (f) = 𝔞 = (g) gegeben, so gibt es
u,v ∈ K[X] mit f = ug und g = vf, also mit f(1-uv) = O. Es
folgt u ∈ K und daher u = 1 und f = g, wenn f und g normiert
sind.

*2.3. Der Hilbertsche Basissatz

Ist K ein Körper, so ist nach 2.2.7 der Polynomring in einer
Unbestimmten über K ein Hauptidealring. Der Polynomring
K[X,Y] = (K[X])[Y] in den Unbestimmten X und Y über K ist je-
doch kein Hauptidealring, denn sonst müßte der Polynomring
K[X] ein Körper sein. Das ist aber nicht der Fall, denn aus
Gradgründen gibt es kein f ∈ K[X] mit fX = 1. (Man kann auch
direkt nachrechnen, daß das von X und Y erzeugte Ideal von
K[X,Y] kein Hauptideal ist.)

In diesem Abschnitt soll nun gezeigt werden, daß der Polynomring K[X,Y] wenigstens noethersch ist.

2.3.1. Hilbertscher Basissatz. Ist R ein kommutativer noetherscher Ring mit Einselement, so ist auch der Polynomring R[X]
noethersch.

Dieser Satz wurde von D. HILBERT erstmals formuliert in einer
Mitteilung vom 6. September 1888 aus dem Ostseebad Rauschen an

die Göttinger Akademie [20]. Er ist von fundamentaler Bedeutung für die algebraische Geometrie. Man kennt mehrere Möglichkeiten, den Hilbertschen Basissatz zu beweisen. Wir geben
hier eine sehr elegante, erst kürzlich gefundene Beweisvarian-
te wieder (vgl. [29]).

Beweis. Wir führen den Beweis indirekt. Sei also $\mathfrak{n}$ ein nicht
endlich erzeugtes Ideal von R[X]. Dann ist natürlich $\mathfrak{n} \neq \{0\}$
und wir können ein $f_1 \in \mathfrak{n} \smallsetminus \{0\}$ so wählen, daß keines der Polynome aus $\mathfrak{n} \smallsetminus \{0\}$ einen kleineren Grad hat als f_1. Da $\mathfrak{n}$ nicht
endlich erzeugt ist, gilt auch $(f_1) \subsetneq \mathfrak{n}$, so daß man unter allen
Polynomen aus $\mathfrak{n} \smallsetminus (f_1)$ wieder eines von minimalem Grad finden
kann; f_2 sei ein solches. Indem man das Verfahren fortsetzt,
erhält man eine Folge $f_1, f_2, f_3, \ldots$ von Polynomen, so daß f_{k+1}
für jedes $k \in \mathbb{N} \smallsetminus \{0\}$ in $\mathfrak{n} \smallsetminus (f_1, \ldots, f_k)$ liegt und diese Menge
kein Polynom enthält, das einen kleineren Grad als f_{k+1} hat.
Bezeichnet man mit n_k den Grad und mit a_k den Leitkoeffizienten
von f_k, so gilt $n_k \leq n_{k+1}$ und $(a_1, \ldots, a_k) \subsetneq (a_1, \ldots, a_{k+1})$ für
alle $k \in \mathbb{N} \smallsetminus \{0\}$ wie wir noch sehen werden; R ist also nicht
noethersch.

Die Beziehung $n_k \leq n_{k+1}$ ist nach Konstruktion klar. Aus
$(a_1, \ldots, a_{k+1}) = (a_1, \ldots, a_k)$ würde folgen, daß es $r_1, \ldots, r_k \in R$
gibt mit

$$a_{k+1} = \sum_{i=1}^{k} r_i a_i \, .$$

Das Polynom

$$g := \sum_{i=1}^{k} r_i X^{n_{k+1} - n_i} f_i$$

läge im Ideal $(f_1, \ldots, f_k)$ und hätte den Leitkoeffizienten a_{k+1}
und den Grad n_{k+1}. Daher würde man den Widerspruch
$\deg(f_{k+1} - g) < n_{k+1}$ und $f_{k+1} - g \in \mathfrak{n} \smallsetminus (f_1, \ldots, f_k)$ erhalten.

Aus diesem Satz folgt durch vollständige Induktion sofort:

2.3.2. Korollar. Ist R ein kommutativer noetherscher Ring mit
Einselement, so ist für jedes $n \in \mathbb{N} \smallsetminus \{0\}$ der Polynomring
$R[X_1, \ldots, X_n]$ über R in den Unbestimmten $X_1, \ldots, X_n$ noethersch.

Da jeder Körper ein kommutativer noetherscher Ring mit Einselement ist, erhält man als unmittelbare Konsequenz:

2.3.3. Korollar. Ist K ein Körper, so ist für jedes $n \in \mathbb{N} \setminus \{0\}$ der Polynomring $K[X_1, \ldots, X_n]$ ein noetherscher Ring.

2.4. Nullstellen von Polynomen

2.4.1. Definition. Seien R und S kommutative Ringe mit Einselement, R sei ein Unterring von S und das Einselement von R sei gleich dem von S.
Ein Element $(x_1, \ldots, x_n) \in S^n$ heißt Nullstelle des Polynoms

$$f = \sum_{(i_1, \ldots, i_n) \in I} a_{i_1 \ldots i_n} x_1^{i_1} \ldots x_n^{i_n}$$

aus $R[X_1, \ldots, X_n]$, wenn gilt:

$$f(x_1, \ldots, x_n) := \sum_{(i_1, \ldots, i_n) \in I} a_{i_1 \ldots i_n} x_1^{i_1} \ldots x_n^{i_n} = 0.$$

2.4.2. Lemma. Ist R ein kommutativer Ring mit Einselement, $f \in R[X]$ und $a \in R$ eine Nullstelle von f, so gibt es ein $g \in R[X]$ mit $f = (X-a)g$.
Beweis. Im Falle $f = 0$ tut $g = 0$ das Gewünschte. Im Falle $f \neq 0$ gibt es $g, r \in R[X]$ mit $f = (X-a)g + r$ und $\deg(r) < \deg(X-a) = 1$ nach 2.2.3. r liegt also in R. Da R kommutativ ist, folgt $0 = f(a) = r$ und daher $f = (X-a)g$.

2.4.3. Satz. Ist R ein Integritätsring, so besitzt jedes vom Nullpolynom verschiedene Polynom f aus $R[X]$ höchstens $\deg(f)$ Nullstellen in R.
Beweis durch vollständige Induktion mit Hilfe von 2.4.2.
Hat $f \in R[X]$ den Grad 0, so ist f konstant und von 0 verschieden, besitzt also keine Nullstelle.
Sei $n \in \mathbb{N}$ und jedes Polynom g aus $R[X] \setminus \{0\}$ mit $\deg(g) \leq n$ besitze höchstens $\deg(g)$ Nullstellen in R. Hat $f \in R[X]$ den Grad n+1, so ist man fertig, wenn f keine Nullstelle besitzt. Hat f jedoch eine Nullstelle $a \in R$, so gibt es ein $g \in R[X]$ mit $f = (X-a)g$. Da R ein Integritätsring ist, gilt $\deg(g) = n$ und jede von a verschiedene Nullstelle von f in R ist Nullstelle von g. Nach Induktionsannahme hat g aber höchstens n Nullstellen in R; daher besitzt f höchstens n+1 Nullstellen in R.

2.4.4. Korollar. Ist K ein Körper und sind $a_1, \ldots, a_n$ paarweise verschiedene und $b_1, \ldots, b_n$ beliebige Elemente von K, so gibt es genau ein $f \in K[X]$ mit $\deg(f) \leq n-1$ und $f(a_i) = b_i$ für alle $i \in \{1, \ldots, n\}$.

Beweis. Eindeutigkeit: Haben $f, g \in K[X]$ die gewünschten Eigenschaften, so sind $a_1, \ldots, a_n$ Nullstellen von $f-g$ und es gilt $\deg(f-g) \leq n-1$. Mit 2.4.3 folgt $f = g$.

Existenz: Wir geben zwei Möglichkeiten zur Berechnung des gesuchten Polynoms an.

1) Wie man unmittelbar erkennt, hat das L̲a̲g̲r̲a̲n̲g̲e̲s̲c̲h̲e̲ ̲I̲n̲t̲e̲r̲-p̲o̲l̲a̲t̲i̲o̲n̲s̲p̲o̲l̲y̲n̲o̲m̲

$$f = \sum_{i=1}^{n} b_i \frac{(X-a_1) \ldots (X-a_{i-1})(X-a_{i+1}) \ldots (X-a_n)}{(a_i-a_1) \ldots (a_i-a_{i-1})(a_i-a_{i+1}) \ldots (a_i-a_n)}$$

die gewünschten Eigenschaften.

2) Macht man den Ansatz

$$f = c_0 + c_1(X-a_1) + c_2(X-a_1)(X-a_2) + \ldots + c_{n-1}(X-a_1) \ldots (X-a_{n-1})$$

und berechnet die Koeffizienten $c_0, c_1, c_2, \ldots$ der Reihe nach, indem man nacheinander $a_1, a_2, a_3, \ldots$ einsetzt und $f(a_i) = b_i$ verwendet, so kommt man ebenfalls zum Ziel (N̲e̲w̲t̲o̲n̲s̲c̲h̲e̲s̲ ̲I̲n̲t̲e̲r̲p̲o̲l̲a̲t̲i̲o̲n̲s̲v̲e̲r̲f̲a̲h̲r̲e̲n̲).

2.4.5. Beispiele.

1) Das Polynom $f := X^2 + 1 \in \mathbb{R}[X]$ besitzt keine Nullstelle in $\mathbb{R}$, da $a^2 + 1 \geq 1$ für jedes $a \in \mathbb{R}$ gilt. Die komplexen Zahlen i und $-i$ sind jedoch Nullstellen von f.

2) Polynome in mehreren Unbestimmten besitzen i.a. unendlich viele Nullstellen. Ist z.B. $f = XY \in \mathbb{R}[X,Y]$, so gilt $f(a,0) = 0$ für alle $a \in \mathbb{R}$.

3) Wenn R nicht nullteilerfrei ist, ist 2.4.3 falsch. Denn ist $a \neq 0$ ein Nullteiler von R, so gibt es ein $b \in R \setminus \{0\}$ mit $ab = 0$. Das Polynom $f = aX \in R[X]$ hat den Grad 1, besitzt aber die beiden Nullstellen 0 und b.

2.5. P̲o̲l̲y̲n̲o̲m̲a̲b̲b̲i̲l̲d̲u̲n̲g̲e̲n̲

2.5.1. Definition. Sei R ein kommutativer Ring mit Einselement und $f = \sum_{i=0}^{n} a_i X^i$ ein Polynom aus $R[X]$. Dann heißt die Abbildung

$$\tilde{f}: R \longrightarrow R, \quad x \longmapsto f(x) = \sum_{i=o}^{n} a_i x^i,$$

die zu f gehörige Polynomabbildung.

2.5.2. Bemerkung. Ist R ein kommutativer Ring mit Einselement
und besitzt R nur endlich viele Elemente $a_1, \ldots, a_n$, so ist das
Polynom $f = \prod_{i=1}^{n} (X - a_i) \in R[X]$ vom Nullpolynom verschieden, es
gilt aber $\tilde{f}(x) = 0$ für alle $x \in R$, also $\tilde{f} = 0$.
Ein Polynom kann also nicht ohne weiteres als Funktion inter-
pretiert werden wie das in der Analysis üblich ist. Ist R jedoch ein Integritätsring mit unendlich vielen Elementen, so
braucht man nicht zwischen Polynom und zugehöriger Polynomabbildung zu unterscheiden. Polynome f und g sind dann nämlich
wegen 2.4.3 genau dann gleich, wenn die zugehörigen Polynom-
abbildungen $\tilde{f}$ und $\tilde{g}$ übereinstimmen.

§ 3. Primideale und maximale Ideale

3.1. Primideale

3.1.1. Definition. Sei R ein Ring. Ein Ideal $\mathscr{y}$ von R heißt
Primideal, wenn gilt:

a) $\mathscr{y} \neq R$.

b) $a, b \in R$ und $ab \in \mathscr{y} \Rightarrow a \in \mathscr{y}$ oder $b \in \mathscr{y}$.

3.1.2. Bemerkung. Ist R ein Ring und $\mathscr{y}$ ein Ideal von R mit
$\mathscr{y} \neq R$, so ist $\mathscr{y}$ genau dann ein Primideal, wenn $R \setminus \mathscr{y}$ multiplikativ abgeschlossen ist, wenn also mit a und b auch ab in $R \setminus \mathscr{y}$
liegt.

3.1.3. Beispiele.

1) Ist R ein Integritätsring, so ist das Ideal (X) ein Primideal von R[X], denn sind $f, g \in R[X] \setminus (X)$, so gilt $f(0) \neq 0$
   und $g(0) \neq 0$, also auch $(fg)(0) \neq 0$ und daher $fg \in R[X] \setminus (X)$.

   Das Ideal (X^2) ist kein Primideal von R[X], denn es gilt
   $X^2 = XX \in (X^2)$ aber $X \notin (X^2)$ (aus Gradgründen).

2) Ist m eine von 0 verschiedene natürliche Zahl, so ist das
   Ideal $m \mathbb{Z}$ genau dann ein Primideal von $\mathbb{Z}$, wenn m eine Primzahl ist.

Ist nämlich m eine Primzahl und gilt $k\ell \in m\,\mathbb{Z}$ für $k,\ell \in \mathbb{Z}$,
so ist m ein Teiler von k oder von ℓ. Daher liegt k oder ℓ
in $m\mathbb{Z}$. Ist dagegen m keine Primzahl, so gibt es im Falle
$m > 1$ ganze Zahlen k,ℓ mit $m = k\ell$ und $1 < k,\ell < m$ und es
gilt $k\ell = m \in m\mathbb{Z}$, aber $k,\ell \notin m\mathbb{Z}$. Im Falle $m = 1$ gilt
$m\mathbb{Z} = \mathbb{Z}$; $\mathbb{Z}$ ist aber kein Primideal von $\mathbb{Z}$.

3.1.4. Satz. Ist R ein kommutativer Ring mit Einselement und
φ ein Ideal von R, so sind folgende Aussagen äquivalent:
1) φ ist ein Primideal.
2) Der Ring R/φ ist ein Integritätsring.
3) Es gibt einen Integritätsring R' und einen Ringhomomorphis-
mus $\varphi: R \to R'$ mit $\mathrm{Ker}(\varphi) \neq R$ und $\mathrm{Ker}(\varphi) = \varphi$.

Beweis. 1) $\Rightarrow$ 2) Da R ein kommutativer Ring mit Einselement ist,
ist auch R/φ ein kommutativer Ring mit Einselement. Wegen $\varphi \neq R$
enthält R/φ mindestens zwei Elemente. Es bleibt zu zeigen, daß
R/φ keine von φ verschiedenen Nullteiler besitzt: Ist $a + \varphi$
ein Nullteiler von R/φ, so gibt es ein $b \in R\diagdown\varphi$ mit
$\varphi = (a+\varphi)(b+\varphi) = ab+\varphi$, also mit $ab \in \varphi$. Da φ ein Primideal ist,
folgt $a \in \varphi$ und daher $a+\varphi = \varphi$.
2) $\Rightarrow$ 3) Sei $R':= R/\varphi$ und $\rho: R \to R'$ der kanonische Epimorphismus. Dann gilt $\mathrm{Ker}(\varphi) = \varphi \neq R$.
3) $\Rightarrow$ 1) Seien $a,b \in R$ mit $ab \in \varphi = \mathrm{Ker}(\varphi)$ gegeben. Dann gilt
$\varphi(a)\varphi(b) = \varphi(ab) = 0$. Da R' ein Integritätsring ist, folgt
$\varphi(a) = 0$ oder $\varphi(b) = 0$, also $a \in \mathrm{Ker}(\varphi) = \varphi$ oder $b \in \mathrm{Ker}(\varphi)=\varphi$.

3.2. Maximale Ideale

3.2.1. Definition. Sei R ein Ring. Ein Ideal $\mathfrak{m}$ von R heißt
maximales Ideal, wenn gilt:
a) $\mathfrak{m} \neq R$.
b) Es gibt kein Ideal $\mathfrak{a}$ von R mit $\mathfrak{m} \subsetneq \mathfrak{a} \subsetneq R$. (Man beachte, daß
hieraus nicht $\mathfrak{a} \subset \mathfrak{m}$ für alle Ideale $\mathfrak{a}$ von R mit $\mathfrak{a} \neq R$ folgt.)

3.2.2. Satz. Sei R ein kommutativer Ring mit Einselement und
$\mathfrak{m}$ ein Ideal von R.
$\mathfrak{m}$ ist genau dann ein maximales Ideal, wenn $R/\mathfrak{m}$ ein Körper ist.

Beweis. Ist $\rho: R \to R/\mathfrak{m}$ der kanonische Epimorphismus, so ist
nach 1.3.9 die Abbildung, die jedem Ideal $\mathfrak{a}$ von R mit

$\mathfrak{m}$ = Ker(ρ) $\subset \mathfrak{n}$ das Ideal $\rho(\mathfrak{n})$ zuordnet, eine Bijektion auf die Menge aller Ideale von R/$\mathfrak{m}$. Daher gilt: $\mathfrak{m}$ maximales Ideal $\leftrightarrow$ Es gibt genau zwei Ideale (nämlich $\mathfrak{m}$ und R) von R, die $\mathfrak{m}$ enthalten $\leftrightarrow$ R/$\mathfrak{m}$ besitzt genau zwei Ideale $\leftrightarrow$ R/$\mathfrak{m}$ Körper. (Wenn der Ring R/$\mathfrak{m}$ zwei Ideale besitzt, enthält er nicht nur ein Element. Da er ein Einselement hat, gilt nicht xy = 0 für alle x,y $\in$ R/$\mathfrak{m}$. Die letzte Äquivalenz folgt somit aus 1.2.8.)

Mit 3.1.4 erhält man unmittelbar

3.2.3. Korollar. In einem kommutativen Ring mit Einselement ist jedes maximale Ideal ein Primideal.

3.2.4. Beispiele.

1) Ist K ein Körper, so ist {0} wegen 1.2.7 ein maximales Ideal von K.

2) Es gilt $\mathbb{R}[X]/(X^2+1) \cong \mathbb{C}$, das Ideal (X^2+1) ist also ein maximales Ideal von $\mathbb{R}[X]$.

   Die Abbildung φ: $\mathbb{R}[X] \to \mathbb{C}$, f $\mapsto$ f(i), ist nämlich ein Ringepimorphismus, so daß nur noch Ker(φ) = (X^2+1) zu zeigen ist: Trivialerweise gilt "$\supset$". Zum Nachweis von "$\subset$" sei f $\in$ Ker(φ)$\smallsetminus${0}. Dann gibt es q,r $\in$ $\mathbb{R}[X]$ mit f = q(X^2+1)+r und deg(r) < 2. Wegen deg(r) < 2 gibt es a,b $\in$ $\mathbb{R}$ mit r = a+bX und man erhält 0 = f(i) = r(i) = a+ib, also f = q(X^2+1) $\in$ (X^2+1).

3) Im Ring $\mathcal{C}(\mathbb{R})$ der auf $\mathbb{R}$ stetigen Funktionen ist für jedes x $\in$ $\mathbb{R}$ die Menge $\mathfrak{m}_x$:= {f $\in$ $\mathcal{C}(\mathbb{R})$: f(x) = 0} ein maximales Ideal, denn die Abbildung φ: $\mathcal{C}(\mathbb{R}) \to \mathbb{R}$, f $\mapsto$ f(x), ist ein Ringepimorphismus und es gilt Ker(φ) = $\mathfrak{m}_x$.

   Ist M eine nichtleere Teilmenge von $\mathbb{R}$, so ist die Menge $\mathfrak{M}(M)$:= {f $\in$ $\mathcal{C}(\mathbb{R})$: f|M = 0} ein Ideal von $\mathbb{R}$. Bezeichnet man mit $\overline{M}$ die abgeschlossene Hülle von M, so gilt: x $\in$ $\overline{M}$ $\to$ $\mathfrak{M}(M)$ $\subset$ $\mathfrak{m}_x$ und x $\notin$ $\overline{M}$ $\to$ $\mathfrak{M}(M)$ $\not\subset$ $\mathfrak{m}_x$ und $\mathfrak{m}_x$ $\not\subset$ $\mathfrak{M}(M)$.

4) Im Ring $\mathbb{Z}$ ist jedes von {0} verschiedene Primideal ein maximales Ideal (vgl. hierzu auch 4.2.8).

   Ist nämlich $\mathcal{Y}$ ein Primideal von $\mathbb{Z}$ mit $\mathcal{Y}$ $\neq$ {0}, so gibt es ein p $\in$ $\mathbb{N}\smallsetminus${0} mit $\mathcal{Y}$ = p$\mathbb{Z}$. Wegen 3.1.3 ist p eine Primzahl. Der Ring $\mathbb{Z}$/p$\mathbb{Z}$ ist nach 3.1.4 ein (endlicher) Integritätsring. Nach 1.1.16 ist $\mathbb{Z}$/p$\mathbb{Z}$ ein Körper, so daß $\mathcal{Y}$ = p$\mathbb{Z}$ wegen 3.2.2 ein maximales Ideal ist.

5) Jedes Ideal $\mathfrak{a}$ von $\mathbb{Z}$ mit $\mathfrak{a} \neq \mathbb{Z}$ ist in einem maximalen Ideal
von $\mathbb{Z}$ enthalten.

Wegen $\mathfrak{a} \neq \mathbb{Z}$ gibt es nämlich ein $m \in \mathbb{N} \smallsetminus \{1\}$ mit $\mathfrak{a} = m\mathbb{Z}$. Im
Falle $m = 0$ ist alles klar. Ist $m \geq 2$, so besitzt m einen
Primteiler p und man erhält $\mathfrak{a} = m\mathbb{Z} \subset p\mathbb{Z}$. Wegen 4) ist $p\mathbb{Z}$
aber ein maximales Ideal von $\mathbb{Z}$.

Daß eine zu 5) analoge Aussage in jedem kommutativen Ring mit
Einselement richtig ist, wird im nächsten Abschnitt nach Be-
reitstellung eines wichtigen Hilfsmittels bewiesen.

3.3. Das Zornsche Lemma

3.3.1. Definition. Sei M eine Menge. Eine Teilmenge H von $M \times M$
heißt Halbordnung von M, wenn gilt:
a) $(a,a) \in H$ für jedes $a \in M$.
b) $(a,b) \in H$ und $(b,a) \in H \Rightarrow a = b$.
c) $(a,b) \in H$ und $(b,c) \in H \Rightarrow (a,c) \in H$.
Meist schreibt man $a \leq b$ für $(a,b) \in H$ und spricht von der
Halbordnung "$\leq$".

3.3.2. Definition. Sei M eine Menge.
a) Eine Halbordnung "$\leq$" von M heißt Ordnung, wenn für je zwei
   Elemente $a,b \in M$ gilt: $a \leq b$ oder $b \leq a$.
b) Ist "$\leq$" eine Halbordnung von M, so heißt eine nichtleere
   Teilmenge K von M Kette in M (bzgl. "$\leq$"), wenn für je zwei
   Elemente a,b von K gilt: $a \leq b$ oder $b \leq a$.

3.3.3. Beispiele.
1) Die übliche "Kleiner-Gleich-Relation" auf $\mathbb{R}$ ist eine Ordnung von $\mathbb{R}$.
2) Ist M eine Menge, so wird durch $A \leq B: \leftrightarrow A \subset B$ eine Halbordnung der Potenzmenge $\mathcal{P}(M)$ von M erklärt.
   Wenn M zwei verschiedene Elemente a und b besitzt, ist diese Halbordnung keine Ordnung, denn es gilt weder $\{a\} \leq \{b\}$
   noch $\{b\} \leq \{a\}$.

3.3.4. Definition. Sei M eine Menge, "$\leq$" eine Halbordnung und
A eine Teilmenge von M.
a) Ein Element $s \in M$ heißt obere (untere) Schranke von A, wenn

$a \leq s$ $(s \leq a)$ für alle $a \in A$ gilt.

b) Ein Element $a \in A$ heißt größtes (kleinstes) Element von A, wenn a obere (untere) Schranke von A ist.

c) Ein Element $m \in A$ heißt maximales (minimales) Element von A, wenn es kein $a \in A$ mit $m \leq a$ $(a \leq m)$ und $a \neq m$ gibt.

3.3.5. Bemerkung.

1) Ist M eine Menge, "$\leq$" eine Halbordnung und A eine Teilmenge von M, so gilt:

a) A besitzt höchstens ein größtes (kleinstes) Element.

b) Besitzt A ein größtes (kleinstes) Element a, so besitzt es genau ein maximales (minimales) Element, nämlich a.

2) Sei V ein Vektorraum mit dim V > 1 und $\mathfrak{U}$ die Menge aller Untervektorräume U von V mit dim U $\geq$ 1. Dann wird durch $U \leq W$: $\leftrightarrow U \subset W$ eine Halbordnung "$\leq$" von $\mathfrak{U}$ erklärt. $\mathfrak{U}$ besitzt wegen dim V > 1 kein kleinstes Element. Jedoch ist jeder eindimensionale Untervektorraum von V ein minimales Element von $\mathfrak{U}$.

3.3.6. Definition.

Sei M eine nichtleere Menge und "$\leq$" eine Halbordnung von M. M heißt induktiv geordnet durch "$\leq$", wenn jede Kette in M eine obere Schranke besitzt.

3.3.7. Zornsches Lemma.

Jede induktiv geordnete Menge besitzt mindestens ein maximales Element.

Dieses "Lemma" ist ein wichtiges beweistechnisches Hilfsmittel. Es ist äquivalent zum Auswahlaxiom, welches besagt, daß das Produkt jeder nichtleeren Familie nichtleerer Mengen nicht leer ist. Einen eleganten Beweis dieser Äquivalenz findet man z.B. in [17].

In einem noetherschen Ring R gibt es zu jedem Ideal $\mathfrak{n}$ mit $\mathfrak{n} \neq R$ ein maximales Ideal $\mathfrak{m}$ mit $\mathfrak{n} \subset \mathfrak{m}$. Die Menge aller von R verschiedenen Ideale von R, die $\mathfrak{n}$ umfassen, besitzt nämlich ein maximales Element. Dieses ist ein maximales Ideal von R. Mit Hilfe des Zornschen Lemmas wollen wir beweisen, daß ein entsprechender Satz in jedem kommutativen Ring mit Einselement gilt.

3.3.8. Satz.

Sei R ein kommutativer Ring mit einem vom Nullelement verschiedenen Einselement. Dann gibt es zu jedem Ideal

$\mathfrak{a}$ von R mit $\mathfrak{a} \neq$ R ein maximales Ideal $\mathfrak{m}$ von R mit $\mathfrak{a} \subset \mathfrak{m}$.

Beweis. Sei M die Menge aller Ideale $\mathfrak{b}$ von R mit $\mathfrak{a} \subset \mathfrak{b} \subsetneq$ R. Dann wird durch $\mathfrak{b} \leq \mathfrak{c}: \Leftrightarrow \mathfrak{b} \subset \mathfrak{c}$ eine Halbordnung "$\leq$" von M er-klärt. M ist durch "$\leq$" induktiv geordnet, denn wegen $\mathfrak{a} \in$ M ist M $\neq \emptyset$, und ist K eine Kette in M, so ist $\bigcup_{\mathfrak{b} \in K} \mathfrak{b}$ ein Element von M. Es gilt nämlich:

1) $\bigcup_{\mathfrak{b} \in K} \mathfrak{b}$ ist ein Ideal von R, denn wegen K $\neq \emptyset$ ist auch $\bigcup_{\mathfrak{b} \in K} \mathfrak{b} \neq \emptyset$.

Sind b,c $\in \bigcup_{\mathfrak{b} \in K} \mathfrak{b}$, so gibt es $\mathfrak{b}, \mathfrak{c} \in$ K mit b $\in \mathfrak{b}$ und c $\in \mathfrak{c}$. Da K eine Kette ist, gilt $\mathfrak{b} \subset \mathfrak{c}$ oder $\mathfrak{c} \subset \mathfrak{b}$, so daß man b - c $\in \mathfrak{c}$ oder b - c $\in \mathfrak{b}$ erhält. Daß mit b auch xb für jedes x $\in$ R in $\bigcup_{\mathfrak{b} \in K} \mathfrak{b}$ liegt, ist klar.

2) $\mathfrak{a} \subset \bigcup_{\mathfrak{b} \in K} \mathfrak{b} \subsetneq$ R, denn wäre $\bigcup_{\mathfrak{b} \in K} \mathfrak{b} =$ R, so müßte es ein $\mathfrak{b} \in$ K mit 1 $\in \mathfrak{b}$, also mit $\mathfrak{b} =$ R geben. Das wäre ein Widerspruch.

Nach dem Zornschen Lemma besitzt M ein maximales Element $\mathfrak{m}$, das offenbar ein maximales Ideal von R mit $\mathfrak{a} \subset \mathfrak{m}$ ist.

§ 4. Teilbarkeit in Integritätsringen

4.1. Der Quotientenkörper eines Integritätsringes

In diesem Abschnitt soll gezeigt werden, daß es zu jedem Inte-gritätsring R einen Körper Q(R) und einen injektiven Ringhomo-morphismus ι: R $\to$ Q(R) gibt, so daß sich jedes x $\in$ Q(R) in der Form x = $\iota(a) \iota(b)^{-1}$ mit a,b $\in$ R schreiben läßt.

4.1.1. Definition. Sei R ein Integritätsring. Ein Paar (Q(R),ι), bestehend aus einem Körper Q(R) und einem Monomor-phismus ι: R $\to$ Q(R), heißt <u>Quotientenkörper</u> von R, wenn fol-gende universelle Eigenschaft erfüllt ist:

Zu jedem Körper K und zu jedem Monomorphismus φ: R $\to$ K gibt es genau einen Monomorphismus Φ: Q(R) $\to$ K, so daß das Diagramm

$$Q(R) - \overset{\Phi}{-} - > K$$

kommutiert.

Ist R ein Integritätsring, so ist die Menge $R \smallsetminus \{0\}$ zusammen mit der Multiplikation eine reguläre Halbgruppe. Diese kann nach I,1.4 in eine Gruppe eingebettet werden. Wenn man zu dieser Gruppe das Nullelement von R hinzunimmt und die Addition von R auf die so entstandene Menge fortsetzt, erhält man einen Quotientenkörper von R. Wir wollen hier jedoch nicht auf I,1.4 zurückgreifen, sondern direkt einen Quotientenkörper von R konstruieren.

4.1.2. Satz. Sei R ein Integritätsring. Dann gilt:

1) Durch

$$(a,b) \sim (c,d) : \Leftrightarrow ad = bc$$

wird eine Äquivalenzrelation auf $R \times (R \smallsetminus \{0\})$ erklärt.

2) Bezeichnet man mit $\frac{a}{b}$ die Äquivalenzklasse von $(a,b) \in R \times (R \smallsetminus \{0\})$ und mit $Q(R)$ die Menge aller dieser Äquivalenzklassen, so gibt es Verknüpfungen $+$ und $\cdot$ von $Q(R)$ mit

$$\frac{a}{b} + \frac{c}{d} = \frac{ad+bc}{bd} \quad \text{und} \quad \frac{a}{b} \cdot \frac{c}{d} = \frac{ac}{bd} \quad \text{für alle } a,c \in R, \ b,d \in R \smallsetminus \{0\}.$$

3) Das Tripel $(Q(R),+,\cdot)$ ist ein Körper.

4) Die Abbildung $\iota : R \to Q(R)$, $a \mapsto \frac{a}{1}$, ist ein injektiver Ringhomomorphismus.

5) Das Paar $(Q(R),\iota)$ ist ein Quotientenkörper von R.

Beweis. 1) Daß die Relation "$\sim$" reflexiv und symmetrisch ist, ist klar. Zum Nachweis der Transitivität seien $(a,b) \sim (c,d)$ und $(c,d) \sim (e,f)$. Dann gilt $ad = bc$ und $cf = de$ und daher $(ad)f = (bc)f$ und $b(cf) = b(de)$. Man erhält $(af)d = (be)d$, also (da R ein Integritätsring ist) $af = be$, so daß $(a,b) \sim (e,f)$ folgt.

2) Es ist zu zeigen, daß aus $\frac{a'}{b'} = \frac{a}{b}$ und $\frac{c'}{d'} = \frac{c}{d}$ auch $\frac{a'd'+b'c'}{b'd'} = \frac{ad+bc}{bd}$ und $\frac{a'c'}{b'd'} = \frac{ac}{bd}$ folgt:

$$\left. \begin{array}{l} \frac{a'}{b'} = \frac{a}{b} \Rightarrow a'b = ab' \\ \frac{c'}{d'} = \frac{c}{d} \Rightarrow c'd = cd' \end{array} \right\} \Rightarrow (a'b)(dd')+(c'd)(bb')=(ab')(dd')+(cd')(bb')$$

$$\Rightarrow (a'd'+b'c')(bd) = (ad+bc)(b'd') \Rightarrow \frac{a'd'+b'c'}{b'd'} = \frac{ad+bc}{bd}.$$

Die zweite Aussage beweist man analog.

3) Wie man leicht nachprüft, ist $(Q(R),+,\cdot)$ ein kommutativer Ring mit Einselement $\frac{1}{1}$, $\frac{0}{1}$ ist sein Nullelement und $\frac{-a}{b}$ das

negative Element von $\frac{a}{b} \in Q(R)$. Außerdem gilt $\frac{1}{1} \neq \frac{0}{1}$.

Ist $\frac{a}{b} \in Q(R) \smallsetminus \{0\}$, so gilt $a \neq 0$, so daß auch $\frac{b}{a}$ erklärt ist.

Es gilt $\frac{b}{a} \cdot \frac{a}{b} = \frac{ba}{ab} = \frac{1}{1}$. $(Q(R),+,\cdot)$ ist also sogar ein Körper.

4) ist klar.

5) Es bleibt zu zeigen, daß die universelle Eigenschaft erfüllt ist. Sei also K ein Körper und φ: R → K ein injektiver Ringhomomorphismus. Ist Φ: Q(R) → K ein injektiver Homomorphismus, mit $\Phi \circ \iota = \varphi$, so gilt für jedes $\frac{a}{b} \in Q(R)$: $\Phi(\frac{a}{b}) =$
$= \Phi(\iota(a) \cdot (\iota(b))^{-1}) = \Phi(\iota(a)) \cdot \Phi(\iota(b))^{-1} = \varphi(a) \cdot \varphi(b)^{-1}$; es gibt also höchstens ein solches Φ.

Zum Nachweis, daß es eine Abbildung Φ: Q(R) → K gibt mit $\Phi(\frac{a}{b}) = \varphi(a) \cdot \varphi(b)^{-1}$ für alle $\frac{a}{b} \in Q(R)$ sei $\frac{a'}{b'} = \frac{a}{b}$. Dann gilt a'b = ab', also $\varphi(a') \cdot \varphi(b) = \varphi(a) \cdot \varphi(b')$ und daher $\varphi(a) \cdot \varphi(b)^{-1} =$
$= \varphi(a') \cdot \varphi(b')^{-1}$.

Daß die so erklärte Abbildung ein Monomorphismus ist, prüft man leicht nach.

4.1.3. Bemerkung. Wie üblich beweist man, daß je zwei Quotientenkörper eines Integritätsringes isomorph sind. Man spricht daher meist von dem Quotientenkörper Q(R) eines Integritätsringes R und faßt R als Unterring von Q(R) auf.

4.1.4. Beispiele.

1) Der Körper ℚ der rationalen Zahlen ist der Quotientenkörper des Integritätsringes ℤ der ganzen Zahlen.

2) Ist K ein Körper, so ist der Polynomring K[X] ein Integritätsring. Seinen Quotientenkörper bezeichnet man meist mit K(X) und nennt ihn den Körper der rationalen Funktionen in der Unbestimmten X mit Koeffizienten aus K.

3) Der Körper $\mathcal{M}(\mathbb{C})$ der auf ℂ meromorphen Funktionen ist der Quotientenkörper des Integritätsringes $\mathcal{O}(\mathbb{C})$ der auf ℂ holomorphen Funktionen.

4.2. Primelemente und irreduzible Elemente

4.2.1. Definition. Seien a und b Elemente eines Integritätsringes R. Dann heißt b **Teiler** von a, wenn es ein c ∈ R mit a = bc gibt. Man schreibt b|a, wenn b ein Teiler von a ist und b∤a, wenn dies nicht der Fall ist.

Aus dieser Definition erhält man unmittelbar:

4.2.2. Bemerkung. Sei R ein Integritätsring, 1 sei sein Eins-element. Dann gilt:

1) $1|a$ und $a|a$ für jedes $a \in R$.

2) $c|b$ und $b|a \Rightarrow c|a$.

3) $b|a_1, \ldots, b|a_n \Rightarrow b|(x_1 a_1 + \ldots + x_n a_n)$ für alle $x_1, \ldots, x_n \in R$.

4) $b|1 \Leftrightarrow b \in R^*$.

5) $b|a \Rightarrow (bu)|a$ für jedes $u \in R^*$.

6) $(a) \subset (b) \Leftrightarrow b|a$.

4.2.3. Definition. Sei R ein Integritätsring. Zwei Elemente a und b von R heißen <u>assoziiert</u>, wenn es ein $u \in R^*$ mit $a = bu$ gibt. Sind a und b assoziiert, so schreibt man $a \sim b$, andern-falls $a \nsim b$.

4.2.4. Bemerkung. Ist R ein Integritätsring, so entnimmt man den Definitionen unmittelbar, daß für $a, b \in R$ gilt:

$$a \sim b \Leftrightarrow (a) = (b) \Leftrightarrow a|b \text{ und } b|a .$$

An der ersten dieser Äquivalenzen liest man ferner direkt ab, daß die Relation "assoziiert" eine Äquivalenzrelation von R ist.

4.2.5. Definition. Sei R ein Integritätsring.

a) Ein Element p von R heißt <u>Primelement</u> von R, wenn gilt:

   i) $p \neq 0$ und $p \notin R^*$.

   ii) Für Elemente $a, b \in R$ gilt nur dann $p|ab$, wenn $p|a$ oder $p|b$.

b) Ein Element q von R heißt <u>irreduzibel</u>, wenn gilt:

   i) $q \neq 0$ und $q \notin R^*$.

   ii) Für Elemente $a, b \in R$ gilt nur dann $q = ab$, wenn $a \in R^*$ oder $b \in R^*$.

c) Ein Element von R heißt <u>reduzibel</u>, wenn es nicht irreduzi-bel ist.

4.2.6. Beispiele.

1) Ein Körper K besitzt wegen $K^* = K \setminus \{0\}$ weder Primelemente noch irreduzible Elemente.

2) Für $m \in \mathbb{N}$ mit $m > 1$ gilt: m Primelement von $\mathbb{Z} \Leftrightarrow$ m Primzahl

↔ m irreduzibles Element von $\mathbb{Z}$.

3) Ist K ein Körper, a ∈ K∖{0} und b ∈ K, so ist das Polynom aX + b ein irreduzibles Element des Polynomrings K[X]. Gilt nämlich aX+b = fg mit f,g ∈ K[X], so folgt deg(f) = 0 oder deg(g) = 0, also f ∈ K* = (K[X])* oder g ∈ K*.

4) Wegen 3) ist das Polynom 2(X+1) ein irreduzibles Element von $\mathbb{R}$[X]. Das Polynom 2(X+1) ist jedoch ein reduzibles Element von $\mathbb{Z}$[X], denn wegen $\mathbb{Z}$* = {-1,+1} gilt 2 ∉ $\mathbb{Z}$* und X+1 ∉ $\mathbb{Z}$*.

4.2.7. Satz. Sei R ein Integritätsring und p ein Element von R mit p ≠ 0 und p ∉ R*. Dann gilt:

1) p Primelement ⇒ p irreduzibel.

2) p Primelement ↔ (p) Primideal.

3) p irreduzibel ↔ Es gibt kein a ∈ R mit (p) $\subsetneqq$ (a) $\subsetneqq$ R
   ↔ (p) ist maximal unter den von R verschiedenen Hauptidealen von R.

Beweis. 1) Seien a,b ∈ R mit p = ab gegeben. Da p ein Primelement ist, folgt p|a oder p|b. Im Falle p|a gibt es ein c ∈ R mit a = pc und man erhält p = ab = p(cb), also b ∈ R*. Im Falle p|b folgt analog a ∈ R*. p ist daher irreduzibel.

2) "⇒" Wegen p ∉ R* gilt zunächst (p) ≠ R. Aus ab ∈ (p) folgt ferner p|ab, also p|a oder p|b und daher a ∈ (p) oder b ∈ (p). "⇐" p|ab ⇒ ab ∈ (p) ⇒ a ∈ (p) oder b ∈ (p) ⇒ p|a oder p|b.

3) "⇒" (p) ⊂ (a) ⇒ Es gibt b ∈ R mit p = ab ⇒ a ∈ R* oder b ∈ R* ⇒ (a) = R oder (a) = (p). "⇐" Aus p = ab folgt (p) ⊂ (a), also (a) = (p) oder (a) = R. Im Falle (a) = R ist a eine Einheit, im Falle (a) = (p) gibt es ein c ∈ R mit a = pc, so daß man p = ab = p(cb) und b ∈ R* erhält.

Wendet man diesen Satz auf einen Hauptidealring an, so erhält man unmittelbar das folgende Korollar, wenn man noch 3.2.3 verwendet.

4.2.8. Korollar. Sei R ein Hauptidealring. Dann gilt:

1) Ein Element von R ist genau dann irreduzibel, wenn es ein Primelement ist.

2) Ein vom Nullideal verschiedenes Ideal von R ist genau dann maximal, wenn es ein Primideal ist.

Hieraus wiederum folgt mit 2.2.7 sofort:

4.2.9. Korollar. Ist K ein Körper, so sind für jedes Ideal $\mathfrak{a}$ von K[X] mit $\mathfrak{a} \neq \{0\}$ folgende Aussagen äquivalent:
1) $\mathfrak{a}$ ist ein Primideal.
2) $\mathfrak{a}$ ist ein maximales Ideal.
3) Es gibt ein irreduzibles Polynom $f \in K[X]$ mit $\mathfrak{a} = (f)$.

4.2.10. Beispiel. Die Menge $\mathbb{Z}[\sqrt{-5}]:= \{m+in\sqrt{5} \in \mathbb{C}: m,n \in \mathbb{Z}\}$ ist trivialerweise ein Unterring von $\mathbb{C}$ mit einem von 0 verschiedenen Einselement, also insbesondere ein Integritätsring. Die Abbildung $\mu: \mathbb{Z}[\sqrt{-5}] \to \mathbb{N}$, $m+in\sqrt{5} \mapsto m^2+5n^2$, hat die Eigenschaft $\mu(xy) = \mu(x)\mu(y)$ für alle $x,y \in \mathbb{Z}[\sqrt{-5}]$.

Wir wollen zunächst zeigen, daß
1) $+1$ und -1 die Einheiten von $\mathbb{Z}[\sqrt{-5}]$ sind,
2) die in folgender Tabelle zusammengestellten Teilbarkeitsbeziehungen bestehen:

x	3	9	$2+i\sqrt{5}$	$2-i\sqrt{5}$	$3(2+i\sqrt{5})$
Teiler von x	1	1	1	1	1
(paarweise	3	3	$2+i\sqrt{5}$	$2-i\sqrt{5}$	3
nicht		$2\pm i\sqrt{5}$			$2+i\sqrt{5}$
assoziiert)		9			$3(2+i\sqrt{5})$

Um die Schreibweise zu vereinfachen, setzen wir $R:= \mathbb{Z}[\sqrt{-5}]$.

1) Daß $+1$ und -1 Einheiten von R sind, ist klar. Ist umgekehrt $u = m+in\sqrt{5}$ eine Einheit von R, so ist $\mu(u) = m^2+5n^2$ ein Teiler von $\mu(1) = 1$. Man erhält $n = 0$ und $m^2 = 1$, also $u \in \{+1,-1\}$.

2) Ist z eines der Elemente $3, 2+i\sqrt{5}$, $2-i\sqrt{5}$ und ist $x \in R$ ein Teiler von z, so gibt es ein $y \in R$ mit $xy = z$. Hieraus folgt $\mu(x)\mu(y) = \mu(z) = 9$. Da $\mu(x) = 3$ nicht möglich ist, gilt $\mu(x) = 1$ oder $\mu(y) = 1$, so daß man $x \in \{1,-1\}$ oder $x \in \{z,-z\}$ erhält.

Ist $x = m+in\sqrt{5}$ ein Teiler von 9 oder $3(2+i\sqrt{5})$, so ist $\mu(x) = m^2+5n^2$ ein Teiler von 81 und es folgt $\mu(x) \in \{1,3,9,27,81\}$. Es gilt aber $\mu(y) \neq 3$ und $\mu(y) \neq 27$ für alle $y \in R$ und außerdem

$\mu(x) = 1 \leftrightarrow x \in \{1,-1\}$,

$\mu(x) = 9 \leftrightarrow (n=0$ und $m^2=9)$ oder $(n^2=1$ und $m^2=4)$

$\leftrightarrow x \in \{3,-3\}$ oder $x \in \{2+i\sqrt{5},-(2+i\sqrt{5}),2-i\sqrt{5},-(2-i\sqrt{5})\}$,

Ist ferner $x \in \mathbb{Z}[\sqrt{-5}]$ ein Teiler von $z \in \{9,3(2+i\sqrt{5})\}$ mit $\mu(x) = 81$, so gibt es ein $y \in \mathbb{Z}[\sqrt{-5}]$ mit $xy = z$. Wendet man die Abbildung μ an, so erhält man $\mu(y) = 1$ und daher $x = z$ oder $x = -z$.

Damit sind alle Elemente bestimmt, die als Teiler in Frage kommen. Daß (bis auf Assoziierte) genau die in der Tabelle angegebenen Elemente Teiler sind, muß einzeln nachgerechnet werden. Aus obiger Tabelle folgt sofort, daß $3,2+i\sqrt{5}$ und $2-i\sqrt{5}$ paarweise nicht assoziierte irreduzible Elemente von $\mathbb{Z}[\sqrt{-5}]$ sind. Außerdem gilt $9 = 3\cdot3 = (2+i\sqrt{5})(2-i\sqrt{5})$; die Zahl 9 kann also im Ring $\mathbb{Z}[\sqrt{-5}]$ auf zwei wesentlich verschiedene Weisen als Produkt von irreduziblen Elementen geschrieben werden, was im Ring $\mathbb{Z}$ nicht möglich ist. Das irreduzible Element 3 ist schließlich kein Primelement von $\mathbb{Z}[\sqrt{-5}]$, denn es gilt $3|(2+i\sqrt{5})(2-i\sqrt{5})$ und $3\nmid(2\pm i\sqrt{5})$.

4.3. Faktorielle Ringe

Sei R ein Integritätsring. Zunächst soll untersucht werden, in welcher Beziehung die folgenden Aussagen stehen:

F 1)   Zu jedem $a \in R$ mit $a \neq 0$ und $a \notin R^*$ gibt es irreduzible Elemente $q_1,\ldots,q_r \in R$ mit $a = q_1\cdot\ldots\cdot q_r$.

F 1') Zu jedem $a \in R$ mit $a \neq 0$ und $a \notin R^*$ gibt es Primelemente $p_1,\ldots,p_r \in R$ mit $a = p_1\cdot\ldots\cdot p_r$.

F 2)   Sind $q_1,\ldots,q_r$ und $q_1',\ldots,q_s'$ irreduzible Elemente von R mit $q_1\cdot\ldots\cdot q_r = q_1'\ldots q_s'$, so gilt $r = s$ und es gibt eine Permutation $\pi \in \mathfrak{S}_r$, so daß für jedes $i \in \{1,\ldots,r\}$ die Elemente q_i und $q_{\pi(i)}'$ assoziiert sind.

F 3)   Jedes irreduzible Element von R ist ein Primelement.

4.3.1. Satz. In einem Integritätsring R sind die folgenden Aussagen 1), 2) und 3) äquivalent:

1) F 1 und F 2.

2) F 1 und F 3.

3) F_1'.

Beweis. 1) $\Rightarrow$ 2) Zum Nachweis von F3 sei $q \in R$ irreduzibel und
es gelte $q|ab$ mit $a,b \in R$. In den Fällen $a = 0$, $b = 0$, $a \in R^*$,
$b \in R^*$ ist q sicher Teiler von a oder b. Im verbleibenden Fall
gibt es $c \in R$ mit $c \neq 0$, $c \notin R^*$ und $ab = qc$. Wegen F1 gibt es
irreduzible Elemente $q_1, \ldots, q_r, q_1', \ldots, q_s', q_1'', \ldots, q_t''$ mit
$a = q_1 \cdot \ldots \cdot q_r$, $b = q_1' \cdot \ldots \cdot q_s'$ und $c = q_1'' \cdot \ldots \cdot q_t''$, so daß man
$q_1 \cdot \ldots \cdot q_r \cdot q_1' \cdot \ldots \cdot q_s' = q \cdot q_1'' \cdot \ldots \cdot q_t''$ erhält. Wegen F2 gibt es ein
$i \in \{1, \ldots, r\}$ mit $q \sim q_i$ oder ein $j \in \{1, \ldots, s\}$ mit $q \sim q_j'$. Es
folgt stets $q|a$ oder $q|b$; q ist also ein Primelement.

2) $\Rightarrow$ 3) ist klar.

3) $\Rightarrow$ 1) Wegen F1' ist jedes irreduzible Element von R Primelement, denn ist $q \in R$ irreduzibel, so gibt es Primelemente
$p_1, \ldots, p_r$ mit $q = p_1 \cdot \ldots \cdot p_r$ und es folgt $r = 1$ und $q = p_1$.
Nach dieser Vorüberlegung kann nun F2 bewiesen werden. Seien
also $q_1, \ldots, q_r$ und $q_1', \ldots, q_s'$ irreduzible Elemente (also auch
Primelemente) von R mit $q_1 \cdot \ldots \cdot q_r = q_1' \cdot \ldots \cdot q_s'$. Dann gilt
$q_1'|q_1 \cdot \ldots \cdot q_r$. Da q_1' ein Primelement ist, teilt es eines der
q_i, es gilt also o.B.d.A. $q_1'|q_1$, so daß man $q_1' \sim q_1$ erhält. Es
gibt also eine Einheit u von R mit $q_2' \cdot \ldots \cdot q_s' = u q_2 \cdot \ldots \cdot q_r$. Dieses Verfahren setzt man fort.

4.3.2. Definition. Ein Integritätsring R heißt faktorieller
Ring (oder ZPE-Ring), wenn in R eine (und damit jede) der Bedingungen aus 4.3.1.erfüllt ist.

4.3.3. Bemerkung. Nach 4.2.10 ist der Ring $\mathbb{Z}[\sqrt{-5}]$ nicht faktoriell. Man kann jedoch zeigen, daß es zu jedem echten Ideal $\mathfrak{a}$
von $\mathbb{Z}[\sqrt{-5}]$ eindeutig bestimmte Primideale $\mathcal{P}_1, \ldots, \mathcal{P}_n$ von $\mathbb{Z}[\sqrt{-5}]$
gibt mit $\mathfrak{a} = \mathcal{P}_1 \cdot \ldots \cdot \mathcal{P}_n$. Zum Beispiel sind $\mathcal{P}_1 := (3, 2+i\sqrt{5})$ und
$\mathcal{P}_2 := (3, 2-i\sqrt{5})$ Primideale von $\mathbb{Z}[\sqrt{-5}]$ und es gilt $(9) = \mathcal{P}_1^2 \mathcal{P}_2^2$.
(Vgl. etwa [8], Kapitel 17.)

Die Ideale verhalten sich also im Hinblick auf die Zerlegung
in Primfaktoren besser als die Elemente von $\mathbb{Z}[\sqrt{-5}]$. Diese Ent-
deckung war historisch gesehen einer der Ausgangspunkte zur
Entwicklung der Idealtheorie.

4.3.4. Lemma. In jedem noetherschen Integritätsring R ist Bedingung F1 erfüllt.

Beweis. 1) Zunächst wird gezeigt, daß jedes $b \in R$ mit $b \neq 0$ und $b \notin R^*$ einen irreduziblen Teiler besitzt: Wäre dies nicht der Fall, so wäre b reduzibel, es gäbe also $b_1, b_1' \in R \smallsetminus R^*$ mit $b = b_1 b_1'$ und b_1 wäre ebenfalls reduzibel. Daher könnte man $b_2, b_2' \in R \smallsetminus R^*$ finden mit $b_1 = b_2 b_2'$. Durch Fortsetzung dieses Verfahrens würde man eine aufsteigende Kette

$(b) \subset (b_1) \subset (b_2) \subset \ldots$ von Idealen von R erhalten, die nicht stationär wird, denn aus $(b_{n+1}) = (b_n)$ würde $b_{n+1} \sim b_n$, also $b_{n+1}' \in R^*$ folgen. Da R noethersch ist, wird in R aber jede aufsteigende Kette von Idealen stationär.

2) Annahme: Es gibt ein $a \in R$ mit $a \neq 0$ und $a \notin R^*$, das nicht endliches Produkt irreduzibler Elemente ist. Ist dann q_1 ein irreduzibler Teiler von a, so gibt es ein $b_1 \in R \smallsetminus R^*$ mit $a = q_1 b_1$. Sei q_2 ein irreduzibler Teiler von b_1; b_2 sei so gewählt, daß $b_1 = q_2 b_2$ gilt. Auf Grund der Annahme hat man wieder $b_2 \neq 0$ und $b_2 \notin R^*$, so daß man das Verfahren fortsetzen kann. Insgesamt erhält man eine Kette $(a) \subsetneq (b_1) \subsetneq (b_2) \subsetneq \ldots$ von Idealen von R, die nicht stationär wird, also einen Widerspruch.

Da jeder Hauptidealring trivialerweise noethersch ist, folgt mit 4.2.8 und 2.2.7 unmittelbar

4.3.5. Satz. Jeder Hauptidealring ist ein faktorieller Ring. Insbesondere ist jeder Polynomring in einer Unbestimmten über einem Körper ein faktorieller Ring.

4.4. Gemeinsame Teiler und gemeinsame Vielfache

4.4.1. Definition. Sei R ein Integritätsring und seien $a_1, \ldots, a_n \in R$.

a) Ein Element d von R heißt gemeinsamer Teiler von $a_1, \ldots, a_n$, wenn $d | a_i$ für alle $i \in \{1, \ldots, n\}$ gilt.
   Die Menge der gemeinsamen Teiler von $a_1, \ldots, a_n$ werde mit g.T.$(a_1, \ldots, a_n)$ bezeichnet.

b) Ein Element v von R heißt gemeinsames Vielfaches von $a_1, \ldots, a_n$, wenn $a_i | v$ für alle $i \in \{1, \ldots, n\}$ gilt.

Die Menge der gemeinsamen Vielfachen von $a_1, \ldots, a_n$ werde mit $g.V.(a_1, \ldots, a_n)$ bezeichnet.

4.4.2. Bemerkung. Sei R ein Integritätsring und seien $a_1, \ldots, a_n \in R$ und $e \in R^*$. Dann gilt:

1) $d \in g.T.(a_1, \ldots, a_n) \leftrightarrow (d) \supset (a_1) + \ldots + (a_n)$.
2) $v \in g.V.(a_1, \ldots, a_n) \leftrightarrow (v) \subset (a_1) \cap \ldots \cap (a_n)$.
3) $R^* \subset g.T.(a_1, \ldots, a_n)$, $0 \in g.V.(a_1, \ldots, a_n)$.
4) $g.T.(e, a_1, \ldots, a_n) = R^*$.
5) $g.V.(0, a_1, \ldots, a_n) = \{0\}$.
6) $g.T.(0, a_1, \ldots, a_n) = g.T.(a_1, \ldots, a_n)$.
7) $g.V.(e, a_1, \ldots, a_n) = g.V.(a_1, \ldots, a_n)$.
8) $0 \in g.T.(a_1, \ldots, a_n) \leftrightarrow a_1 = \ldots = a_n = 0$.
9) $e \in g.V.(a_1, \ldots, a_n) \leftrightarrow a_1, \ldots, a_n \in R^*$.

Beweis. 1) $d | a_i \leftrightarrow (a_i) \subset (d)$.
2) $a_i | v \leftrightarrow (v) \subset (a_i)$.
Damit prüft man leicht nach, daß die Aussagen (3) - (9) richtig sind.

4.4.3. Definition. Elemente $a_1, \ldots, a_n$ eines Integritätsringes R heißen teilerfremd, wenn $g.T.(a_1, \ldots, a_n) \subset R^*$ gilt. (Wegen 4.4.2.3) gilt dann sogar $g.T.(a_1, \ldots, a_n) = R^*$.)

4.4.4. Bemerkung. Sei R ein Integritätsring und p ein irreduzibles Element von R. Dann gilt für jedes $a \in R$ entweder $p | a$ oder p, a sind teilerfremd.

Beweis. Sind p, a nicht teilerfremd, so gibt es ein $d \in R \setminus R^*$ mit $d | a$ und $d | p$. Es gibt also $a', p' \in R$ mit $a = da'$ und $p = dp'$. Da p irreduzibel ist, ist p' eine Einheit und p und d sind assoziiert. Daher ist auch p ein Teiler von a.

4.4.5. Definition. Sei R ein Integritätsring und seien $a_1, \ldots, a_n \in R$.
a) Ein Element $d \in R$ heißt größter gemeinsamer Teiler von $a_1, \ldots, a_n$, wenn $d \in g.T.(a_1, \ldots, a_n)$ und $d' | d$ für jedes $d' \in g.T.(a_1, \ldots, a_n)$ gilt.
Die Menge der größten gemeinsamen Teiler von $a_1, \ldots, a_n$ werde mit $g.g.T.(a_1, \ldots, a_n)$ bezeichnet.

b) Ein Element $v \in R$ heißt <u>kleinstes gemeinsames</u> <u>Vielfaches</u>
von $a_1, \ldots, a_n$, wenn $v \in$ g.V.$(a_1, \ldots, a_n)$ und $v \mid v'$ für jedes
$v' \in$ g.V.$(a_1, \ldots, a_n)$ gilt.
Die Menge der kleinsten gemeinsamen Vielfachen von
$a_1, \ldots, a_n$ werde mit k.g.V.$(a_1, \ldots, a_n)$ bezeichnet.

<u>4.4.6. Beispiel.</u> Mit Hilfe von 4.2.10 prüft man ohne Schwierig-
keiten nach, daß es in $\mathbb{Z}[\sqrt{-5}]$ keinen größten gemeinsamen Teiler von 9 und $3(2+i\sqrt{5})$ gibt.

<u>4.4.7. Bemerkung.</u> Sei R ein Integritätsring und seien
$a_1, \ldots, a_n \in R$. Dann folgt aus den Definitionen unmittelbar:
1) $d \in$ g.g.T.$(a_1, \ldots, a_n)$ und $d' \sim d \Rightarrow d' \in$ g.g.T.$(a_1, \ldots, a_n)$.
2) $d, d' \in$ g.g.T.$(a_1, \ldots, a_n) \Rightarrow d \sim d'$.
3) $v \in$ k.g.V.$(a_1, \ldots, a_n)$ und $v' \sim v \Rightarrow v' \in$ k.g.V.$(a_1, \ldots, a_n)$.
4) $v, v' \in$ k.g.V.$(a_1, \ldots, a_n) \Rightarrow v \sim v'$.
Das bedeutet kurz gesagt: Größte gemeinsame Teiler und kleinste gemeinsame Vielfache sind, falls sie existieren, bis auf
Einheiten eindeutig bestimmt.

<u>4.4.8. Bemerkung.</u> Sei R ein Integritätsring und seien die Ele-
mente $a_1, \ldots, a_n$ von R nicht alle 0. Ist dann
$d \in$ g.g.T.$(a_1, \ldots, a_n)$ und gilt $a_i = da_i'$ für alle $i \in \{1, \ldots, n\}$,
so sind $a_1', \ldots, a_n'$ teilerfremd.

<u>Beweis.</u> Es ist g.T.$(a_1', \ldots, a_n') \subset R^*$ zu zeigen. Sei also
$t \in$ g.T.$(a_1', \ldots, a_n')$. Dann gibt es zu jedem $i \in \{1, \ldots, n\}$ ein
$t_i \in R$ mit $a_i' = tt_i$. Es folgt $a_i = (dt)t_i$ für jedes
$i \in \{1, \ldots, n\}$, also $dt \in$ g.T.$(a_1, \ldots, a_n)$, so daß man $dt \mid d$ erhält. Es gibt daher ein $s \in R$ mit $d = d(ts)$, d.h. mit $ts = 1$.
t ist also eine Einheit von R.

<u>4.4.9. Satz.</u> In einem faktoriellen Ring R gibt es zu je end-
lich vielen Elementen $a_1, \ldots, a_n$ größte gemeinsame Teiler und
kleinste gemeinsame Vielfache.

<u>Beweis.</u> Wegen 4.4.2 kann man o.B.d.A. $a_1, \ldots, a_n \in R\setminus\{0\}$ und
$a_1, \ldots, a_n \notin R^*$ voraussetzen. Da R ein faktorieller Ring ist,
gibt es irreduzible Elemente $p_1, \ldots, p_r \in R$ und zu jedem
$i \in \{1, \ldots, n\}$ natürliche Zahlen $k_1(a_i), \ldots, k_r(a_i)$, so daß

$$a_i = p_1^{k_1(a_i)} \cdot \ldots \cdot p_r^{k_r(a_i)} \quad \text{für alle } i \in \{1,\ldots,n\} \text{ gilt.}$$

Für jedes $j \in \{1,\ldots,r\}$ sei $m_j := \min\{k_j(a_i) : i \in \{1,\ldots,n\}\}$
und $M_j := \max\{k_j(a_i) : i \in \{1,\ldots,n\}\}$.

Dann ist $d := p_1^{m_1} \cdot \ldots \cdot p_r^{m_r}$ ein größter gemeinsamer Teiler und
$v := p_1^{M_1} \cdot \ldots \cdot p_r^{M_r}$ ein kleinstes gemeinsames Vielfaches von
$a_1,\ldots,a_n$.

4.4.10. Korollar. Sei R ein faktorieller Ring und Q(R) sein
Quotientenkörper. Dann gibt es zu jedem $x \in Q(R)$ teilerfremde
Elemente a,b von R mit $x = \frac{a}{b}$.

Beweis. Sei $x = \frac{a'}{b'}$. Nach 4.4.9 gibt es einen größten gemeinsamen Teiler d von a',b'. Wählt man $a,b \in R$ so, daß $a' = da$
und $b' = db$ gilt, so sind a,b nach 4.4.8 teilerfremd und man
hat $x = \frac{a'}{b'} = \frac{da}{db} = \frac{a}{b}$.

4.4.11. Bemerkung. Sei R ein faktorieller Ring und seien
$a_1,\ldots,a_n$ und b Elemente von R. Ist d größter gemeinsamer Teiler von $a_1,\ldots,a_n$, so ist bd größter gemeinsamer Teiler von
$ba_1,\ldots,ba_n$.

Beweis. Daß bd gemeinsamer Teiler von $ba_1,\ldots,ba_n$ ist, ist
klar. Sei t ein gemeinsamer Teiler von $ba_1,\ldots,ba_n$. Sind t und
bd von O verschiedene Nichteinheiten, so wählt man $a_1',\ldots,a_n' \in R$
so, daß $a_i = da_i'$ für alle i gilt und schließt mit Hilfe der
Primfaktorzerlegungen von t und bd und 4.4.8 auf $t|bd$. Daß
auch in den verbleibenden Fällen $t|bd$ gilt, muß man einzeln
nachprüfen.

4.4.12. Satz. Sei R ein Hauptidealring und seien $a_1,\ldots,a_n \in R$.
Dann gibt es zu jedem $d \in$ g.g.T.$(a_1,\ldots,a_n)$ Elemente
$x_1,\ldots,x_n \in R$ mit
$$d = x_1 a_1 + \ldots + x_n a_n.$$

Beweis. Da R ein Hauptidealring ist, gibt es ein $d' \in R$ mit
$(d') = (a_1,\ldots,a_n)$. d' ist offenbar ein größter gemeinsamer
Teiler von $a_1,\ldots,a_n$. Wegen 4.4.7 erhält man $d \sim d'$, also
$(d) = (d') = (a_1,\ldots,a_n)$. Daher gibt es $x_1,\ldots,x_n \in R$ mit
$d = x_1 a_1 + \ldots + x_n a_n$.

4.4.13. Korollar. Sei R ein Hauptidealring und seien
$a_1, \ldots, a_n \in R$. Dann sind folgende Aussagen äquivalent:
1) $a_1, \ldots, a_n$ teilerfremd.
2) g.g.T.$(a_1, \ldots, a_n) = R*$.
3) Es gibt $x_1, \ldots, x_n \in R$ mit $x_1 a_1 + \ldots + x_n a_n = 1$.
4) $(a_1, \ldots, a_n) = R$.

Beweis. 1) $\Rightarrow$ 2) $a_1, \ldots, a_n$ teilerfremd $\Rightarrow$ g.T.$(a_1, \ldots, a_n) = R* \Rightarrow$
$\Rightarrow$ g.g.T.$(a_1, \ldots, a_n) \subset R*$. Es gilt aber auch
$R* \subset$ g.g.T.$(a_1, \ldots, a_n)$, denn ist u $\in R*$, so gilt
u $\in$ g.T.$(a_1, \ldots, a_n)$ und für jedes d $\in$ g.T.$(a_1, \ldots, a_n) = R*$
gilt (d) = R = (u), so daß d|u folgt. 2) $\Rightarrow$ 3) ergibt sich aus
4.4.12. 3) $\Rightarrow$ 4) ist klar. 4) $\Rightarrow$ 1) Wegen 1 $\in (a_1, \ldots, a_n)$ gilt
g.T.$(a_1, \ldots, a_n) \subset R*$.

4.4.14. Korollar (Lemma von Euklid).
Sei R ein Hauptidealring und seien a,b,c $\in$ R.
Sind a,b teilerfremd, so folgt b|c aus b|ac.

Beweis. a,b teilerfremd $\Rightarrow$ Es gibt x,y $\in$ R mit xa + yb = 1 $\Rightarrow$
$\Rightarrow$ cxa + cyb = c.

4.4.15. Bemerkung. In einem euklidischen Ring (R,d) kann man
mit Hilfe des euklidischen Algorithmus zu je zwei Elementen
a,b $\in R \setminus \{0\}$ leicht einen größten gemeinsamen Teiler t und
x,y $\in$ R mit xa + yb = t berechnen:
Wenn b ein Teiler von a ist, ist alles klar. Andernfalls gibt
es ein $r_1 \in R \setminus \{0\}$ und ein $q_1 \in R$ mit $a = q_1 b + r_1$ und $d(r_1) <$
$< d(b)$. Ist r_1 ein Teiler von b, so ist r_1 offenbar größter
gemeinsamer Teiler von a und b. Andernfalls gibt es ein
$r_2 \in R \setminus \{0\}$ und ein $q_2 \in R$ mit $b = q_2 r_1 + r_2$ und $d(r_2) < d(r_1)$.
Dieses Verfahren setzt man fort, indem man r_1 durch r_2 divi-
diert usw. Es gibt ein n $\in \mathbb{N}$ mit $r_n \neq 0$ und $r_{n+1} = 0$, denn
sonst hätte man eine Folge $(d(r_n))_{n \in \mathbb{N} \setminus \{0\}}$ natürlicher Zahlen
mit $d(b) > d(r_1) > d(r_2) > \ldots$.

Auf diese Weise erhält man ein Schema

$$a \quad =q_1 b+r_1 \qquad \text{mit} \quad r_1 \neq 0 \text{ und } d(r_1)<d(b)$$
$$b \quad =q_2 r_1+r_2 \qquad \text{mit} \quad r_2 \neq 0 \text{ und } d(r_2)<d(r_1)$$
$$r_1 \quad =q_3 r_2+r_3 \qquad \text{mit} \quad r_3 \neq 0 \text{ und } d(r_3)<d(r_2)$$
$$\vdots \qquad\qquad\qquad\qquad \vdots$$
$$r_{n-2}=q_n r_{n-1}+r_n \quad \text{mit} \quad r_n \neq 0 \text{ und } d(r_n)<d(r_{n-1})$$
$$r_{n-1}=q_{n+1} r_n$$

Das Element r_n ist größter gemeinsamer Teiler von a und b. Liest man nämlich das obige Schema von unten nach oben, so erhält man der Reihe nach $r_n | r_{n-1}, r_n | r_{n-2}, \ldots, r_n | r_1, r_n | b, r_n | a$; r_n ist also gemeinsamer Teiler von a und b. Ist t ein gemeinsamer Teiler von a und b, so erhält man, wenn man das Schema von oben nach unten liest, wieder der Reihe nach $t | r_1, t | r_2, \ldots, t | r_n$.

Um $x,y \in R$ mit $xa+yb = r_n$ zu finden, liest man das Schema wieder von oben nach unten. Wegen der ersten Gleichung erhält man r_1 als Linearkombination von a und b. Setzt man diese in die zweite Gleichung ein, erhält man r_2 als Linearkombination von a und b, usw. Aus der vorletzten Gleichung ergibt sich schließlich r_n als Linearkombination von a und b.

4.5. Polynomringe über faktoriellen Ringen

In diesem Abschnitt soll gezeigt werden, daß Polynomringe in endlich vielen Unbestimmten über faktoriellen Ringen ebenfalls faktoriell sind.

4.5.1. Definition. Sei R ein Integritätsring. Ein Polynom aus $R[X] \smallsetminus \{0\}$ heißt primitiv, wenn seine Koeffizienten teilerfremd sind.

4.5.2. Bemerkung.

1) Ist K ein Körper, so ist jedes $f \in K[X] \smallsetminus \{0\}$ primitiv.

2) Ist R ein Integritätsring, so ist jedes irreduzible Polynom $f \in R[X]$ mit $\deg(f) > 0$ primitiv. (Da etwa das Polynom $2 \in \mathbb{Z}[X]$ irreduzibel, aber nicht primitiv ist, kann man auf die Voraussetzung "$\deg(f) > 0$" nicht verzichten.)

3) Sei R ein Integritätsring, $Q(R)$ sein Quotientenkörper und $f \in R[X]$ sei primitiv. Ist dann f irreduzibel in $Q(R)[X]$, so ist f irreduzibel in $R[X]$.

(Da etwa das Polynom $2X+2 \in \mathbb{Z}[X]$ irreduzibel in $\mathbb{Q}[X]$, aber reduzibel in $\mathbb{Z}[X]$ ist, kann man auf die Voraussetzung "f primitiv" nicht verzichten.)

Beweis. 1) ist wegen $K^* = K \smallsetminus \{0\}$ klar.

2) Ist a ein gemeinsamer Teiler der Koeffizienten von f, so gilt $f = ag$ mit einem $g \in R[X]$. Wegen $\deg(g) = \deg(f) > 0$ liegt g nicht in $R^* = (R[X])^*$. Da f irreduzibel in $R[X]$ ist, gilt $a \in R^*$; f ist also primitiv.

3) Aus $f = gh$ mit $g,h \in R[X] \subset Q(R)[X]$ folgt $g \in Q(R)^*$ oder $h \in Q(R)^*$, also $g \in R \smallsetminus \{0\}$ oder $h \in R \smallsetminus \{0\}$. Im ersten Fall ist g ein gemeinsamer Teiler der Koeffizienten von f. Da f primitiv ist, folgt $g \in R^*$. Analog erhält man im zweiten Fall $h \in R^*$.

4.5.3. Lemma von Gauss. Sei R ein faktorieller Ring und seien $f,g \in R[X]$. Dann ist mit f und g auch fg primitiv.

Beweis. Ist fg nicht primitiv, so gibt es ein Primelement p von R, das gemeinsamer Teiler der Koeffizienten von fg ist. Das Ideal $\mathfrak{y} := (p)$ ist ein Primideal von R und es gilt $fg \in \mathfrak{y}[X]$. Mit Hilfe des Homomorphiesatzes überlegt man sich leicht, daß die Ringe $R[X]/\mathfrak{y}[X]$ und $(R/\mathfrak{y})[X]$ isomorph sind. Da $\mathfrak{y}$ ein Primideal von R ist, ist $R/\mathfrak{y}$ und damit auch $(R/\mathfrak{y})[X]$ und $R[X]/\mathfrak{y}[X]$ ein Integritätsring. Das Ideal $\mathfrak{y}[X]$ ist daher ein Primideal von $R[X]$.

Aus $fg \in \mathfrak{y}[X]$ folgt somit $f \in \mathfrak{y}[X]$ oder $g \in \mathfrak{y}[X]$, f und g sind daher nicht beide primitiv.

4.5.4. Lemma. Sei R ein faktorieller Ring und K sein Quotientenkörper. Dann gilt:

1) Zu jedem $g \in K[X] \smallsetminus \{0\}$ gibt es ein $a \in K$, so daß $g_1 := ag$ in $R[X]$ liegt und primitiv ist.

2) Sind $f,g \in R[X]$ und ist g primitiv, so folgt aus $f = ag$ mit einem $a \in K$, daß a sogar in R liegt.

Beweis. 1) Sei $g = \sum\limits_{i=0}^{n} a_i X^i$ und für jedes $i \in \{0,\ldots,n\}$ seien $r_i, s_i \in R$ so gewählt, daß $a_i = \dfrac{r_i}{s_i}$ gilt. Ist $s := s_0 \cdot \ldots \cdot s_n$, so liegt sg in $R[X] \smallsetminus \{0\}$. Ist d ein größter gemeinsamer Teiler der Koeffizienten von sg, so gibt es wegen 4.4.8 ein primitives

$g_1 \in R[X]$ mit $sg = dg_1$ und man erhält $g_1 = \frac{s}{d}g$.

2) Nach 4.4.10 gibt es teilerfremde $r,s \in R$ mit $a = \frac{r}{s}$. Nimmt man $a \notin R$ an, so ist s keine Einheit, besitzt also ein Primelement p als Teiler. Da g primitiv ist, teilt p nicht alle Koeffizienten von g und aus $sf = rg$ folgt ein Widerspruch.

4.5.5. Satz. Sei R ein faktorieller Ring und K sein Quotientenkörper. Dann gilt für jedes nichtkonstante f aus $R[X]$:
1) Ist f primitiv und $g \in R[X] \smallsetminus \{0\}$, so folgt $f \mid g$ in $R[X]$ aus $f \mid g$ in $K[X]$.
2) Ist f irreduzibel in $R[X]$, so auch in $K[X]$.

Beweis. 1) Gilt $f \mid g$ in $K[X]$, so gibt es ein $h \in K[X]$ mit $g = fh$. Wählt man $a \in K$ so, daß $h_1 := ah$ ein primitives Polynom aus $R[X]$ ist, so erhält man $g = \frac{1}{a}fh_1$. Nach dem Lemma von Gauss ist fh_1 primitiv und mit 4.5.4 folgt $\frac{1}{a} \in R$. Es gilt also auch $f \mid g$ in $R[X]$.

2) Sei $g \in K[X]$ ein Teiler von f. Nach 4.5.4 gibt es ein $a \in K$, so daß $g_1 := ag$ ein primitives Polynom aus $R[X]$ ist. Wegen $g_1 \mid f$ in $K[X]$ und 1) gilt auch $g_1 \mid f$ in $R[X]$. Da f irreduzibel in $R[X]$ ist, folgt $g_1 \in (R[X])^* = R^*$ oder $g_1 \sim f$ in $R[X]$. Wegen $g_1 = ag$ gilt daher $g \in K^*$ oder es gibt ein $b \in K^*$ mit $f = bg$; f hat also nur triviale Teiler in $K[X]$. Da f nach Voraussetzung nicht konstant ist, ist es somit irreduzibel in $K[X]$.

4.5.6. Satz von Gauss. Mit R ist auch $R[X]$ ein faktorieller Ring.

Beweis. 1) Zunächst wird durch Induktion über den Grad gezeigt, daß jedes $f \in R[X]$ mit $f \neq 0$ und $f \notin (R[X])^* = R^*$ endliches Produkt von irreduziblen Elementen ist: Jedes $f \in R[X]$ mit $f \notin R^*$ und $\deg(f) = 0$ ist eine von 0 verschiedene Nichteinheit von R und daher endliches Produkt von irreduziblen Elementen, denn R ist faktoriell.

Sei $n \in \mathbb{N} \smallsetminus \{0\}$ und sei die Behauptung richtig für alle Polynome $h \in R[X]$ mit $h \neq 0$, $h \notin R^*$ und $\deg(h) < n$. Ferner sei ein $f \in R[X]$ mit $f \neq 0$, $f \notin R^*$ und $\deg(f) = n$ gegeben. Ist a ein größter gemeinsamer Teiler der Koeffizienten von f, so gibt es ein primitives $f' \in R[X]$ mit $f = af'$. Da R faktoriell ist, ist

a entweder eine Einheit oder endliches Produkt irreduzibler
Elemente. Daher ist man fertig, wenn f' irreduzibel in R[X]
ist. Ist f' aber reduzibel in R[X], so gibt es g,h ∈ R[X] mit
g,h ∉ R* und f'=gh. Da f' primitiv ist, ist sowohl der Grad voɪ
g als auch der von h kleiner als n. Nach Induktionsannahme isɪ
daher sowohl g als auch h endliches Produkt irreduzibler Elemente, also ist auch f' ein solches Produkt.

2) Zum Nachweis der Eindeutigkeit einer derartigen Zerlegung
seien $c_1, \ldots, c_m, p_1, \ldots, p_n$ und $d_1, \ldots, d_k, q_1, \ldots, q_\ell$ irreduzible
Elemente von R[X] mit

$$c_1 \cdot \ldots \cdot c_m \cdot p_1 \cdot \ldots \cdot p_n = d_1 \cdot \ldots \cdot d_k \cdot q_1 \cdot \ldots \cdot q_\ell.$$

Die Bezeichnungen seien dabei so gewählt, daß der

und der
Grad von $c_1, \ldots, c_m, d_1, \ldots, d_k$ gleich O

Grad von $p_1, \ldots, p_n, q_1, \ldots, q_\ell$ größer als O

ist. Als irreduzible Polynome von einem Grad >O sind
$p_1, \ldots, p_n, q_1, \ldots, q_\ell$ primitiv. Daher sind auch $p_1 \cdot \ldots \cdot p_n$ und
$q_1 \cdot \ldots \cdot q_\ell$ primitiv, so daß man

$$c_1 \cdot \ldots \cdot c_m \sim d_1 \cdot \ldots \cdot d_k$$

erhält. Da R faktoriell ist, gilt m = k und bei geeigneter
Numerierung gilt $c_i \sim d_i$ in R für alle i ∈ {1,...,m}. Hieraus
folgt
$$p_1 \cdot \ldots \cdot p_n \sim q_1 \cdot \ldots \cdot q_\ell \text{ in K[X]}$$

(K sei der Quotientenkörper von R). Wegen 4.5.5 sind die Ele-
mente $p_1, \ldots, p_n, q_1, \ldots, q_\ell$ irreduzibel in K[X]. Da K ein Körper
ist, ist der Polynomring K[X] aber ein faktorieller Ring, so
daß auch n = ℓ und (bei geeigneter Numerierung) $p_i \sim q_i$ in K[X]
für alle i ∈ {1,...,n} folgt. Es gilt also $p_i | q_i$ und $q_i | p_i$ in
K[X]. Mit 4.5.5 erhält man $p_i | q_i$ und $q_i | p_i$ in R[X], so daß p_i
und q_i auch in R[X] assoziiert sind.

Aus diesem Satz erhält man durch vollständige Induktion sofort:

4.5.7. Korollar. Mit R ist jeder Polynomring in endlich vielen
Unbestimmten über R faktoriell.

Insbesondere ist also jeder Polynomring in endlich vielen Unbestimmten über einem Körper faktoriell.

4.6. Irreduzibilität von Polynomen

Es ist im allgemeinen nicht ganz einfach, ein gegebenes Polynom in irreduzible Faktoren zu zerlegen bzw. seine Irreduzibilität nachzuweisen. Wir geben einige Standard-Hilfsmittel hierfür an. Bei ihrer Anwendung beachte man folgenden Sachverhalt:
Ist R ein Integritätsring und K sein Quotientenkörper, so ist
ein primitives Polynom aus R[X], das irreduzibel in K[X] ist,
auch irreduzibel in R[X].

4.6.1. Eisensteinsches Irreduzibilitätskriterium. Sei R ein
Integritätsring und $f = \sum_{i=0}^{n} a_i X^i$ ein primitives Polynom aus
R[X] vom Grad n > 0.
Gibt es dann ein Primelement p von R mit

$$p \mid a_i \text{ für alle } i \in \{0,\ldots,n-1\}, \quad p \nmid a_n \text{ und } p^2 \nmid a_0,$$

so ist f irreduzibel in R[X].

Beweis. Nach Voraussetzung gilt $f \neq 0$ und $f \notin R^*$. Sind daher
$g,h \in R[X]$ mit $f = gh$ gegeben, so ist $g \in R^*$ oder $h \in R^*$ zu
zeigen. Sei $g = \sum_{i=0}^{k} b_i X^i$ mit $b_k \neq 0$ und $h = \sum_{j=0}^{\ell} c_j X^j$ mit $c_\ell \neq 0$.
Wegen $a_0 = b_0 c_0$, $p \mid a_0$ und $p^2 \nmid a_0$ gilt entweder $p \nmid b_0$ oder $p \nmid c_0$.
Sei ohne Einschränkung $p \mid b_0$ und $p \nmid c_0$. Wegen $a_n = b_k c_\ell$ und $p \nmid a_n$
gibt es ein $j \in \{1,\ldots,k\}$ mit $p \mid b_i$ für alle $i \in \{0,\ldots,j-1\}$ und
$p \nmid b_j$. Setzt man $c_i := 0$ für $i > \ell$, so erhält man
$a_j = b_j c_0 + b_{j-1} c_1 + \ldots + b_0 c_j$. Nach Definition von j ist p kein
Teiler des ersten, aber Teiler jedes anderen Summanden in die-
ser Zerlegung von a_j. Man erhält $p \nmid a_j$, also $j = n$ und daher wegen $j \leq k \leq n$ auch $k = n$. Die Beziehung $f = gh$ liefert
$\deg(h) = \deg(f) - \deg(g) = n - k = 0$, also $h \in R$. Da f primitiv
ist, gilt sogar $h \in R^*$.

4.6.2. Korollar. Sei R ein faktorieller Ring, K sein Quotientenkörper und $f = \sum_{i=0}^{n} a_i X^i$ ein Polynom aus R[X] vom Grad n > 0.
Gibt es dann ein Primelement p von R mit

$$p \mid a_i \text{ für jedes } i \in \{0,\ldots,n-1\}, \quad p \nmid a_n \text{ und } p^2 \nmid a_0,$$

so ist f irreduzibel in K[X].

Beweis. Ist d größter gemeinsamer Teiler der Koeffizienten von

f und gilt $a_i = db_i$ mit $b_i \in R$ für jedes i, so ist das Polynom
$g := \sum_{i=o}^{n} b_i X^i$ ein primitives Polynom vom Grad n > 0 aus R[X]. We-
gen $p \nmid a_n$ gilt $p \nmid d$ und daher $p | b_i$ für jedes $i \in \{0, \ldots, n-1\}$,
$p \nmid b_n$ und $p^2 \nmid b_o$. Wegen 4.6.1 und 4.5.5 ist g irreduzibel in K[X].
Da d eine Einheit von K ist, ist auch f irreduzibel in K[X].

4.6.3. Beispiel. Ist p eine Primzahl, so ist für jedes
$n \in \mathbb{N} \setminus \{0\}$ das Polynom $X^n - p$ irreduzibel in $\mathbb{Q}[X]$ und in $\mathbb{Z}[X]$;
die reelle Zahl $\sqrt[n]{p}$ ist also für jedes $n \in \mathbb{N}$ mit n > 1 irratio-
nal.

Wenn das Kriterium von Eisenstein zunächst nicht anwendbar ist,
hilft manchmal eine "Substitution".

4.6.4. Definition. Ist R ein kommutativer Ring mit Einselement,
so gibt es wegen der universellen Eigenschaft des Polynomrings
zu jedem $g \in R[X]$ genau einen Homomorphismus $\sigma_g : R[X] \to R[X]$
mit $\sigma_g(X) = g$ und $\sigma_g(a) = a$ für alle $a \in R$. Man nennt σ_g den
zu g gehörenden Substitutionshomomorphismus.
Für jedes $f \in R[X]$ erhält man das Element $f(g) := \sigma_g(f)$ aus
R[X], indem man in f anstelle von X das Polynom g "substituiert"
und ausmultipliziert. Ist speziell g = X, so erhält man f =
= f(X) für jedes $f \in R[X]$. Damit ist es auch formal gerechtfertigt, nach Belieben entweder f oder f(X) zu schreiben.

4.6.5. Lemma. Sei R ein Integritätsring und $g \in R[X]$.
Der zu g gehörende Substitutionshomomorphismus σ_g ist genau
dann ein Isomorphismus, wenn es $a \in R^*$ und $b \in R$ mit g =
= aX + b gibt.

Beweis. 1) g habe die angegebene Form. Wegen $a \in R^*$ gibt es
$a' \in R$ mit $aa' = 1$. Mit $h := a'(X-b)$ erhält man $(\sigma_g \circ \sigma_h)(X) = X$
und $(\sigma_h \circ \sigma_g)(X) = X$ und daher $\sigma_g \circ \sigma_h = id_{R[X]} = \sigma_h \circ \sigma_g$ mit der
universellen Eigenschaft des Polynomrings; σ_g ist also bijektiv.
2) Ist σ_g surjektiv, so gibt es ein $f \in R[X]$ mit $\sigma_g(f) = X$.
Man erhält $\deg(g)\deg(f) = \deg(\sigma_g(f)) = 1$ und daher $\deg(g) = 1 =$
$= \deg(f)$. Es gibt daher $a,b \in R$ mit g = aX+b und $a',b' \in R$ mit
f = a'X+b', so daß man $X = \sigma_g(a'X+b') = a'(aX+b)+b'$, also
$a'a = 1$ und $a \in R^*$ erhält.

Hieraus folgt sofort

4.6.6. Korollar. Sei R ein Integritätsring, $a \in R^*$, $b \in R$ und
$g := aX+b$. Dann gilt für jedes $f \in R[X]$:
f irreduzibel in $R[X]$ $\Leftrightarrow$ $\sigma_g(f)$ irreduzibel in $R[X]$.

Wir illustrieren nun die Substitutionsmethode an einem Beispiel:

4.6.7. Bemerkung. Ist p eine Primzahl, so ist das Polynom
$f := X^{p-1} + X^{p-2} + \ldots + X + 1$ irreduzibel in $\mathbb{Q}[X]$.

Beweis. Sei σ_g der zu $g := X+1 \in \mathbb{Z}[X]$ gehörende Substitutionshomomorphismus. Aus $(X-1)f = X^p - 1$ folgt dann $X\sigma_g(f) = (X+1)^p - 1$
und mit Hilfe des binomischen Lehrsatzes

$$\sigma_g(f) = X^{p-1} + \binom{p}{1}X^{p-2} + \ldots + \binom{p}{p-1}.$$

Für jedes $i \in \{1, \ldots, p-1\}$ liegt $\binom{p}{i} = \frac{p!}{i!(p-i)!}$ in $\mathbb{Z}$ und es
gilt $p|p!$ und $p \nmid i!(p-i)!$. Man erhält daher

$$p \mid \binom{p}{i} \text{ für alle } i \in \{1, \ldots, p-1\}, \ p \nmid 1 \text{ und } p^2 \nmid \binom{p}{p-1}.$$

Wegen 4.6.2 ist $\sigma_g(f)$ irreduzibel in $\mathbb{Q}[X]$, so daß wegen 4.6.6
auch f irreduzibel in $\mathbb{Q}[X]$ ist.

Das Verfahren von Eisenstein erfordert kaum Rechnung, es ist
aber nur relativ selten anwendbar. Mehr Möglichkeiten eröffnet
die Reduktion nach einem Primideal (Reduktionsverfahren).

4.6.8. Satz. Sei R ein faktorieller Ring, $f = \sum\limits_{i=o}^{n} a_i X^i \in R[X]$
ein nichtkonstantes Polynom und $\mathcal{P}$ ein Primideal von R mit $a_n \notin \mathcal{P}$.
Ist $\bar{R} := R/\mathcal{P}$, $\rho: R[X] \to \bar{R}[X]$ die Fortsetzung des kanonischen
Epimorphismus $R \to \bar{R}$ auf die Polynomringe und K der Quotientenkörper von R, so gilt:
$\rho(f)$ irreduzibel in $\bar{R}[X]$ $\Rightarrow$ f irreduzibel in $K[X]$.

Beweis. Ist a ein größter gemeinsamer Teiler der Koeffizienten
von f, so gibt es ein primitives $f' \in R[X]$ mit $f = af'$ und man
hat sich nur zu überlegen, daß f' irreduzibel in $R[X]$ ist.
Da $\rho(f)$ nicht konstant und irreduzibel in $\bar{R}[X]$ ist, folgt aus
$\rho(f) = \rho(a)\rho(f')$, daß $\rho(a)$ eine Einheit von $\bar{R}$ ist. Daher ist
auch $\rho(f')$ irreduzibel in $\bar{R}[X]$. Wäre f' reduzibel in $R[X]$, so
gäbe es nichtkonstante Polynome $g, h \in R[X]$ mit $f' = gh$, also
mit $\rho(f') = \rho(g)\rho(h)$, denn f' ist primitiv und nicht konstant.

Da $\bar{R}$ ein Integritätsring ist und a_n nicht in $\wp$ liegt, erhält
man $\deg(g)+\deg(h) = \deg(f') = \deg(\rho(f')) = \deg(\rho(g))+\deg(\rho(h))$.
Wegen $\deg(\rho(g)) \leq \deg(g)$ und $\deg(\rho(h)) \leq \deg(h)$ folgt hieraus
$\deg(\rho(g)) = \deg(g)$ und $\deg(\rho(h)) = \deg(h)$; $\rho(f')$ wäre also
reduzibel in $\bar{R}[X]$.

Ist insbesondere $R = \mathbb{Z}$ und p eine Primzahl, so ist $\bar{R} = \mathbb{Z}/p\mathbb{Z}$
endlich und $\bar{R}[X]$ enthält für jedes $n \in \mathbb{N}$ nur endlich viele
Polynome vom Grad n. Jedes dieser Polynome kann man (wenn einem
nichts besseres einfällt durch Division mit Rest) daraufhin untersuchen, ob es ein Teiler von $\rho(f)$ ist. Damit kann man in endlich vielen Rechenschritten kontrollieren, ob $\rho(f)$ irreduzibel
ist oder nicht. Wenn man auf diese Weise allerdings herausbe-
kommt, daß $\rho(f)$ reduzibel ist, war die Mühe umsonst, denn aus
der Reduzibilität von $\rho(f)$ folgt natürlich nicht die Reduzibilität von f. Es gehört also doch noch etwas Glück dazu, eine
geeignete Primzahl p zu finden.

4.6.9. Beispiel. Sei $f = X^5 - X^2 + 1 \in \mathbb{Z}[X]$ und $\wp = 2\mathbb{Z}$. Dann
gilt $\rho(f) = X^5 + X^2 + 1$ (ρ wie in 4.6.8). Wäre $\rho(f)$ reduzibel
in $(\mathbb{Z}/2\mathbb{Z})[X]$, so müßte es einen Faktor vom Grad 1 oder 2 ab-
spalten. Da $\rho(f)$ keine Nullstelle in $\mathbb{Z}/2\mathbb{Z}$ besitzt, spaltet es
keinen Faktor vom Grad 1 ab. Die Polynome aus $(\mathbb{Z}/2\mathbb{Z})[X]$ vom
Grad 2 sind:
$$X^2 + X + 1, \; X^2 + X, \; X^2 + 1, \; X^2.$$
Wäre eines der Polynome X^2+X, X^2+1 und X^2 ein Teiler von $\rho(f)$,
so müßte $\rho(f)(1) = 0$ oder $\rho(f)(0) = 0$ gelten. Das ist jedoch
nicht der Fall. Wegen $\rho(f) = (X^3+X^2)(X^2+X+1)+1$ ist aber auch
X^2+X+1 kein Teiler von $\rho(f)$.
Das Polynom $\rho(f)$ ist also irreduzibel in $(\mathbb{Z}/2\mathbb{Z})[X]$. Nach 4.6.8
ist daher das Polynom f irreduzibel in $\mathbb{Q}[X]$.

4.6.10. Das Verfahren von Kronecker gestattet es, in endlich
vielen Rechenschritten alle in $\mathbb{Z}[X]$ liegenden Teiler eines Polynoms aus $\mathbb{Z}[X]$ zu bestimmen und daher jedes nicht-konstante Polynom aus $\mathbb{Z}[X]$ in endlich vielen Schritten in irreduzible Faktoren
zu zerlegen. (An Stelle von $\mathbb{Z}$ könnte man auch einen faktoriellen
Ring zulassen, der nur endlich viele Einheiten besitzt und dessen von O verschiedene Nichteinheiten in endlich vielen Rechen-

schritten in irreduzible Faktoren zerlegbar sind.)

Zur Berechnung aller in $\mathbb{Z}[X]$ gelegenen Teiler von $f \in \mathbb{Z}[X]$ be-
nützt man folgende Tatsachen:

a) Ist $\deg(f) = n$, so genügt es, alle Teiler $g \in \mathbb{Z}[X]$ von f mit
$\deg(g) \leq \frac{n}{2}$ zu bestimmen; die zugehörigen Teiler komplementären
Grades erhält man durch Division.

b) Ist $g \in \mathbb{Z}[X]$ ein Teiler von f und $a \in \mathbb{Z}$, so ist $g(a)$ ein
Teiler von $f(a)$.

c) Ist $s \in \mathbb{N}$ und sind $a_0, \ldots, a_s \in \mathbb{Z}$ paarweise verschieden und
$b_0, \ldots, b_s \in \mathbb{Z}$ beliebig, so gibt es nach 2.4.4 genau ein Polynom
$g \in \mathbb{Q}[X]$ mit $\deg(g) \leq s$ und $g(a_i) = b_i$ für alle $i \in \{0, \ldots, s\}$.

Auf Grund dieser Tatsachen kann man wie folgt alle in $\mathbb{Z}[X]$ liegenden Teiler vom Grad s eines Polynoms $f \in \mathbb{Z}[X]$ ermitteln:

1) Man wähle paarweise verschiedene $a_0, \ldots, a_s \in \mathbb{Z}$ so, daß
   $f(a_i) \neq 0$ für jedes i gilt und bestimme für jedes i alle
   Teiler von $f(a_i)$.

2) Zu jedem $(s+1)$-tupel $(b_0, \ldots, b_s)$ mit $b_i \mid f(a_i)$ für alle i
   berechne man das Polynom $g \in \mathbb{Q}[X]$ mit $\deg(g) \leq s$ und $g(a_i) =$
   $= b_i$ für alle i.

3) Diejenigen der in 2) ermittelten Polynome vom Grad s, die in
   $\mathbb{Z}[X]$ liegen, untersuche man daraufhin, ob sie Teiler von f
   sind (etwa durch Division mit Rest).

Natürlich hat man viele Möglichkeiten, den erheblichen Rechenaufwand zu vereinfachen.

Als Beispiel behandeln wir das Polynom

$$f = X^6 - 5X^5 + 6X^4 - 3X^3 + 15X^2 - 17X - 3 \in \mathbb{Z}[X].$$

Zunächst untersucht man, ob f einen Linearfaktor abspaltet, ob
f also eine Nullstelle in $\mathbb{Z}$ besitzt: Die Nullstellen von f
sind aber unter den Teilern von 3 zu suchen, denn ist $a \in \mathbb{Z}$
eine Nullstelle von f, so gibt es ein $h \in \mathbb{Z}[X]$ mit $f = (X-a)h$
und ein Vergleich der konstanten Glieder ergibt $a \mid 3$. Man prüft
$f(3) = 0$ nach und erhält durch Division mit Rest

$$f = (X-3)g \text{ mit } g = X^5 - 2X^4 - 3X^2 + 6X + 1.$$

g spaltet keinen Linearfaktor ab, denn es gilt $g(1) \neq 0$ und
$g(-1) \neq 0$.

Ob g einen Teiler vom Grad 2 besitzt, wird nun mit dem Verfahren von Kronecker untersucht:

1) Sei $a_0 = 0, a_1 = 2, a_2 = 1$. Dann gilt $g(a_0) = 1, g(a_1) = 1$, $g(a_2) = 3$. 1 und -1 sind die Teiler von $g(a_0)$ und von $g(a_1)$, $1, -1, 3, -3$ die von $g(a_2)$.

2),3) Von den 16 Kombinationen der Teiler von $g(a_0), g(a_1)$, $g(a_2)$ braucht nur die Hälfte untersucht zu werden. Kennt man nämlich alle Polynome $h \in \mathbb{Z}[X]$ mit $h(a_0) = 1, h(a_1) | g(a_1)$ und $h(a_2) | g(a_2)$, so kennt man auch sämtliche Polynome $q \in \mathbb{Z}[X]$ mit $q(a_0) = -1, q(a_1) | g(a_1)$ und $q(a_2) | g(a_2)$. Denn ist q ein derartiges Polynom, so kommt $-q$ unter den Polynomen h vor.

Nun zur Diskussion der verbleibenden 8 Fälle:

1. $h = 1$ ist das Polynom vom Grad ≤ 2 mit $h(a_0) = 1, h(a_1) = 1$ und $h(a_2) = 1$.
   h ist kein echter Teiler von g.

2. $h = 2X^2 - 4X + 1$ ist das Polynom vom Grad ≤ 2 mit $h(a_0) = 1, h(a_1) = 1$ und $h(a_2) = -1$.
   Da g normiert ist, ist h kein Teiler von g in $\mathbb{Z}[X]$.

3. $h = -2X^2 + 4X + 1$ ist das Polynom vom Grad ≤ 2 mit $h(a_0) = 1, h(a_1) = 1$ und $h(a_2) = 3$.
   Da g normiert ist, ist h kein Teiler von g in $\mathbb{Z}[X]$.

4. $h = 4X^2 - 8X + 1$ ist das Polynom vom Grad ≤ 2 mit $h(a_0) = 1, h(a_1) = 1$ und $h(a_2) = -3$.
   Da g normiert ist, ist h kein Teiler von g in $\mathbb{Z}[X]$.

5. $h = -X^2 + X + 1$ ist das Polynom vom Grad ≤ 2 mit $h(a_0) = 1, h(a_1) = -1$ und $h(a_2) = 1$.
   Wegen $h(-2) \nmid g(-2)$ ist h kein Teiler von g.

6. $h = X^2 - 3X + 1$ ist das Polynom vom Grad ≤ 2 mit $h(a_0) = 1, h(a_1) = -1$ und $h(a_2) = -1$.
   Wegen $h(-2) \nmid g(-2)$ ist h kein Teiler von g.

7. $h = -3X^2 + 5X + 1$ ist das Polynom vom Grad ≤ 2 mit $h(a_0) = 1, h(a_1) = -1$ und $h(a_2) = 3$.
   Da g normiert ist, ist h kein Teiler von g in $\mathbb{Z}[X]$.

8. $h = 3X^2 - 7X + 1$ ist das Polynom vom Grad ≤ 2 mit $h(a_0) = 1, h(a_1) = -1$ und $h(a_2) = -3$.
   Da g normiert ist, ist h kein Teiler von g in $\mathbb{Z}[X]$.

Insgesamt ist damit gezeigt, daß $f = (X-3)g$ eine Zerlegung von f in irreduzible Faktoren ist.

Kapitel III.   KÖRPERTHEORIE

§ 1. Grundbegriffe

1.1. Die Charakteristik eines Körpers

1.1.1. Definition. Sei K ein Körper und 1 sein Einselement.
Dann ist die Abbildung $\varphi: \mathbb{Z} \to K$, $n \mapsto n \cdot 1$, ein Ringhomomorphismus, so daß es nach II, 1.2.6 genau ein $q \in \mathbb{N}$ mit $\mathrm{Ker}(\varphi) = q\mathbb{Z}$
gibt. Die Zahl char(K) := q heißt die Charakteristik von K.

1.1.2. Bemerkung. Ist K ein Körper und 1 sein Einselement, so
gilt:
1) $\mathrm{char}(K) = 0 \leftrightarrow n \cdot 1 \neq 0$ für alle $n \in \mathbb{N} \setminus \{0\}$.
2) $\mathrm{char}(K) \neq 0 \Rightarrow \mathrm{char}(K)$ ist gleich der Ordnung der von 1 erzeugten Untergruppe von $(K,+)$, d.h. char(K)
   ist die kleinste unter den Zahlen $n \in \mathbb{N} \setminus \{0\}$
   mit $n \cdot 1 = 0$.

1.1.3. Beispiele.
1) $\mathbb{Q}, \mathbb{R}$ und $\mathbb{C}$ sind Körper der Charakteristik 0.
2) Für jede Primzahl p ist $\mathbb{Z}/p\mathbb{Z}$ ein Körper der Charakteristik
   p (vgl. II,3.2.4).
3) Der Quotientenkörper des Polynomrings $(\mathbb{Z}/2\mathbb{Z})[X]$ hat die
   Charakteristik 2, besitzt aber unendlich viele Elemente.

1.1.4. Definition. Eine Teilmenge k eines Körpers K heißt Unterkörper von K, wenn gilt:
a) Mit a und b liegen auch a+b und ab in k.
b) k ist zusammen mit den induzierten Verknüpfungen
   $k \times k \to k$, $(a,b) \mapsto a+b$, und $k \times k \to k$, $(a,b) \mapsto ab$, ein
   Körper.
K heißt dann auch Oberkörper von k.

1.1.5. Bemerkung. Eine Teilmenge k eines Körpers K ist genau
dann ein Unterkörper von K, wenn gilt:
1) k enthält mindestens zwei Elemente.
2) Für alle $a,b \in k$ liegt a-b in k.
3) Für alle $a,b \in k$ mit $b \neq 0$ liegt ab^{-1} in k.

1.1.6. Bemerkung. Sei k ein Unterkörper eines Körpers K. Da

das Einselement von K auch Einselement von k ist, gilt
char(k) = char(K).

1.1.7. Bemerkung. Die Charakteristik eines Körpers ist entweder O oder eine Primzahl.

Beweis. Ist K ein Körper mit char(K) $\neq$ O, so folgt aus
char(K) = mn mit m,n $\in$ $\mathbb{N}$, daß O = (char(K))·1 = (m·1)(n·1),
also m·1 = O oder n·1 = O gilt. Man erhält m $\geq$ char(K) oder
n $\geq$ char(K) und damit n = 1 oder m = 1.

1.1.8. Definition. Ein Körper P heißt Primkörper, wenn es keinen Unterkörper Q von P mit Q $\neq$ P gibt.
Für jeden Körper K ist trivialerweise

$$P := \bigcap \{k: k \text{ Unterkörper von } K\}$$

ein in K enthaltener Primkörper; man nennt ihn den Primkörper
von K.

1.1.9. Satz. Ist K ein Körper und P sein Primkörper, so gilt:
1) char(K) = O $\leftrightarrow$ P $\cong$ $\mathbb{Q}$.
2) char(K) = p $\neq$ O $\leftrightarrow$ P $\cong$ $\mathbb{Z}/p\mathbb{Z}$.
Die Körper $\mathbb{Q}$ und $\mathbb{Z}/p\mathbb{Z}$, p Primzahl, sind also bis auf Isomorphie
die einzigen Primkörper.

Beweis. Wegen 1.1.6 gilt in beiden Fällen "$\leftarrow$".
Im Falle char(K) = O ist die Abbildung φ: $\mathbb{Z}$ $\to$ P, n $\mapsto$ n·1, ein
Monomorphismus, so daß es wegen der universellen Eigenschaft
des Quotientenkörpers einen Monomorphismus Φ: $\mathbb{Q}$ $\to$ P mit
$\Phi|\mathbb{Z}$ = φ gibt. Da $\Phi(\mathbb{Q})$ ein Unterkörper des Primkörpers P ist,
erhält man $\Phi(\mathbb{Q})$ = P; P und $\mathbb{Q}$ sind also isomorph.
Im Falle char(K) = p $\neq$ O gilt Ker(φ) = p$\mathbb{Z}$, so daß mit Hilfe
des Homomorphiesatzes analog P $\cong$ $\mathbb{Z}/p\mathbb{Z}$ folgt.

1.2. Körpererweiterungen

1.2.1. Definition. Ein Paar (K,k), bestehend aus einem Körper
K und einem Unterkörper k von K, heißt Körpererweiterung.
Wir schreiben meist K $\supset$ k statt (K,k).

1.2.2. Definition. Ist K$\supset$k eine Körpererweiterung, so ist K
zusammen mit den Abbildungen

$$K \times K \longrightarrow K \quad \text{und} \quad k \times K \longrightarrow K$$
$$(x,y) \longmapsto x+y \quad (a,x) \longmapsto ax$$

ein k-Vektorraum.

Man nennt die Zahl $[K:k] := \dim_k (K)$ den Grad der Körpererweiterung K⊃k.

Die Körpererweiterung K⊃k heißt endlich, wenn $[K:k] < \infty$ gilt.

Ein Körper L heißt Zwischenkörper der Körpererweiterung K⊃k, wenn k ein Unterkörper von L und L ein Unterkörper von K ist.

1.2.3. Bemerkung. Für eine Körpererweiterung K⊃k gilt:
$[K:k] = 1 \leftrightarrow K = k$.

Beweis. $[K:k] = 1 \leftrightarrow$ Das Einselement 1 von K ist eine Basis des k-Vektorraums K $\leftrightarrow$ K = k·1 = k.

1.2.4. Grad-Satz. Ist L ein Zwischenkörper der Körpererweiterung K⊃k, so gilt
$$[K:k] = [K:L][L:k].$$

Insbesondere ist die Körpererweiterung K⊃k genau dann endlich, wenn die Körpererweiterungen K⊃L und L⊃k endlich sind. Ist $(x_1,\ldots,x_m)$ eine Basis des k-Vektorraums L und $(y_1,\ldots,y_n)$ eine Basis des L-Vektorraums K, so bilden die Elemente $x_i y_j$, $i \in \{1,\ldots,m\}$, $j \in \{1,\ldots,n\}$, eine Basis des k-Vektorraums K.

Beweis. 1) Ist K⊃L oder L⊃k nicht endlich, so ist trivialerweise auch K⊃k nicht endlich.

2) Seien L⊃k und K⊃L endliche Körpererweiterungen, $(x_1,\ldots,x_m)$ sei eine Basis des k-Vektorraums L und $(y_1,\ldots,y_n)$ eine Basis des L-Vektorraums K. Wir wollen zeigen, daß die Elemente $x_i y_j$, $i \in \{1,\ldots,m\}$, $j \in \{1,\ldots,n\}$ von K eine Basis des k-Vektorraums K bilden:

Die angegebenen Elemente bilden ein Erzeugendensystem, denn zu jedem $y \in K$ gibt es $b_1,\ldots,b_n \in L$ mit $y = \sum_{j=1}^{n} b_j y_j$ und zu jedem $j \in \{1,\ldots,n\}$ gibt es $a_{1j},\ldots,a_{mj} \in k$ mit $b_j = \sum_{i=1}^{m} a_{ij}x_i$, so daß man $y = \sum_{i=1}^{m}\sum_{j=1}^{n} a_{ij}x_i y_j$ mit $a_{ij} \in k$ erhält.

Die angegebenen Elemente sind aber auch linear unabhängig über

k, denn gilt $\sum_{i=1}^{m}\sum_{j=1}^{n} a_{ij}x_iy_j = 0$ mit $a_{ij} \in k$, so folgt
$\sum_{i=1}^{m} a_{ij}x_i = 0$ für jedes $j \in \{1,\ldots,n\}$ und damit $a_{ij} = 0$ für jedes i $\in \{1,\ldots,m\}$ und jedes j $\in \{1,\ldots,n\}$. Die Elemente $y_1,\ldots,y_n \in K$ sind nämlich linear unabhängig über L und die Elemente $x_1,\ldots,x_m \in L$ sind linear unabhängig über k.

Aus 1.2.3 und 1.2.4 folgt unmittelbar:

1.2.5. Korollar. Sei K⊃k eine endliche Körpererweiterung.

1) Für jeden Zwischenkörper L von K⊃k mit [K:L] = [K:k] gilt L = k.

2) Ist [K:k] eine Primzahl, so besitzt die Körpererweiterung K⊃k keine echten Zwischenkörper. ℝ und ℂ sind somit die einzigen Zwischenkörper der Körpererweiterung ℂ⊃ℝ, denn diese hat den Grad 2 (1 und i bilden eine Basis des ℝ-Vektorraums ℂ).

1.3. Ringadjunktion und Körperadjunktion

1.3.1. Definition. Ist K⊃k eine Körpererweiterung und A eine Teilmenge von K, so heißt

$$k[A] := \bigcap\{R: R \text{ Unterring von K und } k \cup A \subset R\}$$
bzw.
$$k(A) := \bigcap\{L: L \text{ Unterkörper von K und } k \cup A \subset L\}$$

der _von_ A _über_ k _erzeugte Unterring_ bzw. _Unterkörper_ von K.

Im Falle A = $\{a_1,\ldots,a_n\}$ schreibt man meist $k[a_1,\ldots,a_n]$ statt $k[A]$ und $k(a_1,\ldots,a_n)$ statt $k(A)$.

1.3.2. Bemerkung. Ist K⊃k eine Körpererweiterung, so gilt:

1) Für jede Teilmenge A von K ist k(A) Quotientenkörper von k[A].

2) Für $a_1,\ldots,a_n \in K$ ist
$k[a_1,\ldots,a_n] = \{f(a_1,\ldots,a_n): f \in k[X_1,\ldots,X_n]\}$.

3) Für Teilmengen A,B von K gilt k(A∪B) = (k(A))(B).

Beweis. 1) Faßt man den Integritätsring k[A] als Unterring seines Quotientenkörpers Q auf, so gibt es wegen der universellen Eigenschaft des Quotientenkörpers genau einen Monomorphismus $\varphi: Q \to k(A)$ mit $\varphi|k[A] = \text{id}$. φ ist aber auch surjektiv, denn

$\phi(Q)$ ist ein Unterkörper von $k(A)$ (also auch von K) und es gilt $kUA = \phi(kUA) \subset \phi(Q)$. Der Körper $k(A)$ ist somit isomorph zum Quotientenkörper Q und daher selbst Quotientenkörper von $k[A]$, wie man sich leicht überlegt.

2) Die Menge $R := \{f(a_1,...,a_n) : f \in k[X_1,...,X_n]\}$ ist trivialerweise ein Unterring von K mit $kU\{a_1,...,a_n\} \subset R$. Daher gilt $k[a_1,...,a_n] \subset R$. Da für jeden Unterring S von K mit $kU\{a_1,...,a_n\} \subset S$ auch $R \subset S$ gilt, folgt $R = k[a_1,...,a_n]$.

3) ist klar, denn für jeden Unterkörper L von K gilt: $kU(AUB) \subset L \leftrightarrow k(A)UB \subset L$.

1.3.3. Definition. Eine Körpererweiterung $K \supset k$ heißt einfach, wenn es ein $a \in K$ mit $K = k(a)$ gibt. a heißt dann primitives Element der Körpererweiterung $K \supset k$.

1.3.4. Beispiel. Es gilt $\mathbb{R}[i] = \mathbb{C}$, da jeder Unterring von $\mathbb{C}$, der $\mathbb{R}$ und i enthält, auch $\mathbb{C}$ enthält. $\mathbb{R}[i]$ ist also sogar ein Körper, so daß $\mathbb{R}(i) = \mathbb{R}[i] = \mathbb{C}$ folgt. Die komplexe Zahl i ist daher ein primitives Element der Körpererweiterung $\mathbb{C} \supset \mathbb{R}$.

1.4. Algebraische und transzendente Elemente

1.4.1. Definition. Sei $K \supset k$ eine Körpererweiterung. Ein Element $a \in K$ heißt algebraisch über k, wenn es ein $f \in k[X] \setminus \{0\}$ mit $f(a) = 0$ gibt.

Ein Element $a \in K$ heißt transzendent über k, wenn es nicht algebraisch über k ist.

Die über $\mathbb{Q}$ algebraischen Elemente von $\mathbb{C}$ heißen algebraische Zahlen. In 1.6.5 werden wir sehen, daß sie einen Zwischenkörper von $\mathbb{C} \supset \mathbb{Q}$ bilden.

Beispiele für reelle Zahlen, die transzendent über $\mathbb{Q}$ sind, findet man im Anhang.

1.4.2. Bemerkung. Sei $K \supset k$ eine Körpererweiterung, $a \in K$ und $\phi_a : k[X] \to K$ der Homomorphismus mit $\phi_a(f) = f(a)$ für alle $f \in k[X]$. Dann folgt aus den Definitionen unmittelbar:
a algebraisch über $k \leftrightarrow \phi_a$ nicht injektiv.
a transzendent über $k \leftrightarrow \phi_a$ injektiv.

1.4.3. Bemerkung. Sei $K \supset k$ eine Körpererweiterung. Ist $a \in K$

- 128 -

transzendent über k, so gilt:

1) Der Ring k[a] ist isomorph zum Polynomring k[X].

2) Der Körper k(a) ist isomorph zum Körper k(X) der rationalen Funktionen.

3) $[k(a):k] = \infty$.

Beweis. 1) Der Homomorphismus $k[X] \to k[a]$, $f \mapsto f(a)$, ist nach 1.3.2 surjektiv. Da a transzendent über k ist, ist er auch injektiv.

2) folgt unmittelbar aus 1), 1.3.2 und der Definition von k(X).

3) Da für jedes $n \in \mathbb{N}$ die Polynome $1, X, \ldots, X^n$ linear unabhängig über k sind, folgt 3) aus 1).

1.4.4. Satz. Ist $K \supset k$ eine Körpererweiterung und $a \in K$ transzendent über k, so gilt:

1) a^2 ist transzendent über k.

2) $k(a^2) \subsetneq k(a)$.

3) Die Körpererweiterung $k(a) \supset k$ besitzt unendlich viele Zwischenkörper.

Beweis. 1) Wäre a^2 algebraisch über k, so gäbe es ein Polynom $f \in k[X] \smallsetminus \{0\}$ mit $f(a^2) = 0$. a wäre dann Nullstelle des von 0 verschiedenen Polynoms $g := f(X^2)$ (vgl. II, 4.6.4), wäre also algebraisch über k.

2) Wegen 1.3.2 würde aus $a \in k(a^2)$ folgen, daß es $f, g \in k[X]$ gibt mit $a = \dfrac{f(a^2)}{g(a^2)}$. a wäre dann Nullstelle des Polynoms $h := Xg(X^2) - f(X^2)$. Da aus Grad-Gründen $h \neq 0$ gilt, wäre a algebraisch über k.

3) folgt unmittelbar aus 1) und 2).

1.5. Das Minimalpolynom

1.5.1. Bemerkung. Sei $K \supset k$ eine Körpererweiterung, $a \in K$ und $\varphi_a: k[X] \to K$ der Homomorphismus mit $\varphi_a(f) = f(a)$ für alle $f \in k[X]$.

Ist a algebraisch über k, so gibt es genau ein normiertes Polynom $f_a \in k[X]$ mit $\mathrm{Ker}(\varphi_a) = (f_a)$.

Beweis. Da a algebraisch über k ist, gilt $\mathrm{Ker}(\varphi_a) \neq \{0\}$ und die Behauptung folgt aus II,2.2.8.

1.5.2. Definition. Sei K⊃k eine Körpererweiterung und a ∈ K algebraisch über k. Das nach 1.5.1 eindeutig bestimmte normierte Polynom f_a ∈ k[X] mit (f_a) = {f ∈ k[X]:f(a) = 0} heißt Minimalpolynom von a über k.

1.5.3. Satz. Sei K⊃k eine Körpererweiterung, a ∈ K algebraisch über k und 𝔞:= {f ∈ k[X]: f(a) = 0}. Dann sind für jedes normierte Polynom g ∈ 𝔞 folgende Aussagen äquivalent:

1) g ist das Minimalpolynom von a über k.
2) Für alle f ∈ 𝔞∖{0} gilt deg(g) ≤ deg(f).
3) g ist irreduzibel in k[X].

Ein Polynom g ∈ k[X] ist also genau dann das Minimalpolynom von a über k, wenn g normiert und in k[X] irreduzibel ist, und wenn g(a) = 0 gilt.

Beweis. 1) ⇒ 2) Ist g das Minimalpolynom von a über k, so gilt (g) = 𝔞 und daher deg(g) ≤ deg(f) für alle f ∈ 𝔞∖{0}.

2) ⇒ 3) Aus g = fh mit f,h ∈ k[X] folgt 0 = g(a) = f(a)h(a), also f ∈ 𝔞 oder h ∈ 𝔞. Mit 2) erhält man deg(g) ≤ deg(f) und daher h ∈ k* oder deg(g) ≤ deg(h) und f ∈ k*.

3) ⇒ 1) Sei f_a das Minimalpolynom von a über k. Dann gilt g ∈ (f_a), so daß es ein h ∈ k[X] mit g = hf_a gibt. Wegen 3) folgt h ∈ k*. Da g und f_a normiert sind, erhält man h = 1 und daher g = f_a.

1.5.4. Beispiel. Da das Polynom X^2-p für jede Primzahl p nach II,4.6.3 irreduzibel in ℚ[X] ist, ist es das Minimalpolynom von $\sqrt{p}$ ∈ ℝ über ℚ.

1.5.5. Satz. Sei K⊃k eine Körpererweiterung, a ∈ K algebraisch über k und f das Minimalpolynom von a über k. Dann gilt:

1) k[a] = k(a) ≅ k[X]/(f).
2) [k(a):k] = deg(f).
3) Ist m:= deg(f), so ist $(1,a,...,a^{m-1})$ eine Basis des k-Vektorraums k(a).

Beweis. 1) Das Ideal (f) ist gleich dem Kern des surjektiven Homomorphismus φ: k[X] → k[a], g ↦ g(a), so daß der Homomorphiesatz k[a] ≅ k[X]/(f) liefert. Da f irreduzibel ist, ist das Ideal (f) nach II,4.2.9 maximal, so daß k[X]/(f) und

- 130 -

damit k[a] wegen II,3.2.2 ein Körper ist. Hieraus folgt sofort
k(a) = k[a].

2) und 3) Es gilt k[a] = {g(a): g $\in$ k[X] und deg(g) < deg(f)}.
Zu jedem b $\in$ k[a] gibt es nämlich ein g $\in$ k[X] mit b = g(a),
und wählt man q,r $\in$ k[X] so, daß g = qf+r und deg(r) < deg(f)
gilt, so erhält man b = g(a) = r(a). Zu jedem b $\in$ k[a] gibt es
also $\beta_0, \beta_1, \ldots, \beta_{m-1} \in$ k mit b = $\beta_0 1 + \beta_1 a + \ldots + \beta_{m-1} a^{m-1}$; die Elemente $1, a, \ldots, a^{m-1}$ bilden ein Erzeugendensystem des k-Vektor-
raums k[a]. Wären die Elemente $1, a, \ldots, a^{m-1}$ linear abhängig
über k, so wäre a Nullstelle eines Polynoms g $\in$ k[X]$\setminus${0} mit
deg(g) < deg(f). Das ist nach 1.5.3 aber nicht möglich.

1.6. Algebraische Körpererweiterungen

1.6.1. Definition. Eine Körpererweiterung K$\supset$k heißt algebraisch, wenn jedes Element von K algebraisch über k ist, sie
heißt transzendent, wenn sie nicht algebraisch ist, wenn es
also ein über k transzendentes Element von K gibt.

1.6.2. Satz. Sei K$\supset$k eine Körpererweiterung. Dann gilt:
1) Ist die Körpererweiterung K$\supset$k endlich, so ist sie algebraisch und es gibt $a_1, \ldots, a_n \in$ K mit K = k($a_1, \ldots, a_n$).
2) Gibt es über k algebraische Elemente $a_1, \ldots, a_n \in$ K mit
K = k($a_1, \ldots, a_n$), so ist die Körpererweiterung endlich und
damit algebraisch.

Beweis.
1) Ist m die Dimension des k-Vektorraums K, so sind für jedes
a $\in$ K die Elemente $1, a, a^2, \ldots, a^m$ linear abhängig über k. Zu
jedem a $\in$ K gibt es daher ein Polynom f $\in$ k[X]$\setminus${0} mit f(a) =
= 0. Außerdem gilt K = k($a_1, \ldots, a_n$) für jede Basis ($a_1, \ldots, a_n$)
des k-Vektorraums K.
2) wird durch vollständige Induktion bewiesen: Ist a $\in$ K algebraisch über k und gilt K = k(a), so folgt [K:k] < ∞ aus 1.5.5.
Sei nun n $\in$ $\mathbb{N}\setminus${0} und die Behauptung richtig für alle Körpererweiterungen L$\supset$k, bei denen L durch Adjunktion von n über k
algebraischen Elementen an k entsteht. Gilt dann K =
= k($a_1, \ldots, a_{n+1}$) mit über k algebraischen Elementen
$a_1, \ldots, a_{n+1} \in$ K so folgt [K:k] =

$= [k(a_1,...,a_n)(a_{n+1}) : k(a_1,...,a_n)][k(a_1,...,a_n) : k] < \infty$ mit
1.2.4 und 1.5.5, denn a_{n+1} ist auch algebraisch über
$k(a_1,...,a_n)$.

1.6.3. Korollar. Sei L ein Zwischenkörper einer Körpererweiterung K⊃k. Dann ist die Körpererweiterung K⊃k genau dann algebraisch, wenn die Körpererweiterungen K⊃L und L⊃k algebraisch sind.

Beweis. Daß mit K⊃k auch K⊃L und L⊃k algebraisch sind, ist klar. Seien daher die Körpererweiterungen L⊃k und K⊃L algebraisch und sei a ∈ K. Dann gibt es $b_o,...,b_n$ ∈ L mit a^{n+1} +
$+ b_n a^n + ... + b_1 a + b_o = 0$, so daß a auch algebraisch über
$k(b_o,...,b_n)$ ist. Da L⊃k algebraisch ist, sind $b_o,...,b_n$ algebraisch über k und man erhält mit 1.6.2: $[k(a):k] \leq$
$\leq [k(b_o,...,b_n)(a) : k(b_o,...,b_n)][k(b_o,...,b_n):k] < \infty$. a ist
daher algebraisch über k.

1.6.4. Korollar. Ist K⊃k eine Körpererweiterung und L die Menge aller über k algebraischen Elemente von K, so gilt:
1) L ist ein Zwischenkörper von K⊃k.
2) Die Körpererweiterung L⊃k ist algebraisch.
3) Ist a ∈ K algebraisch über L, so gilt a ∈ L.

Beweis. 1) Trivialerweise gilt k⊂L. Für a,b ∈ L ist nach 1.6.2 die Körpererweiterung k(a,b)⊃k algebraisch. Da a-b und (falls b ≠ 0) auch ab^{-1} in k(a,b) liegt, liegen mit a und b auch a-b und (falls b ≠ 0) ab^{-1} in L.
2) ist auf Grund der Definition von L klar.
3) Ist a ∈ K algebraisch über L, so ist nach 1.6.2 die Körpererweiterung L(a)⊃L algebraisch. Wegen 2) und 1.6.3 ist a algebraisch über k und liegt daher in L.

1.6.5. Bemerkung. Die Menge $\bar{\mathbb{Q}}$ aller algebraischen Zahlen ist also ein Zwischenkörper von ℂ⊃ℚ, die Körpererweiterung $\bar{\mathbb{Q}}$⊃ℚ ist algebraisch und es gibt kein über $\bar{\mathbb{Q}}$ algebraisches Element von ℂ, das nicht in $\bar{\mathbb{Q}}$ liegt.

§ 2. Konstruktion von Körpererweiterungen

2.1. Der algebraische Abschluß eines Körpers

Die Tatsache, daß es nicht-konstante Polynome mit reellen Koeffizienten gibt, die keine reellen Nullstellen besitzen (etwa
X^2+1), war einer der Gründe für die Einführung der komplexen
Zahlen. In § 4 werden wir sehen, daß sogar jedes nicht-konstante Polynom aus $\mathbb{C}[X]$ über $\mathbb{C}$ in Linearfaktoren zerfällt.
Körper mit dieser Eigenschaft nennt man algebraisch abgeschlossen. In diesem Abschnitt wollen wir beweisen, daß jeder
Körper einen algebraisch abgeschlossenen Oberkörper besitzt.

In einem ersten Schritt wollen wir zunächst zu gegebenem Körper k und nicht-konstantem Polynom $f \in k[X]$ einen Oberkörper K
von k konstruieren, in dem f eine Nullstelle a hat. Setzt man
dazu voraus, daß f normiert und irreduzibel ist (das ist keine
Einschränkung) und nimmt man an, man hätte schon ein solches K,
so ist f das Minimalpolynom von a über k und die Abbildung

$$k[X]/(f) \longrightarrow k(a) \subset K, \quad g+(f) \longmapsto g(a),$$

ist ein Isomorphismus. Die Restklasse der Unbestimmten X wird
dabei auf die Nullstelle a von f abgebildet.
Diese Beobachtung liefert eine Anleitung für die Konstruktion,
denn den Körper $k[X]/(f)$ kann man bilden, ohne K zu kennen. In
2.1.1 werden wir dieses auf L. KRONECKER zurückgehende Verfahren beschreiben.
Um einen algebraisch abgeschlossenen Oberkörper eines gegebenen Körpers zu erhalten, muß man die Kroneckersche Konstruktion "sehr oft" wiederholen. Wir verwenden hierzu eine Methode
von E. ARTIN, die den Polynomring in beliebig vielen Unbestimmten benutzt.

2.1.1. Satz. Ist k ein Körper und f ein nicht-konstantes Polynom aus k[X], so gibt es einen Oberkörper K von k und ein $a \in K$
mit $f(a) = 0$.

Beweis. Ist p ein irreduzibler Faktor von f, so ist das Ideal
(p) von k[X] nach II,4.2.9 maximal, so daß der Restklassenring

$K := k[X]/(p)$ nach II,3.2.2 ein Körper ist. Die Beschränkung
des kanonischen Epimorphismus $\rho: k[X] \to K$ auf k ist injektiv,
denn sie ist wegen $1 \notin (p)$ nicht die Nullabbildung. Indem man
$\rho(x)$ für jedes $x \in k$ mit x identifiziert, kann man k als Unterkörper von K auffassen. Das Element $a := X+(p) \in K$ ist dann eine
Nullstelle von p und damit auch von f; ist nämlich

$p = \sum\limits_{i=o}^{n} b_i X^i$, so gilt $p(a) = \sum\limits_{i=o}^{n} b_i (X+(p))^i = \sum\limits_{i=o}^{n} b_i X^i + (p) = (p)$,

$p(a)$ ist also das Nullelement von K.

Nun zu der eingangs formulierten allgemeineren Fragestellung:

*2.1.2. Satz. Ist K ein Körper, so sind folgende Aussagen äqui-
valent:

1) Jedes nicht-konstante Polynom aus $K[X]$ hat eine Nullstelle
in K.

2) Jedes nicht-konstante Polynom aus $K[X]$ zerfällt über K in
Linearfaktoren, d.h. es gibt $a_1, \ldots, a_n, b \in K$ mit

$$f = b(X-a_1) \cdot (X-a_2) \cdot \ldots \cdot (X-a_n).$$

3) Ein Element von $K[X]$ ist genau dann irreduzibel, wenn es
den Grad 1 hat.

4) Ist $L \supset K$ eine algebraische Körpererweiterung, so gilt $L = K$.

Beweis. 1) $\to$ 2) Ist $f \in K[X]$ nicht konstant, so gibt es nach
1) ein $a \in K$ mit $f(a) = 0$ und daher ein $g \in K[X]$ mit $f = (X-a)g$.
Ist g konstant, so ist man fertig, andernfalls wendet man 1)
auf g an und setzt das Verfahren fort.

2) $\to$ 3) ist klar.

3) $\to$ 4) Jedes $a \in L$ ist algebraisch über K, sein Minimalpolynom
f über K ist irreduzibel und normiert und es gilt $f(a) = 0$. Wegen 3) gilt daher $f = X-a$, also $X-a \in K[X]$, so daß $a \in K$ folgt.

4) $\to$ 1) Sei $f \in K[X]$ nicht konstant. Wegen 2.1.1 gibt es einen
Oberkörper L von K und ein $a \in L$ mit $f(a) = 0$. Die Körpererweiterung $K(a) \supset K$ ist nach 1.6.2 algebraisch, so daß $K(a) = K$
und $a \in K$ mit 4) folgt. f hat also eine Nullstelle in K.

*2.1.3. Definition. Ein Körper K heißt algebraisch abgeschlos-
sen, wenn er eine (und damit jede) der Bedingungen aus 2.1.2
erfüllt.

*2.1.4. Beispiele. Der Körper $\mathbb{R}$ ist nicht algebraisch abge-
schlossen. Der Körper $\mathbb{C}$ ist, wie wir in § 4 sehen werden, algebraisch abgeschlossen. Auch der Körper $\overline{\mathbb{Q}}$ aller über $\mathbb{Q}$ algebraischen komplexen Zahlen (die man kurz algebraische Zahlen
nennt) ist algebraisch abgeschlossen; dies folgt aus 2.1.6.

*2.1.5. Definition. Sei K ein Körper. Ein Oberkörper $\overline{K}$ von K
heißt algebraischer Abschluß von K, wenn gilt:
a) $\overline{K}$ ist algebraisch abgeschlossen.
b) Die Körpererweiterung $\overline{K} \supset K$ ist algebraisch.

*2.1.6. Bemerkung. Ist K ein Körper und L ein algebraisch abge-
schlossener Oberkörper von K, so ist die Menge $\overline{K}$ aller über K
algebraischen Elemente von L ein algebraischer Abschluß von K.

Beweis. Wegen 1.6.4 ist nur noch zu zeigen, daß $\overline{K}$ algebraisch
abgeschlossen ist. Sei also f $\in \overline{K}[X]$ nicht konstant. Da L algebraisch abgeschlossen ist, hat f eine Nullstelle a in L. a
ist algebraisch über $\overline{K}$ und liegt daher nach 1.6.4 in $\overline{K}$. Jedes
nicht-konstante Polynom aus $\overline{K}[X]$ hat also eine Nullstelle in
$\overline{K}$.

*2.1.7. Beispiele. $\mathbb{C}$ ist ein algebraischer Abschluß von $\mathbb{R}$, aber
nicht von $\mathbb{Q}$, denn es gibt transzendente Zahlen (wie im Anhang
gezeigt wird). Wegen 2.1.6 ist der Körper $\overline{\mathbb{Q}}$ der algebraischen
Zahlen ein algebraischer Abschluß von $\mathbb{Q}$.

Das folgende Resultat wurde von E. STEINITZ [32] gefunden. Wir
geben einen von E. ARTIN stammenden Beweis wieder.

*2.1.8. Theorem. Jeder Körper k besitzt einen algebraischen Ab-
schluß.

Beweis. 1) Zunächst konstruieren wir einen Oberkörper K_1 von k,
in dem jedes nicht-konstante Polynom aus k[X] eine Nullstelle
hat. Dazu betrachten wir über k den Polynomring in so vielen
Unbestimmten, wie es nicht-konstante Polynome in k[X] gibt.
Genauer sei I eine zu k[X]$\smallsetminus$k gleichmächtige Menge, k[X]$\smallsetminus$k → I,
f ↦ X_f, eine Bijektion und k[I] der zugehörige Polynomring
(vgl. Anhang). Für diesen gilt k⊂k[I] und I⊂k[I] und zu jedem
Oberkörper L von k und zu jeder Abbildung α: I → L gibt es

einen (Substitutions-)Homomorphismus $\varphi: k[I] \to L$ mit $\varphi|k = id_k$
und $\varphi|I = \alpha$.

Für jedes $f \in k[X] \setminus k$ sei $f(X_f) \in k[I]$ das durch die Substitution $X \mapsto X_f$ aus f entstehende Polynom und $\mathfrak{a}$ sei das von allen
$f(X_f)$, $f \in k[X] \setminus k$, erzeugte Ideal. Wäre $\mathfrak{a} = k[I]$ so gäbe es
$g_1, \ldots, g_n \in k[I]$ und $f_1, \ldots, f_n \in k[X] \setminus k$ mit

$$1 = g_1 \cdot f_1(X_{f_1}) + \ldots + g_n \cdot f_n(X_{f_n}).$$

Indem man 2.1.1 genügend oft anwendet, erhält man einen Oberkörper L von k, in dem jedes f_i eine Nullstelle a_i hat. Ist
$\varphi: k[I] \to L$ der Substitutionshomomorphismus mit $\varphi|k = id_k$,
$\varphi(X_{f_i}) = a_i$ für $i \in \{1, \ldots, n\}$ und $\varphi(X_f) = 0$ für $f \notin \{f_1, \ldots, f_n\}$,
so erhält man den Widerspruch

$$1 = \varphi(1) = \varphi(g_1)\varphi(f_1(X_{f_1})) + \ldots + \varphi(g_n)\varphi(f_n(X_{f_n})) =$$
$$= \varphi(g_1)f_1(a_1) + \ldots + \varphi(g_n)f_n(a_n) = 0.$$

Also ist $\mathfrak{a} \neq k[I]$.

Als echtes Ideal ist $\mathfrak{a}$ nach II,3.3.8 in einem maximalen Ideal
$\mathfrak{m}$ von $k[I]$ enthalten. Der Restklassenring $K_1 := k[I]/\mathfrak{m}$ ist nach
II,3.2.2 ein Körper und die Abbildung $k \to K_1, a \mapsto a+\mathfrak{m}$, ist ein
Homomorphismus. Wegen $1 \notin \mathfrak{m}$ ist dieser nicht die Nullabbildung
und daher injektiv. Man kann also $a+\mathfrak{m}$ und a für jedes $a \in k$
identifizieren und so k als Unterkörper von K_1 auffassen. Ist
dann $f \in k[X] \setminus k$, so gilt

$$f(X_f+\mathfrak{m}) = f(X_f) + \mathfrak{m} = \mathfrak{m},$$

$X_f+\mathfrak{m} \in K_1$ ist also eine Nullstelle von f.

2) Nun konstruieren wir einen algebraisch abgeschlossenen Oberkörper von k. Dazu iterieren wir das in 1) angegebene Verfahren
und erhalten eine Kette

$$k = K_0 \subset K_1 \subset K_2 \subset \ldots$$

von Körpererweiterungen, so daß jedes nicht-konstante Polynom
aus $K_i[X]$ eine Nullstelle in K_{i+1} besitzt. Die Verknüpfungen
in den Körpern K_i induzieren Verknüpfungen in der Menge
$K := \bigcup_{i=0}^{\infty} K_i$; zu $a, b \in K$ gibt es nämlich ein $i \in \mathbb{N}$ mit $a, b \in K_i$
und man kann $a+b$ und $a \cdot b$ in K_i bilden. Da jedes K_i ein Unter-

körper von K_{i+1} ist, hängen a+b und a·b nicht von der Wahl von i
ab. Zusammen mit den so erklärten Verknüpfungen ist K ein Körper, denn je drei Elemente von K liegen in einem der Körper K_i
und in diesem gelten die Körperaxiome. Die Körper K_i sind natürlich Unterkörper von K.
Ist f ein nicht-konstantes Polynom aus K[X], so gibt es ein
i ∈ IN mit f ∈ K_i[X], denn f hat nur endlich viele von 0 verschiedene Koeffizienten. Daher hat f eine Nullstelle in K_{i+1},
also erst recht in K. K ist also algebraisch abgeschlossen.
3) Ist K der in 2) konstruierte algebraisch abgeschlossene
Oberkörper von k, so ist $\bar{k}$:= {a ∈ K: a algebraisch über k}
nach 2.1.6 ein algebraischer Abschluß von k.

Mit Hilfe des Zornschen Lemmas wollen wir nun noch zeigen, daß
ein algebraischer Abschluß eines Körpers k bis auf Isomorphie
eindeutig bestimmt ist und jeden über k algebraischen Oberkörper von k enthält. Wir beweisen sogar noch etwas mehr.

*2.1.9. Theorem. Sei k ein Körper, $\bar{k}$ ein algebraischer Abschluß
von k, K⊃k eine algebraische Körpererweiterung und L ein Zwischenkörper von K⊃k.
Dann läßt sich jeder Homomorphismus φ: L → $\bar{k}$ mit φ|k = id_k auf
K fortsetzen, d.h. es gibt einen Homomorphismus Φ: K → $\bar{k}$ mit
Φ|L = φ.

Beweis. Sei A die Menge der Paare (M,ψ), wobei M ein Zwischenkörper von K⊃L und ψ: M → $\bar{k}$ eine Fortsetzung von φ ist. Wegen
(L,φ) ∈ A ist A nicht leer, und durch

$$(M,\psi) \leq (M',\psi'): \Leftrightarrow M \subset M' \text{ und } \psi'|M = \psi$$

ist eine Halbordnung auf A erklärt, wie man sofort sieht. Wir
wollen zeigen, daß A durch "≤" induktiv geordnet ist. Sei dazu
C eine Kette in A und L' die Vereinigung aller Zwischenkörper
M von K⊃L, zu denen es ein ψ mit (M,ψ) ∈ C gibt. Da C eine Kette ist, ist L' ein Zwischenkörper von K⊃L; zu a,b ∈ L' gibt es
nämlich einen Zwischenkörper M von K⊃L mit a,b ∈ M. Nun kann
man eine Fortsetzung φ': L' → $\bar{k}$ wie folgt erklären: Ist x ∈ L'
und (M,ψ) ∈ C mit x ∈ M so setzt man φ'(x):= ψ(x). Liegt x
außerdem in M', wobei (M',ψ') ∈ C ist, so gilt (M,ψ) ≤ (M',ψ')

- 137 -

oder $(M',\psi') \leq (M,\psi)$, denn C ist eine Kette, und es folgt
$\psi(x) = \psi'(x)$. Indem man erneut ausnützt, daß C eine Kette ist,
prüft man leicht nach, daß φ' ein Homomorphismus ist, der natürlich φ fortsetzt. Das Paar (L',φ') ist also eine obere
Schranke von C.

Nach dem Zornschen Lemma gibt es ein maximales Element (M,ψ)
von A und es bleibt $M = K$ zu zeigen. Hierzu genügt es, zu je-
dem $a \in K\setminus M$ eine Fortsetzung ψ': $M(a) \to \overline{k}$ von ψ zu konstruieren, denn das ergibt einen Widerspruch zur Maximalität von
(M,ψ). Sei also $a \in K\setminus M$ und f sein Minimalpolynom über M. Ist
Ψ: $M[X] \to \overline{k}[X]$ die Fortsetzung von ψ auf die Polynomringe, so
gilt $\deg(\Psi(f)) = \deg(f) \geq 1$. Da $\overline{k}$ algebraisch abgeschlossen
ist, hat $\Psi(f)$ eine Nullstelle b in $\overline{k}$. Wir betrachten folgendes
Diagramm von Ringen und Ringhomomorphismen:

$$
\begin{array}{ccc}
g \in M[X] & \xrightarrow{\;\Psi\;} & \overline{k}[X] \ni h \\
\downarrow{\scriptstyle\rho} & & \downarrow{\scriptstyle\sigma} \\
g(a) \in M(a) & \dashrightarrow{\;\psi'\;} & \overline{k} \ni h(b)
\end{array}
$$

Als Minimalpolynom von a über M erzeugt f den Kern von ρ. Aus
$g(a) = h(a)$ für $g,h \in M[X]$ folgt daher $g-h \in (f)$ und
$\Psi(g)(b) - \Psi(h)(b) = \Psi(g-h)(b) = 0$. Es gibt also eine Abbildung
ψ': $M(a) \to \overline{k}$, die das Diagramm kommutativ macht. Man überlegt
sich sofort, daß ψ' ein Homomorphismus ist. Für jedes $x \in M$ gilt
außerdem $\rho(x) = x$ und daher $\psi'(x) = \sigma(\Psi(x)) = \sigma(\psi(x)) = \psi(x)$. ψ'
ist also eine Fortsetzung von ψ und 2.1.9 ist bewiesen.

Setzt man in 2.1.9 speziell $L = k$ und wählt für φ die Inklusionsabbildung von k in $\overline{k}$, so erhält man sofort das folgende
Korollar, wenn man noch beachtet, daß jeder von der Nullabbildung verschiedene Homomorphismus eines Körpers in einen Ring
injektiv ist.

*2.1.10. <u>Korollar.</u> Ist k ein Körper und $\overline{k}$ ein algebraischer Ab-
schluß von k, so gibt es zu jeder algebraischen Körpererweite-
rung $K \supset k$ einen Monomorphismus Φ: $K \to \overline{k}$ mit $\Phi|k = id_k$.

Schließlich folgt auch noch, daß jeder Körper bis auf Isomorphie nur einen algebraischen Abschluß besitzt. (Man spricht
deshalb meist von <u>dem</u> algebraischen Abschluß.)

*2.1.11. Korollar. Sind K und L algebraische Abschlüsse eines
Körpers k, so gibt es einen Isomorphismus Φ: K → L mit $\Phi|k$ =
= id_k. Es sei bemerkt, daß Φ im allgemeinen nicht eindeutig
bestimmt ist.

Beweis. Da die Körpererweiterung K⊃k algebraisch ist, gibt es
nach 2.1.10 einen Monomorphismus Φ: K → L mit $\Phi|k = id_k$. Wir
haben noch zu zeigen, daß Φ surjektiv ist: Der Körper $\Phi(K)$ ist
aber algebraisch abgeschlossen, denn ist Ψ: K[X] → $\Phi(K)$[X] der
durch Φ induzierte Isomorphismus der Polynomringe und
f ∈ $\Phi(K)$[X] nicht konstant, so ist auch das Polynom Ψ^{-1}(f) aus
K[X] nicht konstant und hat daher eine Nullstelle a in K. Dann
ist aber $\Phi(a)$ eine Nullstelle von f in $\Phi(K)$. Da die Körpererweiterung L⊃$\Phi(K)$ algebraisch ist, folgt L = $\Phi(K)$, Φ ist also
auch surjektiv.

2.2. Zerfällungskörper und Fortsetzung von Körperisomorphismen

Ohne die Sätze über den algebraischen Abschluß eines Körpers k
zu benützen, wollen wir nun zeigen, daß es zu jedem nicht-konstanten Polynom f ∈ k[X] einen, bis auf Isomorphie eindeutig
bestimmten, kleinsten Oberkörper von k gibt, über dem f in Linearfaktoren zerfällt.

2.2.1. Definition. Eine Körpererweiterung K⊃k heißt Zerfäl-
lungskörper eines nicht-konstanten Polynoms f aus k[X] (man
sagt dann auch K ist Zerfällungskörper von f über k), wenn gilt:
1) f zerfällt über K in Linearfaktoren, d.h. es gibt
   $a_1,...,a_n,b$ ∈ K mit f = b·(X-a_1)·....·(X-a_n).
2) K ist minimal bzgl. der Eigenschaft 1), d.h. f zerfällt
   über keinem echten Zwischenkörper von K⊃k in Linearfaktoren.

2.2.2. Beispiel. ℂ⊃ℝ ist ein Zerfällungskörper des Polynoms
X^2+1 ∈ ℝ[X]. Dagegen ist ℚ(i)⊃ℚ ein Zerfällungskörper des Polynoms X^2+1 ∈ ℚ[X].

Bevor wir Existenz und Eindeutigkeit des Zerfällungskörpers
beweisen, sollen einige Hilfsmittel bereitgestellt werden.

2.2.3. Satz. Seien k und k' Körper, sei φ: k → k' ein Isomor-
phismus und Φ: k[X] → k'[X] der zugehörige Isomorphismus der

Polynomringe. Ferner sei f ∈ k[X] irreduzibel, a sei eine Nullstelle von f in einem Oberkörper von k und a' eine Nullstelle
von f':= Φ(f) in einem Oberkörper von k'.

Dann gibt es genau einen Isomorphismus

$$\hat{\varphi}: k(a) \longrightarrow k'(a') \text{ mit } \hat{\varphi}|k = \varphi \text{ und } \hat{\varphi}(a) = a'.$$

Beweis. Hat $\hat{\varphi}$ die gewünschten Eigenschaften, so gilt

(*) $\hat{\varphi}(g(a)) = \Phi(g)(a')$ für jedes g ∈ k[X],

d.h. das Diagramm

$$
\begin{array}{ccccc}
g \in k[X] & \xrightarrow{\;\;\Phi\;\;} & k'[X] & \ni & h \\
\Big\downarrow \rho & & \Big\downarrow \rho' & & \Big\downarrow \\
g(a) \in k(a) & \xrightarrow{\;\;\hat{\varphi}\;\;} & k'(a') & \ni & h(a')
\end{array}
$$

ist kommutativ. Daher gibt es höchstens ein derartiges $\hat{\varphi}$.
Daß es eine Abbildung $\hat{\varphi}$: k(a) → k'(a') mit der Eigenschaft (*)
gibt, sieht man folgendermaßen ein: Da f bis auf einen konstanten Faktor gleich dem Minimalpolynom von a über k ist, gilt zunächst Ker(ρ) = (f). Aus g(a) = h(a) für g,h ∈ k[X] folgt daher
g-h ∈ (f), also Φ(g)-Φ(h) ∈ (f'), und man erhält das gewünschte
Resultat Φ(g)(a') = Φ(h)(a'). Für jedes b ∈ k gilt ferner
b = ρ(b), also $\hat{\varphi}$(b) = ρ'(Φ(b)) = ρ'(φ(b)) = φ(b), und wegen
a = ρ(X) und a' = ρ'(X) erhält man analog $\hat{\varphi}$(a) = ρ'(Φ(X)) =
ρ'(X) = a'. Somit ist nur noch zu zeigen, daß $\hat{\varphi}$ ein Isomorphismus ist. Wegen g(a)∓h(a) = (g∓h)(a) für alle g,h ∈ k[X] ist $\hat{\varphi}$
ein Homomorphismus. Daß $\hat{\varphi}$ surjektiv ist, liest man sofort an
obigem Diagramm ab. Als Epimorphismus eines Körpers auf einen
Körper ist $\hat{\varphi}$ aber sogar ein Isomorphismus.

Als unmittelbare Folgerung erhält man:

2.2.4. Korollar. Sei K⊃k eine Körpererweiterung und seien
a,a' ∈ K algebraisch über k. Stimmen dann die Minimalpolynome
von a und von a' über k überein, so gibt es genau einen Iso-
morphismus φ: k(a) → k(a') mit φ|k = id_k und φ(a) = a'.

2.2.5. Beispiel. Das normierte Polynom $X^2-2 \in \mathbb{Q}[X]$ ist irreduzibel in $\mathbb{Q}[X]$ und ist daher das Minimalpolynom von $\sqrt{2}$ und von
$-\sqrt{2}$ über $\mathbb{Q}$. Wegen 2.2.4 gibt es daher genau einen Automorphis-

mus φ von $\mathbb{Q}(\sqrt{2})$ mit $\varphi(\sqrt{2}) = -\sqrt{2}$ (wie man sich leicht überlegt
ist die Beschränkung jedes Automorphismus von $\mathbb{Q}(\sqrt{2})$ auf $\mathbb{Q}$ die
Identität; vgl. hierzu auch 3.1.). Die Identität ist natürlich
der eindeutig bestimmte Automorphismus von $\mathbb{Q}(\sqrt{2})$, der $\sqrt{2}$ auf
$\sqrt{2}$ abbildet. Da aber jeder Automorphismus ψ von $\mathbb{Q}(\sqrt{2})$ die Eigenschaft $2 = \psi(1)+\psi(1) = \psi(1+1) = \psi(2) = \psi(\sqrt{2}^2) = \psi(\sqrt{2})^2$ hat,
sind id und φ die einzigen Automorphismen von $\mathbb{Q}(\sqrt{2})$.

2.2.6. Satz. Seien k und k' Körper, sei $\varphi: k \to k'$ ein Isomorphismus und $\Phi: k[X] \to k'[X]$ der zugehörige Isomorphismus der
Polynomringe. Ferner sei $f \in k[X]$ nicht konstant.
Ist dann $K \supset k$ ein Zerfällungskörper von f und $K' \supset k'$ ein Zerfällungskörper von $f' := \Phi(f)$, so gibt es einen Isomorphismus
$\psi: K \to K'$ mit den Eigenschaften:
1) $\psi|k = \varphi$.
2) ψ bildet die Menge der Nullstellen von f in K auf die Menge der Nullstellen von f' in K' ab.
Im Gegensatz zur Fortsetzung in 2.2.3 ist ψ i.a. nicht eindeutig bestimmt. Dies ist der Ausgangspunkt der Galois-Theorie.

Beweis durch Induktion über die Anzahl r der in $K \setminus k$ liegenden
Nullstellen von f.
Im Falle $r = 0$ gilt $K = k$, es gibt also $a_1, \ldots, a_n, c \in k$ mit
$f = c(X-a_1) \cdot \ldots \cdot (X-a_n)$, so daß $f' = \Phi(f) =$
$= \varphi(c)(X-\varphi(a_1)) \cdot \ldots \cdot (X-\varphi(a_n))$ folgt. Der Isomorphismus
$\varphi: k \to k'$ hat also die gewünschten Eigenschaften.
Sei nun $r \geq 1$ und die Behauptung sei richtig für alle
k,k',φ,f,K,K' die die Voraussetzungen des Satzes erfüllen und
für die zusätzlich gilt, daß höchstens $r-1$ Nullstellen von f
in $K \setminus k$ liegen. Erfüllen dann k,k',φ,f,K,K' die Voraussetzungen
des Satzes und liegen r Nullstellen $a_1, \ldots, a_r$ von f in $K \setminus k$, so
betrachtet man das Minimalpolynom p von a_1 über k. Dieses ist
ein Teiler von f, so daß $p' := \Phi(p)$ ein Teiler von $f' = \Phi(f)$
ist. Da f' über K' in Linearfaktoren zerfällt, hat p' eine
Nullstelle a_1' in K'. Nach 2.2.3 gibt es einen Isomorphismus
$\hat{\varphi}: k(a_1) \to k'(a_1')$ mit $\hat{\varphi}|k = \varphi$ und $\hat{\varphi}(a_1) = a_1'$. Wendet man die
Induktionsannahme auf $k(a_1),k'(a_1'),\hat{\varphi},f,K,K'$ an, so erhält man
unmittelbar die Behauptung.

- 141 -

2.2.7. Satz. Seien k und k' Körper, sei $\varphi\colon k \to k'$ ein Isomorphismus und $\Phi\colon k[X] \to k'[X]$ der zugehörige Isomorphismus der Polynomringe. Ferner sei f ein nicht-konstantes Polynom aus $k[X]$.

Ist dann $K \supset k$ ein Zerfällungskörper von f und $K' \supset k'$ ein Zerfällungskörper von $f':= \Phi(f)$, so gibt es zu jeder Nullstelle a eines irreduziblen Faktors g von f in K und zu jeder Nullstelle a' von $g':= \Phi(g)$ in K' einen Isomorphismus $\psi\colon K \to K'$ mit folgenden Eigenschaften:
1) ψ bildet die Menge der Nullstellen von f in K auf die Menge der Nullstellen von f' in K' ab.
2) $\psi(a) = a'$.
3) $\psi(x) = \varphi(x)$ für alle $x \in k$.

Beweis. Da g irreduzibel ist, gibt es nach 2.2.3 einen Isomorphismus $\hat{\varphi}\colon k(a) \to k'(a')$ mit $\hat{\varphi}(x) = \varphi(x)$ für alle $x \in k$ und $\hat{\varphi}(a) = a'$. Da $K \supset k(a)$ ein Zerfällungskörper von f und $K' \supset k'(a')$ ein Zerfällungskörper von f' ist, gibt es nach 2.2.6 einen Isomorphismus $\psi\colon K \to K'$ mit $\psi(x) = \hat{\varphi}(x)$ für alle $x \in k(a)$, der die Menge der Nullstellen von f in K auf die Menge der Nullstellen von f' in K' abbildet.

Damit können wir den angekündigten Satz über die Existenz und Eindeutigkeit von Zerfällungskörpern beweisen.

2.2.8. Satz. Ist k ein Körper und $f \in k[X]$ nicht konstant, so gilt:
1) Es gibt einen Zerfällungskörper von f über k. Ist $K \supset k$ eine Körpererweiterung und zerfällt f über K in Linearfaktoren $X-a_1,\ldots,X-a_n$, so ist $k(a_1,\ldots,a_n) \supset k$ Zerfällungskörper von f.
2) Sind $K \supset k$ und $K' \supset k$ Zerfällungskörper von f, so gibt es einen Isomorphismus $\psi\colon K \to K'$ mit $\psi|k = id$, der die Menge der Nullstellen von f in K auf die Menge der Nullstellen von f in K' abbildet. (Man kann daher von dem Zerfällungskörper eines nicht-konstanten Polynoms sprechen.)
3) Jeder Zerfällungskörper $K \supset k$ von f ist eine endliche Körpererweiterung.

Beweis. 1) Wendet man 2.1.1 endlich oft an, so erhält man eine
Körpererweiterung K⊃k, $a_1,\ldots,a_n$ ∈ K und b ∈ k mit
f = b(X-a_1)·....·(X-a_n). Das Polynom f zerfällt also über
k($a_1,\ldots,a_n$) in Linearfaktoren. Die Körpererweiterung
k($a_1,\ldots,a_n$)⊃k ist aber sogar ein Zerfällungskörper von f,
denn zerfällt f über einem Zwischenkörper L von k($a_1,\ldots,a_n$)⊃k
in Linearfaktoren, so gibt es $b_1,\ldots,b_m$ ∈ L und c ∈ k mit
f = c(X-b_1)·....·(X-b_m). Da k($a_1,\ldots,a_n$)[X] ein faktorieller
Ring ist, folgt dann aber {$b_1,\ldots,b_m$} = {$a_1,\ldots,a_n$} und daher
L = k($a_1,\ldots,a_n$) wegen k($b_1,\ldots,b_m$)⊂L⊂k($a_1,\ldots,a_n$).
2) folgt mit k = k' und φ = id_k unmittelbar aus 2.2.6.
3) Der in 1) konstruierte Zerfällungskörper von f ist nach
1.6.2 eine endliche Körpererweiterung. Wegen 2) gilt das dann
für jeden Zerfällungskörper.

2.2.9. Beispiel. Die komplexen Zahlen

$a_1 = \sqrt[3]{2}$,

$a_2 = \sqrt[3]{2}(\cos \frac{2\pi}{3} + i \sin \frac{2\pi}{3})$ und

$a_3 = \sqrt[3]{2}(\cos \frac{4\pi}{3} + i \sin \frac{4\pi}{3})$

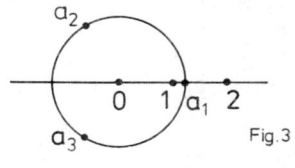

Fig.3

sind Nullstellen des Polynoms f = X^3 - 2 ∈ ℚ[X] in ℂ. Daher
ist ℚ(a_1,a_2,a_3) nach 2.2.8 der Zerfällungskörper von f über ℚ.
Wegen 2.2.3 und 1.5.5 sind die Abbildungen

ℚ(a_1) → ℚ(a_j), $b_o + b_1 a_1 + b_2 a_1^2$ ↦ $b_o + b_1 a_j + b_2 a_j^2$, j ∈ {1,2,3}

Isomorphismen. Für j ≠ ℓ gilt aber ℚ(a_j)∩ℚ($a_ℓ$) = ℚ, also insbesondere ℚ(a_j) ≠ ℚ($a_ℓ$). Zu jedem x ∈ ℚ(a_j)∩ℚ($a_ℓ$) gibt es nämlich
a,b,c,a',b',c' ∈ ℚ mit x = $a+ba_j+ca_j^2$ = $a'+b'a_ℓ+c'a_ℓ^2$ und durch
Vergleich der Real- und Imaginärteile erhält man nach einiger
Rechnung b = c = 0 und damit x ∈ ℚ.

§ 3. Galois-Theorie

3.1. Galois-Gruppen

3.1.1. Bemerkung. Für jeden Körper K ist die Menge der Automorphismen von K zusammen mit der Hintereinanderausführung
als Verknüpfung eine Gruppe. Diese bezeichnet man mit Aut(K)

und nennt sie die Automorphismengruppe von K.

3.1.2. Definition. a) Sei K⊃k eine Körpererweiterung. Wie man sofort nachprüft, ist die Menge

$$\text{Aut}(K;k) := \{\varphi \in \text{Aut}(K): \varphi(a) = a \text{ für alle } a \in k\}$$

eine Untergruppe von Aut(K). Man nennt sie die Gruppe der relativen Automorphismen oder die Galois-Gruppe von K⊃k.

b) Ist k ein Körper, f ein nicht-konstantes Polynom aus k[X] und K⊃k der Zerfällungskörper von f, so heißt Gal(f;k) :=
:= Aut(K;k) die Galois-Gruppe von f über k.

3.1.3. Bemerkung. Ist P der Primkörper eines Körpers K, so gilt Aut(K;P) = Aut(K).

Beweis. Ist 1 das Einselement von K, so gilt $\varphi(1) = 1$ für jedes $\varphi \in \text{Aut}(K)$, also $\varphi(n \cdot 1) = \varphi(1 + \ldots + 1) = n\varphi(1) = n \cdot 1$ für alle $n \in \mathbb{N} \setminus \{0\}$ und daher $\varphi(n \cdot 1) = n \cdot 1$ für alle $n \in \mathbb{Z}$. Zu $x \in P$ gibt es aber $m, n \in \mathbb{Z}$ mit $n \cdot 1 \neq 0$ und $x = \frac{m \cdot 1}{n \cdot 1}$ (vgl. 1.1.9). Daher gilt $\varphi(x) = \frac{\varphi(m \cdot 1)}{\varphi(n \cdot 1)} = \frac{m \cdot 1}{n \cdot 1} = x$ für jedes $\varphi \in \text{Aut}(K)$.

3.1.4. Bemerkung.
1) Sei K⊃k eine Körpererweiterung, $\varphi \in \text{Aut}(K;k)$ und $f \in k[X]$. Ist dann a ∈ K eine Nullstelle von f, so ist auch $\varphi(a)$ eine Nullstelle von f.

2) Sei k ein Körper, $f \in k[X]$ sei nicht konstant, K⊃k sei der Zerfällungskörper von f, N die Menge der Nullstellen von f in K und n:= ord(N). Dann gilt:

i) Die Abbildung

$$\text{Gal}(f;k) \longrightarrow \mathscr{S}_n, \quad \varphi \longmapsto \varphi | N$$

ist ein Monomorphismus. Man sagt daher kurz: Die Galois-Gruppe von f ist eine Untergruppe von $\mathscr{S}_n$, wobei n gleich der Anzahl der verschiedenen Nullstellen von f in seinem Zerfällungskörper ist.

ii) Ist f irreduzibel in k[X], so ist die Abbildung

$$\text{Gal}(f;k) \times N \longrightarrow N, \quad (\varphi, a) \longmapsto \varphi(a),$$

eine transitive Operation von Gal(f;k) auf N.

Beweis. 1) Wegen $\varphi | k = \text{id}_k$ gilt $f(\varphi(a)) = \varphi(f(a))$ für jedes a $\in$ K.

2) Wegen 1) sind beide Abbildungen sinnvoll erklärt. Die Abbildung aus i) ist trivialerweise ein Homomorphismus. Sie ist aber auch injektiv, denn es gilt $k(N) = K$ und aus $\varphi|N = id_N$ folgt daher $\varphi(x) = x$ für alle $x \in K$, also $\varphi = id_K$. Daß die Abbildung aus ii) eine Operation ist, ist klar. Daß diese transitiv ist, folgt sofort aus 2.2.7, wenn man dort k' = k und $\varphi = id_K$ setzt.

$\underline{3.1.5.}$ $\underline{Beispiel.}$ Wir wollen zeigen, daß die Galois-Gruppe des Polynoms $f := (X^2-2)(X^2-3) \in \mathbb{Q}[X]$ über $\mathbb{Q}$ eine Kleinsche Vierergruppe ist.

Offenbar ist $\mathbb{Q}(\sqrt{2},\sqrt{3}) \supset \mathbb{Q}$ der Zerfällungskörper von f. Wegen 3.1.2 und 3.1.3 haben wir also die Automorphismengruppe von $K := \mathbb{Q}(\sqrt{2},\sqrt{3})$ zu bestimmen. Für jeden Automorphismus φ von K gilt $2 = \varphi(2) = \varphi(\sqrt{2}^2) = \varphi(\sqrt{2})^2$, also $\varphi(\sqrt{2}) \in \{\sqrt{2},-\sqrt{2}\}$ und ebenso $\varphi(\sqrt{3}) \in \{\sqrt{3},-\sqrt{3}\}$. Es gibt also höchstens vier Automorphismen von K. Das Polynom X^2-3 ist ein irreduzibles Element von $\mathbb{Q}(\sqrt{2})[X]$, denn es hat keine Nullstelle in $\mathbb{Q}(\sqrt{2})$. Daher gibt es wegen $K = (\mathbb{Q}(\sqrt{2}))(\sqrt{3}) = (\mathbb{Q}(\sqrt{2}))(-\sqrt{3})$ nach 2.2.3 einen Automorphismus φ_1 von K mit $\varphi_1(x) = x$ für alle $x \in \mathbb{Q}(\sqrt{2})$ und $\varphi_1(\sqrt{3}) = -\sqrt{3}$. Analog zeigt man, daß es einen Automorphismus φ_2 von K mit $\varphi_2(\sqrt{3}) = \sqrt{3}$ und $\varphi_2(\sqrt{2}) = -\sqrt{2}$ gibt. Da $1,\sqrt{2},\sqrt{3}$, $\sqrt{2}\sqrt{3}$ eine Basis des $\mathbb{Q}$-Vektorraums K ist, gilt $\varphi_1^2 = \varphi_2^2 = id_K$. Hieraus folgt Aut(K) $\neq \{id_K,\varphi_1,\varphi_2\}$, denn sonst könnte Aut(K) nur Elemente der Ordnung 3 und 1 enthalten. Es gibt daher noch genau einen weiteren Automorphismus φ_3 von K, für den nach obiger Überlegung $\varphi_3(\sqrt{2}) = -\sqrt{2}$ und $\varphi_3(\sqrt{3}) = -\sqrt{3}$, also auch $\varphi_3^2 = id_K$ gilt (natürlich hätte man erneut 2.2.3 anwenden können). Damit ist Aut(K) $= \{id_K,\varphi_1,\varphi_2,\varphi_3\}$ und $\varphi_1^2 = \varphi_2^2 = \varphi_3^2 = id_K$ gezeigt.

3.2. Der Hauptsatz der Galois-Theorie

$\underline{3.2.1.}$ $\underline{Definition.}$ Sei K ein Körper und G eine Untergruppe von Aut(K). Wie man sofort sieht, ist

$$Fix(K;G) := \{a \in K: \varphi(a) = a \text{ für alle } \varphi \in G\}$$

ein Unterkörper von K. Man nennt ihn den $\underline{Fixkörper}$ von G in K.

3.2.2. Definition. Eine Körpererweiterung K⊃k heißt Galois-Erweiterung, wenn es eine endliche Untergruppe G von Aut(K) gibt, so daß k = Fix(K;G) gilt.

Diese Definition ist zunächst wenig motiviert. Was sie für den Zerfällungskörper eines Polynoms bedeutet, werden wir in 3.5 untersuchen.

3.2.3. Beispiel. Die Körpererweiterung $\mathbb{Q}(\sqrt[3]{2})⊃\mathbb{Q}$ ist keine Galois-Erweiterung, es gilt nämlich Aut($\mathbb{Q}(\sqrt[3]{2})$) = {id}. Dies zeigt man wie folgt: Für jedes $\varphi \in$ Aut($\mathbb{Q}(\sqrt[3]{2})$) gilt wegen 3.1.3

$$2 = \varphi(2) = \varphi(\sqrt[3]{2}^3) = \varphi(\sqrt[3]{2})^3.$$

Da x^3-2 in $\mathbb{Q}(\sqrt[3]{2})$ nur $\sqrt[3]{2}$ als Nullstelle hat, folgt $\varphi(\sqrt[3]{2}) = \sqrt[3]{2}$, also φ = id nach 1.5.5.

3.2.4. Hauptsatz der Galois-Theorie.
Sei K⊃k eine Galois-Erweiterung, $\mathcal{X}$ die Menge der Zwischenkörper von K⊃k und $\mathcal{Y}$ die Menge der Untergruppen von Aut(K;k).
Dann gilt:

1) Die Abbildungen

und
$$\begin{aligned} &\text{Aut}(K; \ ): \mathcal{X} \longrightarrow \mathcal{Y}, \ L \longmapsto \text{Aut}(K;L), \\ &\text{Fix}(K; \ ): \mathcal{Y} \longrightarrow \mathcal{X}, \ G \longmapsto \text{Fix}(K;G), \end{aligned}$$

sind bijektiv und zueinander invers, d.h. es gilt

und
$$\begin{aligned} &\text{Fix}(K;\text{Aut}(K;L)) = L \text{ für alle } L \in \mathcal{X} \\ &\text{Aut}(K;\text{Fix}(K;G)) = G \text{ für alle } G \in \mathcal{Y}. \end{aligned}$$

2) Die Körpererweiterung K⊃k ist endlich und für jeden Zwischenkörper L von K⊃k gilt:
   a) [K:L] = ord Aut(K;L),
   b) [L:k] = [Aut(K;k) : Aut(K;L)].
   (Zur Definition von Ordnung und Index vgl. I,1.10.)

3) Für jeden Zwischenkörper L von K⊃k gilt:
   a) K⊃L ist eine Galois-Erweiterung.
   b) L⊃k ist genau dann eine Galois-Erweiterung, wenn Aut(K;L) ein Normalteiler von Aut(K;k) ist.
   c) Ist L⊃k eine Galois-Erweiterung, so gilt:
      i) $\varphi(L) = L$ für jedes $\varphi \in$ Aut(K;k),
      ii) Die Abbildung
          $$\text{Aut}(K;k) \longrightarrow \text{Aut}(L;k), \ \varphi \longmapsto \varphi|L,$$

ist ein Epimorphismus,

iii) $\mathrm{Aut}(L;k) \cong \mathrm{Aut}(K;k)/\mathrm{Aut}(K;L)$.

Die Bedeutung dieses Satzes, der im wesentlichen von E. GALOIS [16] bewiesen wurde, liegt darin, daß mit seiner Hilfe Fragen über Körpererweiterungen auf Probleme der Gruppentheorie zurückgeführt werden können. In § 4 werden wir Beispiele hierfür kennenlernen. Bevor wir den von E. ARTIN [1] stammenden Beweis durchführen, wollen wir den Satz an einem einfachen Beispiel illustrieren.

Als erstes wollen wir zeigen, daß die Körpererweiterung $\mathbb{Q}(\sqrt{2},\sqrt{3}) \supset \mathbb{Q}$ eine Galois-Erweiterung ist (was aus 3.5.4 und 3.1.5 natürlich sofort folgt). Sei dazu $K := \mathbb{Q}(\sqrt{2},\sqrt{3})$ und $x \in \mathrm{Fix}(K;\mathrm{Aut}(K;\mathbb{Q}))$. Dann gibt es $a,b,c,d \in \mathbb{Q}$ mit $x = a+b\sqrt{2} + c\sqrt{3} + d\sqrt{2}\sqrt{3}$. Verwendet man die Bezeichnungen aus 3.1.5, so erhält man $c\sqrt{3}+d\sqrt{2}\sqrt{3} = - (c\sqrt{3}+d\sqrt{2}\sqrt{3})$ und damit $c = d = 0$ aus $\varphi_1(x) = x$, so daß $b = 0$ und damit $x \in \mathbb{Q}$ aus $\varphi_2(x) = x$ folgt.

Die echten Untergruppen der Gruppe $\mathrm{Aut}(K) = \mathrm{Aut}(K;\mathbb{Q})$ sind $H_1 := \{\mathrm{id},\varphi_1\}$, $H_2 := \{\mathrm{id},\varphi_2\}$ und $H_3 := \{\mathrm{id},\varphi_3\}$. Daher besitzt die Körpererweiterung $K \supset \mathbb{Q}$ genau die drei echten Zwischenkörper $L_i := \mathrm{Fix}(K;H_i)$, $i \in \{1,2,3\}$. Diese sollen noch bestimmt werden: Der Hauptsatz liefert $\mathrm{Aut}(K;L_i) = H_i$ und $[K:L_i] = \mathrm{ord}\, H_i = 2$ für jedes i. Wegen $\sqrt{2} \in L_1$, $\sqrt{3} \in L_2$ und $\sqrt{2}\sqrt{3} \in L_3$ folgt aus Grad-Gründen $\mathbb{Q}(\sqrt{2}) = L_1$, $\mathbb{Q}(\sqrt{3}) = L_2$ und $\mathbb{Q}(\sqrt{2}\sqrt{3}) = L_3$.
Da die Gruppe $\mathrm{Aut}(K)$ abelsch ist, sind die H_i Normalteiler. Die Körpererweiterungen $L_i \supset \mathbb{Q}$ sind somit nach dem Hauptsatz ebenfalls Galois-Erweiterungen. Dies kann man natürlich auch direkt nachprüfen.

Den Beweis von 3.2.4 zerlegen wir in mehrere kleine Schritte.

3.2.5. Definition. Ist G eine Gruppe, K ein Körper und $K^* = K \setminus \{0\}$, so nennt man einen Gruppenhomomorphismus

$$\chi: G \longrightarrow K^*$$

einen Charakter von G in K.

3.2.6. Lemma. Paarweise verschiedene Charaktere $\chi_1,\ldots,\chi_n$ einer Gruppe G in einen Körper K sind linear unabhängige Elemente des K-Vektorraums aller Abbildungen von G in K.

Beweis durch Induktion über n.

Für n=1 ist die Aussage richtig, denn ist χ: G → K*ein Charakter und e das neutrale Element von G, so folgt aus $x\chi$ = O für ein x ∈ K, daß x = $x\chi$(e) = O gilt.

Sei nun n > 1 und die Aussage richtig für je n-1 paarweise verschiedene Charaktere von G in K. Sind dann $\chi_1,\ldots,\chi_n$ paarweise verschiedene Charaktere von G in K, so gibt es ein a ∈ G mit χ_1(a) ≠ χ_n(a). Aus

$$x_1\chi_1 + \ldots + x_n\chi_n = O$$

mit $x_1,\ldots,x_n$ ∈ K erhält man für jedes g ∈ G die Gleichungen

$$x_1\chi_1(a)\chi_1(g) + \ldots + x_n\chi_n(a)\chi_n(g) = O,$$
$$x_1\chi_n(a)\chi_1(g) + \ldots + x_n\chi_n(a)\chi_n(g) = O,$$

indem man ag einsetzt bzw. mit χ_n(a) multipliziert. Subtraktion ergibt

$$x_1(\chi_1(a)-\chi_n(a))\chi_1(g) + \ldots + x_{n-1}(\chi_{n-1}(a)-\chi_n(a))\chi_{n-1}(g) = O$$

für alle g ∈ G,und nach Induktionsannahme ist insbesondere $x_1(\chi_1(a)-\chi_n(a))$ = O, also x_1 = O. Wendet man die Induktionsannahme nocheinmal an, so erhält man wegen $x_2\chi_2+\ldots+x_n\chi_n$ = O auch x_2 = ... = x_n = O.

Für die Anwendung in der Körpertheorie notieren wir

3.2.7. Korollar. Sind $\varphi_1,\ldots,\varphi_n$ paarweise verschiedene Monomorphismen eines Körpers K in einen Körper K', so sind $\varphi_1,\ldots,\varphi_n$ linear unabhängig im K'-Vektorraum aller Abbildungen von K in K'.

3.2.8. Lemma. Seien $\varphi_1,\ldots,\varphi_n$ paarweise verschiedene Monomorphismen eines Körpers K in einen Körper K' und sei L:= {x ∈ K: φ_1(x) =...= φ_n(x)}. Dann gilt:
1) L ist ein Unterkörper von K.
2) [K:L] ≥ n.

Beweis. 1) rechnet man sofort nach. Zum Beweis von 2) nehmen wir an, daß r:= [K:L] < n gilt und wählen eine Basis $a_1,\ldots,a_r$ des L-Vektorraums K. Wegen r < n hat das homogene lineare Gleichungssystem über K'

$$\varphi_1(a_1)X_1 + \ldots + \varphi_n(a_1)X_n = 0$$
$$\vdots \qquad\qquad \vdots \qquad\qquad \vdots$$
$$\varphi_1(a_r)X_1 + \ldots + \varphi_n(a_r)X_n = 0$$

eine nicht-triviale Lösung $(x_1, \ldots, x_n) \in (K')^n$. Zu jedem $a \in K$ gibt es $\lambda_1, \ldots, \lambda_r \in L$ mit $a = \lambda_1 a_1 + \ldots + \lambda_r a_r$, so daß man wegen $\varphi_i(\lambda_j) = \varphi_1(\lambda_j)$ für alle $i \in \{1, \ldots, n\}$ und $j \in \{1, \ldots, r\}$

$$\sum_{i=1}^{n} x_i \varphi_i(a) = \sum_{i=1}^{n} x_i \sum_{j=1}^{r} \varphi_i(\lambda_j)\varphi_i(a_j) = \sum_{j=1}^{r} \varphi_1(\lambda_j) \sum_{i=1}^{n} x_i \varphi_i(a_j) = 0$$

erhält. Im Widerspruch zu 3.2.7 gilt also $x_1\varphi_1 + \ldots + x_n\varphi_n = 0$.

Für den Fall, daß L Fixkörper einer endlichen Gruppe von Automorphismen von K ist, wollen wir [K:L] auch nach oben abschätzen. Dazu führen wir einen weiteren Hilfsbegriff ein.

3.2.9. Definition. Sei K ein Körper und G eine endliche Untergruppe von Aut(K). Dann heißt die Abbildung

$$\mathrm{Tr}_G: K \longrightarrow K, \quad a \longmapsto \sum_{\varphi \in G} \varphi(a),$$

die G-Spur in K.

3.2.10. Lemma. Ist K ein Körper und G eine endliche Untergruppe von Aut(K), so gilt

$$\{0\} \neq \mathrm{Tr}_G(K) \subset \mathrm{Fix}(K;G).$$

Beweis. Für jedes $\psi \in G$ ist die Linkstranslation $G \to G$, $\varphi \mapsto \psi \circ \varphi$, bijektiv, so daß man für jedes $a \in K$

$$\psi\left(\sum_{\varphi \in G} \varphi(a)\right) = \sum_{\varphi \in G} \psi(\varphi(a)) = \sum_{\varphi \in G} \varphi(a)$$

erhält. Das bedeutet aber $\mathrm{Tr}_G(K) \subset \mathrm{Fix}(K;G)$.
Aus $\mathrm{Tr}_G(K) = \{0\}$ würde folgen, daß die Summe der Elemente von G die Nullabbildung wäre. Die Elemente von G wären also linear abhängig, was 3.2.7 widerspricht.

3.2.11. Lemma. Ist K ein Körper und G eine endliche Untergruppe von Aut(K), so gilt

$$[K : \mathrm{Fix}(K;G)] = \mathrm{ord}(G).$$

Beweis. Wegen 3.2.8 ist nur noch $[K: \mathrm{Fix}(K;G)] \leq \mathrm{ord}\, G$ zu zeigen. Ist $\mathrm{ord}\, G = n$ und $G = \{\varphi_1, \ldots, \varphi_n\}$, so ist zu beweisen, daß für $m > n$ je m Elemente $a_1, \ldots, a_m \in K$ über $\mathrm{Fix}(K;G)$ linear

abhängig sind. Wegen $m > n$ besitzt das homogene lineare Gleichungssystem

$$\varphi_1^{-1}(a_1)X_1 + \ldots + \varphi_1^{-1}(a_m)X_m = 0$$
$$\vdots \qquad \qquad \vdots \qquad \qquad \vdots$$
$$\varphi_n^{-1}(a_1)X_1 + \ldots + \varphi_n^{-1}(a_m)X_m = 0$$

eine nicht-triviale Lösung $(y_1, \ldots, y_m)$. Ist etwa $y_\ell \neq 0$, so
wählt man $z \in K$ mit $Tr_G(z) \neq 0$ und stellt fest, daß $(x_1, \ldots, x_m) :=$
$zy_\ell^{-1}(y_1, \ldots, y_m)$ eine Lösung des betrachteten Gleichungssystems
mit $Tr_G(x_\ell) = \varphi_1(x_\ell) + \ldots + \varphi_n(x_\ell) \neq 0$ ist. Es gilt daher

$$a_1\varphi_1(x_1) + \ldots + a_m\varphi_1(x_m) = 0$$
$$\vdots \qquad \qquad \vdots \qquad \qquad \vdots$$
$$a_1\varphi_n(x_1) + \ldots + a_m\varphi_n(x_m) = 0$$

und durch Aufsummieren erhält man

$$0 = \sum_{j=1}^{m} a_j \sum_{i=1}^{n} \varphi_i(x_j) = \sum_{j=1}^{m} Tr_G(x_j)a_j.$$

Wegen $Tr_G(x_\ell) \neq 0$ sind die Elemente $a_1, \ldots, a_m$ also linear
abhängig über $Fix(K;G)$.

3.2.12. Lemma. Ist K ein Körper und G eine endliche Untergruppe von $Aut(K)$, so gilt

$$Aut(K;Fix(K;G)) = G.$$

Beweis. Die Inklusion "$\supset$" ist trivial. Nimmt man an, daß es
ein $\varphi \in Aut(K;Fix(K;G))$ mit $\varphi \notin G$ gibt, so erhält man, wenn
man mit n die Ordnung von G und mit $\varphi_1, \ldots, \varphi_n$ die Elemente von
G bezeichnet, wobei $\varphi_1 = id_K$ sei:

$$Fix(K;G) = \{a \in K: a = \varphi_2(a) = \ldots = \varphi_n(a)\}$$
$$= \{a \in K: \varphi(a) = a = \varphi_2(a) = \ldots = \varphi_n(a)\}$$
$$= \{a \in K: \varphi(a) = \varphi_1(a) = \varphi_2(a) = \ldots = \varphi_n(a)\}.$$

Mit 3.2.8 folgt $[K: Fix(K;G)] \geq n+1$, was 3.2.11 widerspricht.

Die bisher bewiesenen Ergebnisse sind für jeden Körper K richtig. Erst jetzt betrachten wir Galois-Erweiterungen.

3.2.13. Folgerung. Sei $K \supset k$ eine Galois-Erweiterung.
1) Die Gruppe $Aut(K;k)$ ist endlich und es gilt
   $$Fix(K;Aut(K;k)) = k.$$

2) Für jede Untergruppe H von Aut(K;k) gilt Aut(K;Fix(K;H)) = H.

Beweis. Da K⊃k eine Galois-Erweiterung ist, gibt es eine endliche Untergruppe G von Aut(K) mit Fix(K;G) = k, so daß man mit 3.2.12 sofort Aut(K;k) = G und damit 1) erhält. Da dann jede Untergruppe von Aut(K;k) endlich ist, folgt auch 2) aus 3.2.12.

3.2.14. Lemma. Für eine Körpererweiterung K⊃L sind folgende Aussagen äquivalent:

1) K⊃L ist eine Galois-Erweiterung.
2) $[K:L]$ = ord Aut(K;L) < ∞.
3) ord Aut(K;L) < ∞ und Fix(K;Aut(K;L)) = L.

Beweis. 1) ⇒ 2) folgt aus 3.2.11 und 3.2.13.
2) ⇒ 3) Ist G:= Aut(K;L), so gilt L ⊂ Fix(K;G)⊂K. Aus 2) und 3.2.11 folgt [K: Fix(K;G)] = ord(G) = [K:L], so daß man L = = Fix(K;G) erhält.
3) ⇒ 1) ist klar.

3.2.15. Lemma. Ist L ein Zwischenkörper einer Galois-Erweiterung K⊃k, so ist auch K⊃L eine Galois-Erweiterung.

Beweis. Ist G:= Aut(K;k) so gilt ord(G) < ∞ und Fix(K;G) = k nach 3.2.13. Ist H:= Aut(K;L) und L':= Fix(K;H), so bleibt L' = L zu zeigen. Trivialerweise ist L⊂L'. Zum Nachweis von L'⊂L enthalte $\{\varphi_1,\ldots,\varphi_r\}$⊂G aus jeder Linksnebenklasse von G bzgl. H genau ein Element, und es sei φ_1 = id_K. Dann sind die Monomorphismen

$$\psi_i := \varphi_i|L : L \to K, \quad i \in \{1,\ldots,r\},$$

paarweise verschieden, denn aus ψ_i = ψ_j folgt $\varphi_i|L$ = $\varphi_j|L$, also $\varphi_j^{-1} \circ \varphi_i \in H$ und $\varphi_i \in \varphi_j \circ H$, und das ist nur im Falle i=j möglich. Außerdem gilt

$$\{a \in L: \psi_1(a) =\ldots= \psi_r(a)\} = L\cap Fix(K;G) = L\cap k = k:$$

Daß L∩Fix(K;G) ⊂ $\{a \in L: \psi_1(a) =\ldots= \psi_r(a)\}$ gilt, ist klar. Ist a ein Element der zuletzt hingeschriebenen Menge und φ ∈ G, so hat man noch φ(a) = a zu zeigen. Dazu wählt man i ∈ {1,...,r} mit φ ∈ $\varphi_i \circ H$ und erhält φ(a) = φ_i(a) = ψ_i(a) = ψ_1(a) = a. Lemma 3.2.8 liefert [L:k] $\geq$ r, so daß wegen K⊃L'⊃L⊃k mit Hilfe von 1.2.4, 3.2.13 und 3.2.11

$$[K:L']\cdot[L':L]\cdot[L:k] = [K:k] = ord(G) = [G:H]\cdot ord(H) = r\cdot[K:L'],$$

also [L':L] = 1 und daher L' = L folgt.

3.2.16. Lemma. Sei L ein Zwischenkörper einer Körpererweiterung K⊃k. Dann gilt für jedes φ ∈ Aut(K;k):

$$Aut(K;\varphi(L)) = \varphi \circ Aut(K;L) \circ \varphi^{-1}.$$

Beweis. ψ ∈ Aut(K;φ(L)) ⟺ ψ(φ(a)) = φ(a) für alle a ∈ L
⟺ $\varphi^{-1} \circ \psi \circ \varphi$ ∈ Aut(K;L)
⟺ ψ ∈ $\varphi \circ Aut(K;L) \circ \varphi^{-1}$.

3.2.17. Lemma. Sei K⊃k eine Galois-Erweiterung. Ist L ein Zwischenkörper von K⊃k und gilt φ(L) = L für jedes φ ∈ Aut(K;k),
so ist die Abbildung

Aut(K;k) ⟶ Aut(L;k), φ ⟼ φ|L,

ein Epimorphismus mit Aut(K;L) als Kern.

Beweis. Es ist klar, daß die Abbildung ein Homomorphismus mit
Aut(K;L) als Kern ist. Sei G⊂Aut(L;k) ihr Bild. Da K⊃k eine
Galois-Erweiterung ist, gilt Fix(L;G) = k und G ist als Bild
einer endlichen Gruppe endlich. Mit 3.2.12 folgt G = Aut(L;k).

3.2.18. Lemma. Sei K⊃k eine Galois-Erweiterung. Dann sind für
einen Zwischenkörper L von K⊃k folgende Bedingungen äquivalent:

1) L⊃k ist eine Galois-Erweiterung.
2) Für jedes φ ∈ Aut(K;k) gilt φ(L) = L.
3) Aut(K;L) ist ein Normalteiler von Aut(K;k).

Beweis. 1) → 2) Sei r die Ordnung der Gruppe Aut(L;k), $\varphi_1,...,\varphi_r$
seien ihre Elemente. Wir fassen die φ_i als Monomorphismen von L
in K auf. Es genügt zu zeigen, daß es keinen Monomorphismus
φ_{r+1}: L → K mit $\varphi_{r+1}|k$ = id_k und φ_{r+1} ∉ {$\varphi_1,...,\varphi_r$} gibt, denn
dann liegt φ|L für jedes φ ∈ Aut(K;k) in {$\varphi_1,...,\varphi_r$} und man
erhält φ(L) = L. Nimmt man aber an, daß es einen Monomorphismus
φ_{r+1} mit den genannten Eigenschaften gibt, so ist
{a ∈ L: φ_1(a) =...= φ_r(a) = φ_{r+1}(a)} = k ,
denn L⊃k ist eine Galois-Erweiterung, und mit 3.2.8 folgt der
Widerspruch [L:k] ≥ r+1 > ord(Aut(L;k)).

2) → 1) Nach 3.2.17 ist die Abbildung Aut(K;k) → Aut(L;k),

$\varphi \mapsto \varphi|L$, surjektiv. $H := \text{Aut}(L;k)$ ist also eine endliche Gruppe, so daß nur noch $k = \text{Fix}(L;H)$ zu zeigen ist. Trivialerweise gilt $k \subset \text{Fix}(L;H)$. Gäbe es ein $a \in \text{Fix}(L;H) \smallsetminus k$, so könnte man ein $\varphi \in \text{Aut}(K;k)$ mit $\varphi(a) \neq a$ finden. Da $K \supset k$ eine Galois-Erweiterung ist, gilt nämlich $\text{Fix}(K;\text{Aut}(K;k)) = k$. Für $\psi := \varphi|L \in H$ würde $\psi(a) \neq a$ gelten im Widerspruch zu $a \in \text{Fix}(L;H)$.

2) $\Rightarrow$ 3) ist klar, denn $\text{Aut}(K;L)$ ist nach 3.2.17 Kern eines Homomorphismus.

3) $\Rightarrow$ 2) Nach 3.2.16 gilt $\text{Aut}(K;\varphi(L)) = \text{Aut}(K;L)$ für jedes $\varphi \in \text{Aut}(K;k)$ und man erhält $\varphi(L) = L$ mit dem bereits bewiesenen Teil 1) des Hauptsatzes.

Damit ist der Hauptsatz der Galois-Theorie vollständig bewiesen. In 3.5 werden wir untersuchen, wann eine Körpererweiterung, die durch Adjunktion von Nullstellen eines Polynoms entsteht, eine Galois-Erweiterung ist. In den beiden folgenden Abschnitten wird einige Vorarbeit hierzu verrichtet.

3.3. Normale Körpererweiterungen

3.3.1. Definition. Eine Körpererweiterung $K \supset k$ heißt normal, wenn gilt:

a) $K \supset k$ ist algebraisch.

b) Jedes irreduzible Polynom $f \in k[X]$, das in K eine Nullstelle hat, zerfällt über K in Linearfaktoren.

Bedingung b) ist offensichtlich gleichwertig damit, daß für jedes $a \in K$ gilt: Das Minimalpolynom von a über k zerfällt über K in Linearfaktoren.

3.3.2. Satz. Für eine endliche Körpererweiterung $K \supset k$ sind folgende Aussagen äquivalent:

1) $K \supset k$ ist normal.

2) $K \supset k$ ist Zerfällungskörper eines Polynoms $f \in k[X]$.

3) Ist $K' \supset K$ eine Körpererweiterung und $\varphi: K \to K'$ ein Homomorphismus mit $\varphi|k = \text{id}_k$, so gilt $\varphi(K) \subset K$.

Beweis. 1) $\Rightarrow$ 2) Da $K \supset k$ eine endliche Körpererweiterung ist, gibt es nach 1.6.2 über k algebraische Elemente $a_1, \ldots, a_n \in K$ mit $K = k(a_1, \ldots, a_n)$. Für jedes $i \in \{1, \ldots, n\}$ zerfällt das Minimalpolynom f_i von a_i über k nach Voraussetzung über K in

Linearfaktoren, so daß $K \supset k$ wegen $K = k(a_1, \ldots, a_n)$ der Zerfällungskörper des Polynoms $f := f_1 \cdots f_n \in k[X]$ ist.

2) $\rightarrow$ 3) Wegen 2) und 2.2.8 gibt es ein $f \in k[X]$ und $a_1, \ldots, a_n$, $b \in K$ mit $f = b \cdot (X-a_1) \cdots (X-a_n)$ und $K = k(a_1, \ldots, a_n)$. Haben K' und $\varphi: K \rightarrow K'$ die in 3) verlangten Eigenschaften, so gilt $f(\varphi(a_i)) = \varphi(f(a_i)) = \varphi(0) = 0$ für jedes $i \in \{1, \ldots, n\}$, und man erhält $\varphi(\{a_1, \ldots, a_n\}) \subset \{a_1, \ldots, a_n\}$. Hieraus folgt wegen $K = k(a_1, \ldots, a_n)$ unmittelbar $\varphi(K) \subset K$.

3) $\rightarrow$ 1) Als endliche Körpererweiterung ist $K \supset k$ algebraisch. Sei f ein irreduzibles Element von $k[X]$, das eine Nullstelle a in K hat. Wählt man $a_1, \ldots, a_n \in K$ so, daß $K = k(a, a_1, \ldots, a_n)$ gilt und bezeichnet man für jedes i mit f_i das Minimalpolynom von a_i über k, so ist K ein Zwischenkörper des Zerfällungskörpers $K' \supset k$ von $g := f \cdot f_1 \cdots f_n$. f zerfällt natürlich über K' in Linearfaktoren. Ist aber $b \in K'$ eine Nullstelle von f, so gibt es nach 2.2.7 einen Automorphismus ψ von K' mit $\psi(a) = b$ und $\psi(x) = x$ für alle $x \in k$. Wendet man Bedingung 3) auf den Homomorphismus $\psi|K: K \rightarrow K'$ an, so erhält man $b = \psi(a) \in K$; f zerfällt also schon über K in Linearfaktoren.

3.3.3. Beispiel. Da die Körpererweiterung $\mathbb{Q}(\sqrt{2}) \supset \mathbb{Q}$ der Zerfällungskörper des Polynoms $X^2 - 2 \in \mathbb{Q}[X]$ ist, ist sie normal. Die Körpererweiterung $\mathbb{Q}(\sqrt[4]{2}) \supset \mathbb{Q}(\sqrt{2})$ ist als Zerfällungskörper des Polynoms $X^2 - \sqrt{2} \in \mathbb{Q}(\sqrt{2})[X]$ ebenfalls normal. Die Körpererweiterung $\mathbb{Q}(\sqrt[4]{2}) \supset \mathbb{Q}$ ist jedoch nicht normal, denn das Polynom $X^4 - 2 = (X^2 - \sqrt{2})(X^2 + \sqrt{2}) = (X - \sqrt[4]{2})(X + \sqrt[4]{2})(X - i\sqrt[4]{2})(X + i\sqrt[4]{2})$ ist ein irreduzibles Element von $\mathbb{Q}[X]$ und hat eine Nullstelle in $\mathbb{Q}(\sqrt[4]{2})$, es zerfällt über $\mathbb{Q}(\sqrt[4]{2})$ aber nicht in Linearfaktoren.

3.4. Separable Körpererweiterungen

3.4.1. Definition. Sei k ein Körper und $K \supset k$ der Zerfällungskörper eines nicht-konstanten Polynoms $f \in k[X]$. Ferner sei a ein Element von K.

Die natürliche Zahl

$$\mu(f;a) := \max\{n \in \mathbb{N}: (X-a)^n \text{ teilt } f \text{ in } K[X]\}$$

heißt __Vielfachheit__ von f in a.

Man nennt a eine __einfache Nullstelle__ von f, wenn $\mu(f;a) = 1$

gilt. Im Falle $\mu(f;a) \geq 2$ heißt a mehrfache Nullstelle von f.

3.4.2. Definition.

a) Sei k ein Körper. Ein nicht-konstantes Polynom $f \in k[X]$ heißt separabel, wenn jeder irreduzible Faktor von f in seinem Zerfällungskörper nur einfache Nullstellen hat.

b) Sei K⊃k eine Körpererweiterung. Ein Element $a \in K$ heißt separabel über k, wenn a Nullstelle eines separablen Polynoms $f \in k[X]$ ist.

c) Eine Körpererweiterung K⊃k heißt separabel, wenn jedes $a \in K$ separabel über k ist.

d) Ein Körper k heißt vollkommen, wenn jedes nicht-konstante Polynom aus k[X] separabel ist.

Ist K⊃k eine Körpererweiterung, so ist ein über k algebraisches $a \in K$ offensichtlich genau dann separabel über k, wenn das Minimalpolynom von a über k separabel ist. In 3.4.8 und 4.1.9 werden wir sehen, daß jeder Körper der Charakteristik Null und jeder endliche Körper vollkommen ist.

Mehrfache Nullstellen charakterisiert man in der Analysis durch das Verschwinden der Ableitung. Dieses Verfahren wird hier imitiert.

3.4.3. Definition. Sei R[X] der Polynomring über einem kommutativen Ring mit Einselement. Die Abbildung

$$D: R[X] \longrightarrow R[X], \quad \sum_{i=o}^{n} a_i X^i \longmapsto \sum_{i=1}^{n} i a_i X^{i-1},$$

heißt formale Differentiation in R[X]. Sie ist (wie man leicht nachrechnet) eine Derivation von R[X], d.h. es gilt

$$D(af+bg) = aD(f) + bD(g) \text{ und } D(f \cdot g) = f \cdot D(g) + g \cdot D(f)$$

für alle $f,g \in R[X]$ und alle $a,b \in R$.

3.4.4. Lemma. Sei k ein Körper und K⊃k der Zerfällungskörper eines nicht-konstanten Polynoms $f \in k[X]$. Dann gilt für jedes $a \in K$:

1) $\mu(f;a) = 1 \leftrightarrow f(a) = 0$ und $(Df)(a) \neq 0$.

2) $\mu(f;a) > 1 \leftrightarrow f(a) = 0$ und $(Df)(a) = 0$.

Beweis. Sei $r := \mu(f;a)$. Dann gibt es $g \in K[X]$ mit $f = (X-a)^r g$

und g(a) $\neq$ 0, und man erhält

$$D(f) = (X-a)^{r-1}(rg+(X-a)D(g)).$$

Daraus folgen sofort die Behauptungen.

Ob ein Polynom über einem Körper k mehrfache Nullstellen in
seinem Zerfällungskörper über k hat, kann man feststellen,
ohne die Nullstellen zu kennen.

3.4.5. Lemma. Sei k ein Körper, f ein nicht-konstantes Polynom
aus k[X] und K⊃k sein Zerfällungskörper. Dann sind äquivalent:
1) f hat in K mehrfache Nullstellen.
2) f und Df haben in k[X] einen nicht-konstanten gemeinsamen
   Teiler.

Beweis. 1) $\Rightarrow$ 2) Sei a $\in$ K mehrfache Nullstelle von f und g das
Minimalpolynom von a über k. Wegen f(a) = (Df)(a) = 0 ist dann
g ein gemeinsamer Teiler von f und Df.

2) $\Rightarrow$ 1) Sei g $\in$ k[X] ein gemeinsamer Teiler von f und Df mit
deg(g) $\geq$ 1 und a $\in$ K eine Nullstelle von g. Dann gilt f(a) =
(Df)(a) = 0, so daß a eine mehrfache Nullstelle von f ist.

3.4.6. Satz. Sei k ein Körper. Ein irreduzibles Polynom
f $\in$ k[X] ist genau dann separabel, wenn Df $\neq$ 0 gilt.

Beweis. Sei K⊃k der Zerfällungskörper von f. Ist Df = 0, so ist
nach 3.4.4 jede Nullstelle von f in K eine mehrfache Nullstelle.
f ist dann also nicht separabel. Ist Df $\neq$ 0, so ist f separabel.
Denn andernfalls hätten f und Df in k[X] einen nicht-konstanten
gemeinsamen Teiler g. Da f irreduzibel in k[X] ist, würde dies
zum Widerspruch deg(g) = deg(f) > deg(Df) führen.

3.4.7. Lemma. Sei k ein Körper und f $\in$ k[X].
Im Falle char(k) = 0 gilt:

$$Df = 0 \leftrightarrow f \text{ ist konstant.}$$

Im Falle char(k) = p > 0 gilt:

$$Df = 0 \leftrightarrow \text{Es gibt } g \in k[X] \text{ mit } f(X) = g(X^p).$$

Beweis. Die erste Behauptung folgt unmittelbar aus der Definition von D. Ist p:= char(k) > 0 und f = $\sum_{i=0}^{n} a_i X^i$, so ist Df = 0
gleichbedeutend damit, daß p für alle i $\in$ {1,...,n} mit $a_i \neq 0$

ein Teiler von i ist, daß also f von der Gestalt

$$f = a_0 + a_p X^p + a_{2p} X^{2p} + \ldots + a_{mp} X^{mp}$$

ist. Das war aber zu zeigen.

Aus 3.4.6 und 3.4.7 folgt unmittelbar:

3.4.8. Korollar. Jeder Körper der Charakteristik Null ist vollkommen.

In 4.1.9 werden wir sehen, daß auch jeder endliche Körper vollkommen ist. Um eine nicht-separable algebraische Körpererweiterung zu bekommen, muß man daher von einem unendlichen Körper mit von Null verschiedener Charakteristik ausgehen. Wir wählen als Beispiel $k = (\mathbb{Z}/p\mathbb{Z})(X)$, wobei p eine Primzahl ist. k ist also der Körper der rationalen Funktionen in einer Unbestimmten über dem Körper $\mathbb{Z}/p\mathbb{Z}$. Der Zerfällungskörper $K \supset k$ des Polynoms $Y^p - X \in k[Y]$ hat dann die gewünschten Eigenschaften, denn nach II,4.6.2 und II,4.5.7 ist das Polynom $Y^p - X$ irreduzibel in $k[Y]$ und wegen $D(Y^p - X) = 0$ und 3.4.6 ist es nicht separabel.

Wir wollen noch eine interessante Charakterisierung separabler Körpererweiterungen und unmittelbare Folgerungen daraus erwähnen. Ausgangspunkt dafür ist

*3.4.9. Satz. Sei L ein Körper, K ein algebraisch abgeschlossener Oberkörper von L und a $\in$ K sei algebraisch über L. Dann ist die Anzahl der Fortsetzungen $L(a) \to K$ eines Monomorphismus $\varphi: L \to K$ gleich der Anzahl der verschiedenen Nullstellen des Minimalpolynoms f von a über L in K.

Beweis. Sei $\Phi: L[X] \to \varphi(L)[X]$ der durch φ induzierte Isomorphismus der Polynomringe. Jede Fortsetzung $L(a) \to K$ von φ bildet a auf eine Nullstelle a' des Polynoms $\Phi(f) \in \varphi(L)[X]$ ab und kann daher als Abbildung $L(a) \to \varphi(L)(a')$ betrachtet werden. Da $\Phi(f)$ wegen 2.2.6 genau so viele verschiedene Nullstellen in K hat, wie f, folgt die Behauptung mit 2.2.3.

*3.4.10. Satz. Sei $L \supset k$ eine endliche Körpererweiterung und K ein algebraisch abgeschlossener Oberkörper von L. Gilt $L = k(a_1, \ldots, a_n)$ und ist m_i für jedes $i \in \{1, \ldots, n\}$ die Anzahl

der verschiedenen in K gelegenen Nullstellen des Minimalpoly-
noms von a_i über $k(a_1,\ldots,a_{i-1})$, so gibt es genau $m_1\cdot\ldots\cdot m_n$
Homomorphismen $\varphi\colon L \to K$ mit $\varphi|k = id_k$.

Beweis. Nach 3.4.9 gibt es genau m_1 Homomorphismen $\varphi\colon k(a_1) \to K$
mit $\varphi|k = id_k$, und jedes dieser φ besitzt genau m_2 Fortsetzun-
gen auf $k(a_1,a_2)$. Daher gibt es genau $m_1\cdot m_2$ Homomorphismen
$\psi\colon k(a_1,a_2) \to K$ mit $\psi|k = id_k$, und die wiederholte Anwendung
von 3.4.9 liefert die Behauptung.

3.4.11. Bemerkung. Sei K⊃k eine Körpererweiterung. Ist a ∈ K
separabel über k, so ist a auch separabel über jedem Zwischenkörper L von K⊃k.

Beweis. Das Minimalpolynom von a über L teilt in L[X] das Minimalpolynom von a über k und dieses ist separabel.

*3.4.12. Satz. Sei L⊃k eine endliche Körpererweiterung und K ein
algebraisch abgeschlossener Oberkörper von L. Dann sind folgende Aussagen äquivalent:

1) L⊃k ist separabel.

2) Es gibt genau [L:k] Homomorphismen $\varphi\colon L \to K$ mit $\varphi|k = id_k$.

Beweis. Da L⊃k endlich ist, gibt es nach 1.6.2 Elemente
$a_1,\ldots,a_n \in L$ mit $L = k(a_1,\ldots,a_n)$. Ist L⊃k separabel, so sind
alle a_i separabel über k. Ist L⊃k nicht separabel, so kann man
annehmen, daß a_1 nicht separabel über k ist, da man den a_i ja
ein beliebiges Element von L hinzufügen kann. Bezeichnet man
mit m_i wieder die Anzahl der verschiedenen in K gelegenen Nullstellen des Minimalpolynoms f_i von a_i über $k(a_1,\ldots,a_{i-1})$, so
gilt

$$m_i \le \deg(f_i) = [k(a_1,\ldots,a_i):k(a_1,\ldots,a_{i-1})],$$

und Gleichheit hat man hierbei genau dann, wenn a_i separabel
über $k(a_1,\ldots,a_{i-1})$ ist. Wegen 3.4.11 und 3.4.10 folgt daher
die Behauptung aus

$$[L:k] = \prod_{i=1}^{n} [k(a_1,\ldots,a_i):k(a_1,\ldots,a_{i-1})].$$

*3.4.13. Korollar. Sei K⊃k eine Körpererweiterung. Gibt es über
k separable Elemente $a_1,\ldots,a_n \in K$ mit $K = k(a_1,\ldots,a_n)$, so

ist K⊃k endlich und separabel.

Beweis. Daß K⊃k endlich ist, folgt aus 1.6.2. Nach 3.4.10, 3.4.11 und 3.4.12 ist K⊃k auch separabel.

*3.4.14. Satz. Sei L ein Zwischenkörper einer Körpererweiterung K⊃k. Die Körpererweiterung K⊃k ist genau dann separabel, wenn die Körpererweiterungen K⊃L und L⊃k separabel sind.

Beweis. 1) Sei K⊃k separabel. Dann ist trivialerweise auch L⊃k separabel. Daß auch K⊃L separabel ist, folgt aus 3.4.11.

2) Nun seien K⊃L und L⊃k separabel und $a \in K$. Da a separabel über L ist, ist sein Minimalpolynom

$$f = X^n + b_{n-1}X^{n-1} + \ldots + b_o \in L[X]$$

separabel. Sei $L' := k(b_o, \ldots, b_{n-1})$. Da L⊃k separabel ist, ist auch L'⊃k separabel. a ist separabel über L', denn f ist separabel, so daß L'(a)⊃k nach 3.4.9 und 3.4.12 separabel ist. a ist also separabel über k.

*3.4.15. Satz. Sei K⊃k eine Körpererweiterung und L die Menge aller über k separablen Elemente aus K. Dann gilt:

1) L ist ein Zwischenkörper von K⊃k.

2) Ist $a \in K$ separabel über L, so liegt a in L.

Man nennt L die separable Hülle von k in K, [L:k] den Separa-bilitäts- und [K:L] den Inseparabilitätsgrad von K⊃k.

Beweis. 1) Seien $a,b \in L$. Dann ist k(a,b)⊃k nach 3.4.13 separabel, so daß auch a + b, a - b, a·b und, falls b ≠ 0, auch ab^{-1} in L liegen.

2) Ist $a \in K$ separabel über L, so ist L(a)⊃L separabel. Da L⊃k separabel ist, ist auch L(a)⊃k separabel und a liegt in L.

3.5. Charakterisierung von Galois-Erweiterungen

In 3.2.2 haben wir eine Galois-Erweiterung K⊃k definiert durch die Bedingung, daß k Fixkörper einer endlichen Untergruppe von Aut(K) ist. Auf Grund dieser Definition konnten wir den Haupt-satz der Galois-Theorie mit elementaren Hilfsmitteln der li-nearen Algebra beweisen. Für die Anwendungen ist es jedoch wichtig, leichter nachprüfbare Kriterien für Galois-Erweite-rungen zu kennen.

3.5.1. Theorem. Für eine Körpererweiterung $K \supset k$ sind folgende Aussagen äquivalent:

1) $K \supset k$ ist eine Galois-Erweiterung.

2) Die Körpererweiterung $K \supset k$ ist endlich, normal und separabel.

3) $K \supset k$ ist Zerfällungskörper eines separablen Polynoms aus $k[X]$.

Bevor wir diesen Satz beweisen, notieren wir zwei Hilfsaussagen.

3.5.2. Hilfssatz. Sei $K \supset k$ eine Körpererweiterung und $a_1, \ldots, a_n$ seien paarweise verschiedene Elemente von K. Im Polynomring $K[X]$ gelte $(X-a_1) \cdot \ldots \cdot (X-a_n) = X^n - s_1 X^{n-1} + \ldots + (-1)^n s_n$.
Dann ist $\varphi(s_i) = s_i$ für jeden Monomorphismus $\varphi \colon K \to K$ mit $\varphi(\{a_1, \ldots, a_n\}) = \{a_1, \ldots, a_n\}$ und jedes $i \in \{1, \ldots, n\}$.
Die Koeffizienten des betrachteten Polynoms sind also "symmetrisch" in den Nullstellen $a_1, \ldots, a_n$ (vgl. 4.6).

Beweis. Sei $f := (X-a_1) \cdot \ldots \cdot (X-a_n)$, $\varphi \colon K \to K$ ein Monomorphismus mit der angegebenen Eigenschaft und $\Phi \colon K[X] \to K[X]$ dessen Fortsetzung auf den Polynomring. Dann gilt
$$\Phi(f) = (X-\varphi(a_1)) \cdot \ldots \cdot (X-\varphi(a_n)) = f$$
und daher $\varphi(s_i) = s_i$ für jedes i.

3.5.3. Lemma. Sei $K \supset k$ eine Galois-Erweiterung und $a \in K$. $a_1, \ldots, a_n$ seien die verschiedenen Elemente von $\{\varphi(a) \colon \varphi \in \mathrm{Aut}(K;k)\}$. Dann ist $f := (X-a_1) \cdot \ldots \cdot (X-a_n)$ das Minimalpolynom von a über k.

Beweis. Offenbar ist $\varphi(\{a_1, \ldots, a_n\}) = \{a_1, \ldots, a_n\}$ für jedes $\varphi \in \mathrm{Aut}(K;k)$, so daß die Koeffizienten von f nach 3.5.2 in $\mathrm{Fix}(K;\mathrm{Aut}(K;k)) = k$ liegen. Da f normiert ist und $f(a) = 0$ gilt, ist nur noch zu zeigen, daß f irreduzibel in $k[X]$ ist. Seien also $g, h \in k[X]$ mit $f = g \cdot h$ gegeben und sei $g(a) = 0$. Dann gibt es zu jedem $i \in \{1, \ldots, n\}$ ein $\varphi \in \mathrm{Aut}(K;k)$ mit $a_i = \varphi(a)$ und man erhält $g(a_i) = g(\varphi(a)) = \varphi(g(a)) = 0$ für jedes i. Da die Elemente $a_1, \ldots, a_n$ paarweise verschieden sind, folgt $f \mid g$ und daher $h \in k^*$.

Beweis von 3.5.1 (nach E. ARTIN [1]).

1) → 2) Nach 3.2.4 ist jede Galois-Erweiterung endlich. Nach
3.5.3 ist das Minimalpolynom jedes Elements a ∈ K über k endliches Produkt von paarweise verschiedenen Linearfaktoren aus
K[X]. Die Körpererweiterung K⊃k ist also auch normal und separabel.

2) → 3) Da die Körpererweiterung K⊃k endlich und normal ist,
ist sie nach 3.3.2 Zerfällungskörper eines Polynoms f ∈ k[X].
Wir wollen zeigen, daß f notwendigerweise separabel sein muß.
Ist g ein irreduzibler Faktor von f und a ∈ K eine Nullstelle
von g, so ist g bis auf einen konstanten Faktor gleich dem
Minimalpolynom von a über k. Da a separabel über k ist, ist g
separabel.

3) → 1) Sei K⊃k der Zerfällungskörper eines separablen Polynoms f ∈ k[X] und G:= Aut(K;k). Dann ist [K:k] und daher auch
[K:Fix(K;G)] endlich, und mit 3.2.8 folgt, daß G nicht mehr als
[K:Fix(K;G)] Elemente besitzt; G ist also eine endliche Untergruppe von Aut(K).

Um Fix(K;G) = k zu zeigen, muß man sich überlegen, daß man die
Nullstellen von f durch Automorphismen aus G genügend permutie-
ren kann. Das wird formal besonders einfach durch Induktion
über die Anzahl r der Nullstellen von f in K∖k.

Im Falle r = 0 gilt K = k und daher Fix(K;G) = k. Sei nun
r ≥ 1 und a ∈ K∖k eine Nullstelle von f. Das Minimalpolynom g
von a über k ist ein Teiler von f in k[X]. Setzt man k':= k(a),
so ist K⊃k' der Zerfällungskörper des separablen Polynoms
f ∈ k'[X], das höchstens r-1 Nullstellen in K∖k' hat. Nach
Induktionsannahme ist daher K⊃k' eine Galois-Erweiterung, so
daß es eine endliche Untergruppe G' von Aut(K) gibt mit

$$k' = Fix(K;G') \text{ und } G' = Aut(K;k') \subset G.$$

Sei nun x ∈ Fix(K;G)⊂Fix(K;G') = k(a). Ist n:= deg(g), so gibt
es nach 1.5.5 Elemente $c_0, \ldots, c_{n-1} \in k$ mit

$$x = c_{n-1}a^{n-1} + \ldots + c_0.$$

Sind $a = a_1, a_2, \ldots, a_n$ die Nullstellen von g in K, so gibt es

nach 2.2.7 zu jedem $i \in \{1,...,n\}$ ein $\varphi_i \in G$ mit $\varphi_i(a) = a_i$
und man erhält

$$x = \varphi_i(x) = c_{n-1}a_i^{n-1} + ... + c_o$$

für jedes i. Das Polynom

$$h := c_{n-1}X^{n-1} + ... + c_1X + (c_o-x) \in K[X]$$

hat daher die n Nullstellen $a_1,...,a_n$. Wegen $deg(h) \leq n-1$
folgt $h = 0$ und damit $x = c_o \in k$.

Mit Hilfe von 3.4.8 folgt aus 3.5.1 sofort:

3.5.4. Korollar. Ist k ein Körper der Charakteristik Null, so
ist eine Körpererweiterung $K \supset k$ genau dann eine Galois-Erweiterung, wenn sie Zerfällungskörper eines Polynoms aus $k[X]$ ist.

*Natürlich kann man die Implikation 3) $\Rightarrow$ 1) aus 3.5.1 wesentlich schneller beweisen, wenn man die Existenz des algebraischen Abschlusses und die damit mögliche Charakterisierung von separablen Erweiterungen (3.4.12) verwendet.
Aus 3) folgt nämlich, daß $K \supset k$ endlich, normal und (wegen
3.4.13) separabel ist. Wegen 3.4.12 und 3.3.2 gilt dann
$ord(Aut(K;k)) = [K:k]$, so daß $K \supset k$ nach 3.2.14 eine Galois-Erweiterung ist.

Umgekehrt ergibt 3.5.1 eine Verschärfung von 3.4.13:

3.5.5. Satz. Sei $K \supset k$ eine Körpererweiterung. Gibt es über k separable Elemente $a_1,...,a_n \in K$ mit $K = k(a_1,...,a_n)$, so gilt:
1) Die Körpererweiterung $K \supset k$ ist endlich und separabel.
2) Es gibt einen Oberkörper L von K, so daß $L \supset k$ eine Galois-Erweiterung ist.

Beweis. Daß $K \supset k$ endlich ist folgt aus 1.6.2. Für jedes
$i \in \{1,...,n\}$ ist ferner das Minimalpolynom f_i von a_i über k
separabel, so daß auch das Polynom $f := f_1 \cdot ... \cdot f_n \in k[X]$ separabel ist. Ist L der Zerfällungskörper von f über K, so ist L
wegen $K = k(a_1,...,a_n)$ auch Zerfällungskörper von f über k.
Nach 3.5.1 ist $L \supset k$ eine Galois-Erweiterung, also auch separabel. Dann ist aber $K \supset k$ ebenfalls separabel.

§ 4. Anwendungen der Galois-Theorie

4.1. Endliche Körper

4.1.1. Bemerkung. Ist K ein endlicher Körper und P sein Prim-körper, so gilt

$$\text{ord}(K) = (\text{char}(K))^{[K:P]}.$$

Die Anzahl der Elemente von K ist also eine Primzahlpotenz.

Beweis. Da K endlich ist, ist auch der Grad $n := [K:P]$ endlich. Der n-dimensionale P-Vektorraum K ist isomorph zu P^n, so daß $\text{ord}(K) = (\text{ord}(P))^n = (\text{char}(K))^n$ mit 1.1.9 folgt.

4.1.2. Satz. Ist K ein endlicher Körper, so gilt $\prod\limits_{a \in K^*} a = -1$.

Beweis. Ist $M := \{a \in K^* : a = a^{-1}\} = \{a \in K : a^2 = 1\}$, so gilt offensichtlich $\prod\limits_{a \in K^*} a = \prod\limits_{a \in M} a$. Ein Element $a \in K$ liegt genau dann in M, wenn a Nullstelle des Polynoms $X^2 - 1 \in K[X]$ ist. Dieses hat aber nur die Nullstellen +1 und -1. Hieraus folgt die Behauptung.

Ist p eine Primzahl, und wendet man 4.1.2 auf den endlichen Körper $\mathbb{Z}/p\mathbb{Z}$ an, so erhält man das folgende in der Zahlentheo-rie als Satz von Wilson bekannte Resultat:

4.1.3. Korollar. Für jede Primzahl p gilt $(p-1)! \equiv -1 \mod p$.

4.1.4. Satz. Ist K ein Körper, so ist jede endliche Untergrup-pe von K* zyklisch.

Beweis. Sei G eine endliche Untergruppe von K* und seien $p_1, \ldots, p_n$ die verschiedenen Primteiler ihrer Ordnung. Als abel-sche Gruppe ist G nach I,5.4.3 das direkte Produkt der Unter-gruppen

$$S(p) = \{a \in G : \text{Es gibt } r \in \mathbb{N} \text{ mit } a^{p^r} = 1\},$$

$p \in \{p_1, \ldots, p_n\}$. Man hat daher nur zu zeigen, daß jede der Gruppen S(p) zyklisch ist, denn dann folgt durch vollständige Induktion aus I,1.11.15 sofort, daß $G = S(p_1) \times \ldots \times S(p_n)$ zy-klisch ist. Nach I,1.11.9 ist die Ordnung jedes Elements von S(p) eine Potenz von p. Da G endlich ist, gibt es ein $m \in \mathbb{N}$

mit $p^m = \max\{\text{ord}(x): x \in S(p)\}$. Für jedes $x \in S(p)$ gilt
$x^{p^m} = 1$, jedes Element von $S(p)$ ist also Nullstelle des Polynoms $X^{p^m} - 1$, so daß ord $S(p) \leq p^m$ folgt. Hat $a \in S(p)$ die Ordnung p^m, so ist p^m die Ordnung der von a erzeugten Untergruppe von $S(p)$. Diese stimmt also mit $S(p)$ überein.

Mit Hilfe von I,1.11.9 folgt hieraus sofort

4.1.5. Korollar. Ist K ein endlicher Körper mit q Elementen, so gilt:
1) K* ist zyklisch.
2) Es gibt ein $a \in K$, so daß $K = \{0,1,a,...,a^{q-2}\}$ gilt.
3) Jedes Element von K ist Nullstelle des Polynoms $X^q-X \in K[X]$.

4.1.6. Bemerkung. Ist K ein Körper der Charakteristik $p > 0$, so ist die Abbildung

$$K \longrightarrow K, \quad x \longmapsto x^p,$$

ein Monomorphismus. Man nennt ihn den Frobenius-Homomorphismus von K.

Beweis. Trivialerweise gilt $(xy)^p = x^p y^p$ für alle $x,y \in K$. Da für jedes $i \in \{1,...,p-1\}$ die Zahl p ein Teiler des Binomialkoeffizienten $\binom{p}{i}$ ist, folgt mit Hilfe des binomischen Lehrsatzes auch $(x \pm y)^p = x^p \pm y^p$. Aus $x^p = 0$ folgt natürlich $x = 0$; die betrachtete Abbildung ist also auch injektiv.

4.1.7. Bemerkung. Der Frobenius-Homomorphismus eines endlichen Körpers ist ein Automorphismus. Für jede Primzahl p ist der Frobenius-Homomorphismus des Körpers $\mathbb{Z}/p\mathbb{Z}$ die Identität.

Beweis. Da jede injektive Abbildung einer endlichen Menge in sich auch surjektiv ist, folgt die erste Behauptung sofort; die zweite erhält man mit 4.1.5.

4.1.8. Satz. Ein Körper der Charakteristik $p > 0$ ist genau dann vollkommen, wenn sein Frobenius-Homomorphismus surjektiv ist.

Beweis. Sei K ein Körper der Charakteristik $p > 0$. Ist K vollkommen, so ist für jedes $a \in K$ das Polynom $f:= X^p - a \in K[X]$ separabel. Sei g ein in $K[X]$ irreduzibler

Faktor von f, L⊃K sein Zerfällungskörper und b ∈ L eine Nullstelle von g. Dann gilt b^p = a und daher f = X^p - b^p = $(X-b)^p$
in L[X], so daß es ein n ∈ {1,...,p} mit g = $(X-b)^n$ gibt. Da
f separabel ist, hat g nur einfache Nullstellen in L. Man erhält n = 1 und damit b ∈ K. Zu jedem a ∈ K gibt es also ein
b ∈ K mit b^p = a.

Sei nun umgekehrt der Frobenius-Homomorphismus von K surjektiv
und f ∈ K[X] irreduzibel. Hätte f mehrfache Nullstellen in seinem Zerfällungskörper, so würde es nach 3.4.7 ein g ∈ K[X] mit
f(X) = $g(X^p)$ geben. Man hätte also $a_o,...,a_n$ ∈ K mit f(X) =
= a_o + $a_1 X^p$ +...+$a_n (X^p)^n$. Nach Voraussetzung gibt es zu jedem
i ∈ {0,...,n} ein b_i ∈ K mit b_i^p = a_i. Daher würde man

$$f(X) = b_o^p + b_1^p X^p +...+ b_n^p (X^n)^p = (b_o + b_1 X +...+ b_n X^n)^p$$

erhalten; f wäre also nicht irreduzibel.

Mit 4.1.7 folgt sofort:

4.1.9. Korollar. Jeder endliche Körper ist vollkommen.

Nach 4.1.1 ist die Anzahl der Elemente eines endlichen Körpers
eine Primzahlpotenz. Wir wollen jetzt untersuchen, ob es zu
jeder Primzahlpotenz q einen Körper mit q Elementen gibt.

4.1.10. Satz. Für jede Primzahl p und jedes n ∈ ℕ∖{0} gilt:
1) Ist K⊃ ℤ/pℤ der Zerfällungskörper des Polynoms
   X^{p^n} - X ∈ (ℤ/pℤ)[X], so ist K ein Körper mit p^n Elementen.
2) Ist K ein Körper mit p^n Elementen und P sein Primkörper, so
   ist K⊃P Zerfällungskörper des Polynoms X^{p^n} - X ∈ P[X].
3) Je zwei Körper mit p^n Elementen sind isomorph.

Beweis. 1) Wir zeigen zunächst, daß die Menge der Nullstellen
von f:= X^{p^n} - X in K ein Zwischenkörper von K⊃ℤ/pℤ ist, daß
also K mit dieser Menge übereinstimmt. Da die Gruppe (ℤ/pℤ)*
die Ordnung p-1 hat, gilt a^{p-1} = 1, also a^p = a und a^{p^n} = a
für alle a ∈ (ℤ/pℤ)*, so daß ℤ/pℤ in der Menge der Nullstellen
von f enthalten ist. Sind a,b Nullstellen von f, so erhält man
außerdem

$$(a \underset{\div}{\pm} b)^{p^n} = a^{p^n} \underset{\div}{\pm} b^{p^n} = a \underset{\div}{\pm} b \text{ und } (\frac{a}{b})^{p^n} = \frac{a^{p^n}}{b^{p^n}} = \frac{a}{b}$$

- 165 -

falls b ≠ 0.

Wegen $D(f) = -1$ haben f und $D(f)$ keine gemeinsame Nullstelle, so daß mit 3.4.4 folgt, daß K genau p^n Elemente enthält.

2) Da die Gruppe K* die Ordnung p^n-1 besitzt, gilt $a^{p^n} = a$ für alle $a \in K*$ und damit für alle $a \in K$. Da das Polynom $X^{p^n} - X$ in einem Oberkörper von P höchstens p^n Nullstellen hat, ist K die Menge seiner Nullstellen im Zerfällungskörper. K⊃P ist daher Zerfällungskörper dieses Polynoms.

3) Sind K und K' Körper mit p^n Elementen, so gilt nach 4.1.1 char(K) = p = char(K'), so daß der Primkörper P von K nach 1.1.9 isomorph ist zum Primkörper P' von K'. Wegen 2) und 2.2.6 sind K und K' isomorph.

Ist p eine Primzahl und n eine von 0 verschiedene natürliche Zahl, so nennt man den bis auf Isomorphie eindeutig bestimmten Körper mit p^n Elementen manchmal das Galois-Feld mit p^n Elementen und bezeichnet ihn mit GF(p^n) oder mit $\mathbb{F}_{p^n}$.

4.1.11. Satz. Ist p eine Primzahl und $n \in \mathbb{N}\setminus\{0\}$, so gilt für jeden Körper K mit p^n Elementen und seinen Primkörper P:

1) Die Körpererweiterung K⊃P ist eine Galois-Erweiterung.

2) Der Frobenius-Homomorphismus von K erzeugt die Automorphismengruppe von K (die nach 3.1.3 mit der Galois-Gruppe von K⊃P übereinstimmt).

Beweis. Da das Polynom $X^{p^n} - X \in P[X]$ wegen $D(X^{p^n}-X) = -1$ separabel ist, folgt 1) sofort aus 4.1.10 und 3.5.1.

2) Der Hauptsatz der Galois-Theorie liefert ord Aut(K) = [K:P] = n. Man hat sich also lediglich zu überlegen, daß die Potenzen $\sigma^0, \sigma^1, \ldots, \sigma^{n-1}$ des Frobenius-Homomorphismus σ von K paarweise verschieden sind. Dies ist jedoch klar, denn für jedes erzeugende Element a der Gruppe K* (nach 4.1.5 existiert ein solches) und jedes $i \in \mathbb{N}$ gilt $\sigma^i(a) = a^{p^i}$.

4.1.12. Korollar. Sei p eine Primzahl und $n \in \mathbb{N}\setminus\{0\}$. Ist dann K ein Körper mit p^n Elementen und σ sein Frobenius-Homomorphismus, so sind die Körper Fix($K;[\sigma^i]$), $i \in \mathbb{N}$ und i|n, die verschiedenen Unterkörper von K. Zu jedem positiven Teiler i von n gibt es also genau einen Unterkörper von K mit p^i Elementen.

- 166 -

Beweis. Nach I,1.11.13 und 4.1.11 sind die Gruppen $[\sigma^i]$, $i \in \mathbb{N}$
und $i|n$, die verschiedenen Untergruppen von Aut(K). Es gilt
$\text{ord}([\sigma^i]) = \frac{n}{i}$, also $[\text{Aut}(K):[\sigma^i]] = i$, so daß der Hauptsatz der
Galois-Theorie die Behauptung liefert, wenn man noch 4.1.1 be-
achtet.

4.2. Der Satz vom primitiven Element

In diesem Abschnitt soll untersucht werden, wann eine Körpererweiterung K⊃k einfach ist, wann es also ein Element a ∈ K
mit K = k(a) gibt. Ein solches Element hatten wir in 1.3.3
primitives Element von K⊃k genannt.

4.2.1. Bemerkung. Ist k ein endlicher Körper, so ist jede endliche Körpererweiterung K⊃k einfach.

Beweis. Ist n:= $[K:k]$, so sind die k-Vektorräume k^n und K isomorph; K ist also ein endlicher Körper. Nach 4.1.5 gibt es ein
a ∈ K und ein q ∈ $\mathbb{N}$ mit K = $\{0,1,a,\ldots,a^{q-2}\}$, und man erhält
K = k(a).

4.2.2. Satz. Eine Körpererweiterung ist genau dann einfach und
algebraisch, wenn sie nur endlich viele Zwischenkörper besitzt.

Beweis. 1) Sei K⊃k eine einfache algebraische Körpererweiterung, a ein primitives Element von K⊃k und f das Minimalpolynom von a über k. Da K[X] ein faktorieller Ring ist, ist die
Menge T aller normierten g ∈ K[X], die in K[X] Teiler von f
sind, endlich. Bezeichnet man mit Z die Menge der Zwischenkörper von K⊃k und für jedes L ∈ Z mit g_L das Minimalpolynom von
a über L, so erhält man eine Abbildung

$$\alpha: Z \longrightarrow T, \quad L \longmapsto g_L.$$

Um zu zeigen, daß Z endlich ist, genügt es, nachzuweisen, daß
α injektiv ist, denn T ist endlich. Wir betrachten dazu die
Abbildung

$$\beta: T \longrightarrow Z, \quad X^{n+1} + b_n X^n + \ldots + b_0 \longmapsto k(b_0,\ldots,b_n).$$

Für jedes L ∈ Z ist L':= $\beta(\alpha(L))$ ein Zwischenkörper von K⊃k.
Wegen K = k(a) gilt auch K = L(a) = L'(a). Da das Minimalpoly-

nom g_L von a über L wegen L'⊂L auch über L' irreduzibel ist,
folgt $[K:L] = \deg(g_L) = [K:L']$ und daher $L = L'$. Man erhält
$\beta \circ \alpha = id_Z$; α ist also injektiv.

2) Besitzt eine Körpererweiterung K⊃k nur endlich viele Zwischenkörper, so ist sie nach 1.4.4 algebraisch. Außerdem gibt
es dann $a_1,\ldots,a_n \in K$ mit $K = k(a_1,\ldots,a_n)$, so daß die Körpererweiterung K⊃k nach 1.6.2 endlich ist. Ist daher k ein endlicher Körper, so folgt die Behauptung unmittelbar aus 4.2.1.
Sei also k ein unendlicher Körper. Für jedes $x \in k$ ist
$k_x := k(a_1+xa_2)$ ein Zwischenkörper von K⊃k und es gilt
$k \subset k_x \subset k(a_1,a_2) \subset K$. Da k unendlich ist und K⊃k nur endlich viele
Zwischenkörper besitzt, gibt es $x,y \in k$ mit $x \neq y$ und $k_x = k_y$.
Es folgt der Reihe nach $a_1 + ya_2 \in k_x$, $(x-y)a_2 = (a_1+xa_2) -$
$- (a_1+ya_2) \in k_x$, $a_2 \in k_x$, $a_1 \in k_x$ und daher $k(a_1,a_2) = k(a_1+xa_2)$.
Setzt man dieses Verfahren fort, so erhält man $x_2,\ldots,x_n \in k$
mit $k(a_1,\ldots,a_n) = k(a_1+x_2a_2+\ldots+x_na_n)$.

4.2.3. **Satz vom primitiven Element.** Jede endliche separable
Körpererweiterung besitzt ein primitives Element.

Beweis. Sei K⊃k eine endliche separable Körpererweiterung.
Dann gibt es nach 1.6.2 über k separable Elemente $a_1,\ldots,a_n \in K$
mit $K = k(a_1,\ldots,a_n)$. Nach 3.5.5 gibt es einen Oberkörper L
von K, so daß L⊃k eine Galois-Erweiterung ist. Da L⊃k nach dem
Hauptsatz der Galois-Theorie nur endlich viele Zwischenkörper
besitzt, gilt dasselbe für K⊃k und die Behauptung folgt aus
4.2.2.

Mit Hilfe von 3.5.1 und 3.4.8 folgt hieraus sofort

4.2.4. **Korollar.** Jede Galois-Erweiterung ist einfach. Ist k
ein Körper der Charakteristik O, so ist jede endliche Körpererweiterung K⊃k einfach.

4.2.5. Wir wollen noch ein Verfahren angeben, das es gestattet,
primitive Elemente einer endlichen separablen Körpererweiterung K⊃k zu berechnen, wenn k unendlich viele Elemente enthält.
Wie im Beweis von 4.2.2 setzen wir dabei zunächst $K = k(a,b)$
voraus. Dann erhält man wie folgt ein primitives Element von
K⊃k:

1) Man bestimme die Minimalpolynome f von a und g von b über
   k und ihre Nullstellen im Zerfällungskörper L⊃k von f·g.

2) Man bestimme ein x ∈ k mit c + xd ≠ a + xb für alle Nullstellen c von f und alle von b verschiedenen Nullstellen d
   von g in L. Das ist möglich, da k unendlich viele Elemente
   enthält.

Dann ist a + xb ein primitives Element von K⊃k, wie wir im
folgenden beweisen werden:

Wegen a + xb ∈ k(a,b) gilt jedenfalls k(a+xb)⊂k(a,b). Nach
Wahl von x ist b die einzige in L gelegene gemeinsame Nullstelle der Polynome g(X) und f(a+xb-xX) aus k(a+xb)[X]. Daher
ist b auch die einzige in L gelegene Nullstelle eines in
k(a+xb)[X] gebildeten größten gemeinsamen Teilers dieser Polynome. Da L einen Zerfällungskörper des größten gemeinsamen
Teilers enthält, kann angenommen werden, daß dieser von der
Form $(X-b)^n$ mit n ∈ ℕ∖{0} ist. Da b über k separabel ist, gilt
sogar n=1; X-b ist also ein in k(a+xb)[X] gebildeter größter
gemeinsamer Teiler der Polynome g(X) und f(a+xb-xX), und man
erhält b ∈ k(a+xb). Dann liegt aber auch a in k(a+xb), so daß
k(a,b)⊂k(a+xb) folgt.

Zum Beispiel ist $\sqrt{2}+\sqrt{3}$ primitives Element der Körpererweite-
rung $\mathbb{Q}(\sqrt{2},\sqrt{3})⊃\mathbb{Q}$, denn X^2-2 bzw. X^2-3 ist das Minimalpolynom
von $\sqrt{2}$ bzw. $\sqrt{3}$ über $\mathbb{Q}$,und es ist $\sqrt{2}+\sqrt{3} ≠ ±\sqrt{2} - \sqrt{3}$. Dies kann
man natürlich auch direkt nachrechnen: Wegen $\sqrt{2}+\sqrt{3} ∈ \mathbb{Q}(\sqrt{2},\sqrt{3})$
gilt zunächst $\mathbb{Q}(\sqrt{2}+\sqrt{3})⊂\mathbb{Q}(\sqrt{2},\sqrt{3})$. Außerdem hat man 5+2$\sqrt{6}$ =
= $(\sqrt{2}+\sqrt{3})^2 ∈ \mathbb{Q}(\sqrt{2}+\sqrt{3})$, also $\sqrt{6} ∈ \mathbb{Q}(\sqrt{2}+\sqrt{3})$ und daher 3$\sqrt{2}$+2$\sqrt{3}$ =
= $\sqrt{6}(\sqrt{2}+\sqrt{3}) ∈ \mathbb{Q}(\sqrt{2}+\sqrt{3})$. Mit $\sqrt{2}+\sqrt{3} ∈ \mathbb{Q}(\sqrt{2}+\sqrt{3})$ folgt
$\sqrt{2},\sqrt{3} ∈ \mathbb{Q}(\sqrt{2}+\sqrt{3})$, also auch $\mathbb{Q}(\sqrt{2},\sqrt{3})⊂\mathbb{Q}(\sqrt{2}+\sqrt{3})$.

4.3. Einheitswurzeln

4.3.1. Definition. Sei K ein Körper und n eine positive ganze
Zahl. Ein Element a von K heißt n-te Einheitswurzel in K, wenn
$$a^n = 1$$
gilt, d.h. wenn a Nullstelle des Polynoms $X^n-1 ∈ K[X]$ ist.
Wir bezeichnen den Zerfällungskörper des Polynoms X^n-1 über K
stets mit K_n und die Menge der n-ten Einheitswurzeln in K_n
mit $E_n(K)$. Man nennt die Elemente von $E_n(K)$ auch n-te Ein-

heitswurzeln über K.

4.3.2. Bemerkung. Sei n eine positive ganze Zahl. Dann gilt:

1) $\{\exp(2\pi i \frac{\nu}{n}): \nu \in \{0,\ldots,n-1\}\}$ ist die Menge der n-ten Einheitswurzeln in $\mathbb{C}$.

2) Ist p eine Primzahl und K ein Körper mit p^n Elementen, so ist jedes Element von K* eine (p^n-1)-te Einheitswurzel in K.

3) Ist K ein Körper und d ein positiver Teiler von n, so enthält K_n einen Zerfällungskörper von $x^d-1 \in K[X]$ über K; wir können K_d also stets als Unterkörper von K_n betrachten.

4) Ist K ein Körper der Charakteristik $p > 0$, so gilt für alle $m,n \in \mathbb{N} \smallsetminus \{0\}$ mit $n = mp$: $K_m = K_n$ und $E_m(K) = E_n(K)$.

5) Für jeden Körper K ist $E_n(K)$ eine zyklische Untergruppe von K_n^*. Ihre Ordnung ist n, wenn char(K) kein Teiler von n ist, d.h. das Polynom $X^n - 1 \in K[X]$ hat in diesem Fall keine mehrfachen Nullstellen in seinem Zerfällungskörper.

6) Für jeden Körper K ist $K_n \supset K$ eine Galois-Erweiterung.

Beweis. 1) und 2) sind klar.

3) Ist $n = dm$, so gilt $X^n-1 = (X^d-1)(X^{d(m-1)}+X^{d(m-2)}+\ldots+X^d+1)$.

4) folgt aus $X^n-1 = (X^m)^p - 1^p = (X^m-1)^p$.

5) $E_n(K)$ ist auf Grund seiner Definition eine Untergruppe der Ordnung $\leq n$ von K_n^*. Nach 4.1.4 ist sie zyklisch. Wegen $D(X^n-1) = nX^{n-1}$ und 3.4.4 hat das Polynom $X^n - 1 \in K[X]$ keine mehrfachen Nullstellen in seinem Zerfällungskörper, wenn char(K) kein Teiler von n ist.

6) Da man im Falle char(K) > 0 wegen 4) voraussetzen kann, daß n und char(K) teilerfremd sind, ist $K_n \supset K$ als Zerfällungskörper des nach 3) separablen Polynoms X^n-1 nach 3.5.1 eine Galois-Erweiterung.

4.3.3. Definition. Sei n eine von 0 verschiedene natürliche Zahl. Die Gruppe $\mathbb{Z}_n^*$ der Einheiten des Ringes $\mathbb{Z}/n\mathbb{Z}$ heißt Primrestklassengruppe modulo n. Ist $\varphi(n)$ die Anzahl der natürlichen Zahlen m mit $1 \leq m \leq n$, die zu n teilerfremd sind, so heißt die Abbildung $\varphi: \mathbb{N} \smallsetminus \{0\} \to \mathbb{N}$, $n \mapsto \varphi(n)$, die Eulersche φ-Funktion.

4.3.4. Satz.

1) Für jedes $n \in \mathbb{N} \smallsetminus \{0\}$ gilt: $\mathbb{Z}_n^* = \{m+n\mathbb{Z}: m \in \{0,\ldots,n-1\}$ und m,n teilerfremd $\}$.

2) Für jedes $n \in \mathbb{N} \smallsetminus \{0\}$ gilt $\mathrm{ord}(\mathbb{Z}_n^*) = \varphi(n)$.

3) Für alle teilerfremden $m, n \in \mathbb{N} \smallsetminus \{0\}$ gilt $\varphi(mn) = \varphi(m)\varphi(n)$.

4) Ist $n \in \mathbb{N} \smallsetminus \{0,1\}$ und gilt $n = p_1^{\ell_1} \cdot \ldots \cdot p_r^{\ell_r}$, wobei $p_1, \ldots, p_r$ die verschiedenen Primteiler von n sind, so gilt

$$\varphi(n) = p_1^{\ell_1 - 1} \cdot \ldots \cdot p_r^{\ell_r - 1} \, (p_1 - 1) \cdot \ldots \cdot (p_r - 1) = n \cdot (1 - \tfrac{1}{p_1}) \cdot \ldots \cdot (1 - \tfrac{1}{p_r})$$

<u>Beweis.</u> 1) Es gilt $\mathbb{Z}/n\mathbb{Z} = \{m + n\mathbb{Z} : m \in \{0, \ldots, n-1\}\}$. Sei also $m \in \{0, \ldots, n-1\}$. Dann gilt: $m + n\mathbb{Z} \in \mathbb{Z}_n^* \leftrightarrow$ Es gibt $m' \in \{0, \ldots, n-1\}$ mit $(m' + n\mathbb{Z})(m + n\mathbb{Z}) = 1 + n\mathbb{Z} \leftrightarrow$ Es gibt $m' \in \{0, \ldots, n-1\}$ mit $m'm - 1 \in n\mathbb{Z} \leftrightarrow$ Es gibt $m' \in \{0, \ldots, n-1\}$ und $q \in \mathbb{Z}$ mit $m'm + qn = 1 \leftrightarrow m$ und n sind teilerfremd.

2) folgt aus 1).

3) Wegen 2) ist $\mathbb{Z}_{mn}^* \cong \mathbb{Z}_m^* \times \mathbb{Z}_n^*$ zu zeigen. Zur Vereinfachung der Schreibweise setzen wir $\mathbb{Z}_\ell := \mathbb{Z}/\ell\mathbb{Z}$ für $\ell \in \mathbb{N} \smallsetminus \{0\}$. Man prüft ohne Schwierigkeiten nach, daß die Abbildung

$$\mathbb{Z}_{mn} \longrightarrow \mathbb{Z}_m \times \mathbb{Z}_n, k + mn\mathbb{Z} \longmapsto (k + m\mathbb{Z}, k + n\mathbb{Z})$$

ein injektiver Ringhomomorphismus ist. Da dieser eine mn-elementige Menge in eine mn-elementige Menge abbildet, ist er sogar ein Isomorphismus und man hat nur noch $(\mathbb{Z}_m \times \mathbb{Z}_n)^* = \mathbb{Z}_m^* \times \mathbb{Z}_n^*$ zu beweisen. Das folgt aber aus

$(a,b) \in (\mathbb{Z}_m \times \mathbb{Z}_n)^* \leftrightarrow$ Es gibt $(a',b') \in \mathbb{Z}_m \times \mathbb{Z}_n$ mit $(a',b')(a,b) = (1,1) \leftrightarrow$ Es gibt $a' \in \mathbb{Z}_m$ mit $a'a = 1$ und $b' \in \mathbb{Z}_n$ mit $b'b = 1 \leftrightarrow a \in \mathbb{Z}_m^*$ und $b \in \mathbb{Z}_n^*$.

4) Für jede Primzahl p und jedes $k \in \mathbb{N} \smallsetminus \{0\}$ gilt $\varphi(p^k) = p^k - p^{k-1}$. Ist nämlich $\ell \in \mathbb{N}$ und F_ℓ die Menge der zu p^k teilerfremden natürlichen Zahlen m mit $\ell p < m < (\ell+1)p$, so hat man eine bijektive Abbildung $F_o \to F_\ell$, $m \mapsto m + \ell p$, wie man sofort nachprüft. Daher gilt $\varphi(p^k) = p^{k-1} \mathrm{ord}(F_o) = p^{k-1}(p-1)$. Mit 3) folgt hieraus unmittelbar die Behauptung.

<u>4.3.5.</u> <u>Definition.</u> Sei K ein Körper und n eine positive ganze Zahl. Eine n-te Einheitswurzel in K heißt <u>primitiv</u>, wenn sie als Element der Gruppe K^* die Ordnung n hat.

Die Menge der primitiven n-ten Einheitswurzeln in K_n wird mit $PE_n(K)$ bezeichnet.

<u>4.3.6.</u> <u>Bemerkung.</u> Ist K ein Körper und n eine natürliche Zahl,

die nicht durch die Charakteristik von K teilbar ist, so gilt:
1) ζ ist genau dann eine primitive n-te Einheitswurzel in K_n, wenn ζ die Gruppe $E_n(K)$ erzeugt.
2) Ist $\zeta \in PE_n(K)$ und $m \in \mathbb{N}$, so liegt ζ^m genau dann in $PE_n(K)$, wenn m und n teilerfremd sind. Es gibt also genau $\varphi(n)$ primitive n-te Einheitswurzeln in K_n.
3) Für jeden positiven Teiler d von n ist $E_d(K) \subset E_n(K)$ und $PE_d(K) = \{\zeta \in E_n(K): \text{ord}(\zeta) = d\}$.
4) Die Teilmengen $PE_d(K)$, $d|n$ und $d > 0$, von K_n sind paarweise disjunkt und es gilt $E_n(K) = \bigcup_{\substack{d|n \\ d>0}} PE_d(K)$.

Beweis. 1) ist wegen 4.3.2 klar, 2) folgt mit I,1.11.12. 3) ist wieder klar und 4) folgt aus 3).

So ist etwa $\zeta := \exp(\frac{2\pi i}{8})$ eine primitive 8-te Einheitswurzel in $\mathbb{C}$ und 1,3,5,7 sind die zu 8 teilerfremden natürlichen Zahlen m mit $1 \le m \le 8$. Es gilt also $\varphi(8) = 4$ und $\{\zeta, \zeta^3, \zeta^5, \zeta^7\}$ ist die Menge aller primitiven 8-ten Einheitswurzeln in $\mathbb{C}$.

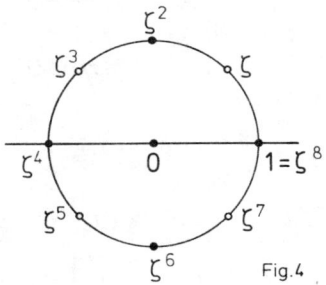

Fig.4

Setzt man in 4.3.6 $K = \mathbb{Q}$, so erkennt man unmittelbar, daß für jedes $n \in \mathbb{N} \setminus \{0\}$ gilt:

$$\sum_{\substack{d|n \\ d>0}} \varphi(d) = n.$$

Diese Formel kann man verwenden, um die im Beweis von 4.3.4 bereits hergeleitete Beziehung $\varphi(p^k) = p^k - p^{k-1}$ für jede Primzahl p und jedes $k \in \mathbb{N} \setminus \{0\}$ zu gewinnen, denn die positiven Teiler von p^k sind $1, p, p^2, \ldots, p^k$.

4.3.7. Definition. Sei K ein Körper und n eine natürliche Zahl,
die nicht durch die Charakteristik von K teilbar ist.
Sind $\zeta_1, \ldots, \zeta_{\varphi(n)}$ die primitiven n-ten Einheitswurzeln in K_n,
so heißt das Polynom

$$\Phi_n(X) := (X-\zeta_1) \cdot \ldots \cdot (X-\zeta_{\varphi(n)}) \in K_n[X]$$

das n-te Kreisteilungspolynom von K.

4.3.8. Satz. Sei K ein Körper und n eine natürliche Zahl, die
nicht durch die Charakteristik von K teilbar ist. Dann gilt
für das n-te Kreisteilungspolynom Φ_n von K:

1) $\deg(\Phi_n) = \varphi(n)$.

2) $X^n - 1 = \prod_{\substack{d \mid n \\ d > 0}} \Phi_d$.

3) Die Koeffizienten von Φ_n sind von der Form $m \cdot 1$ mit $m \in \mathbb{Z}$,
wobei mit 1 das Einselement von K bezeichnet ist.

Beweis. 1) folgt unmittelbar aus der Definition von Φ_n, 2) aus
Teil 4 von 4.3.6. Mit Hilfe von 2) wird 3) durch vollständige
Induktion bewiesen: Zunächst gilt $\Phi_1 = X-1$. Sei also n eine
natürliche Zahl mit n > 1 und char(K)∤n, und Aussage 3) sei
richtig für alle $d \in \mathbb{N} \smallsetminus \{0\}$ mit char(K)∤d und d < n.
$\mathbb{Z} \cdot 1 := \{m \cdot 1 : m \in \mathbb{Z}\}$ ist ein Unterring von K und nach II,2.2.3
gibt es $q, r \in (\mathbb{Z} \cdot 1)[X]$ mit

$$X^n - 1 = q \cdot \prod_{\substack{d \mid n \\ 0 < d < n}} \Phi_d + r \quad \text{und} \quad \deg(r) < \deg\left(\prod_{\substack{d \mid n \\ 0 < d < n}} \Phi_d \right).$$

Betrachtet man diese Gleichung in $K_n[X]$, so zeigt eine Gradbe-
trachtung wegen

$$X^n - 1 = \Phi_n \cdot \prod_{\substack{d \mid n \\ 0 < d < n}} \Phi_d ,$$

daß $\Phi_n = q \in (\mathbb{Z} \cdot 1)[X]$ gilt.

Aussage 2) dieses Satzes ermöglicht die rekursive Berechnung
der Kreisteilungspolynome. Insbesondere erhält man für eine
Primzahl p

$$\Phi_p = \frac{X^p - 1}{X - 1} = X^{p-1} + \ldots + X + 1,$$

so daß etwa $\Phi_6 = \dfrac{X^6 - 1}{\Phi_1 \cdot \Phi_2 \cdot \Phi_3} = \dfrac{X^6 - 1}{(X-1)(X+1)(X^2+X+1)} = X^2 - X + 1$ folgt.

Für n ≤ 11 sind die Kreisteilungspolynome in nachstehender
Tabelle enthalten.

n	Φ_n
1	$X - 1$
2	$X + 1$
3	$X^2 + X + 1$
4	$X^2 + 1$
5	$X^4 + X^3 + X^2 + X + 1$
6	$X^2 - X + 1$
7	$X^6 + X^5 + X^4 + X^3 + X^2 + X + 1$
8	$X^4 + 1$
9	$X^6 + X^3 + 1$
10	$X^4 - X^3 + X^2 - X + 1$
11	$X^{10} + X^9 + \ldots + X^2 + X + 1$

Nun wollen wir die Galoisgruppe $\text{Aut}(\mathbb{Q}_n;\mathbb{Q})$ berechnen.

4.3.9. Satz. Sei K ein Körper und n eine natürliche Zahl, die
nicht durch die Charakteristik von K teilbar ist.
Dann gibt es einen Monomorphismus

$$\text{Aut}(K_n;K) \longrightarrow \mathbb{Z}_n^*$$

der Galois-Gruppe von $K_n \supset K$ in die Primrestklassengruppe modulo
n. Die Galois-Gruppe von $K_n \supset K$ ist also abelsch.

Beweis. Jedes $\sigma \in \text{Aut}(K_n;K)$ bildet die Gruppe $E_n(K)$ auf sich
ab, denn $E_n(K)$ ist die Menge der Nullstellen des Polynoms
X^n-1 in K_n. Ist daher ζ eine primitive n-te Einheitswurzel in
K_n, so ist für jedes $\sigma \in \text{Aut}(K_n;K)$ auch $\sigma(\zeta)$ eine primitive
n-te Einheitswurzel in K_n, so daß es ein zu n teilerfremdes
$m \in \mathbb{N}$ mit $\sigma(\zeta) = \zeta^m$ gibt. Gilt außerdem $\sigma(\zeta) = \zeta^\ell$ mit $\ell \in \mathbb{N}$, so
erhält man $n|(m-\ell)$ wegen $\text{ord}(E_n(K)) = n$ und daher $m + n\mathbb{Z} = \ell + n\mathbb{Z}$. Auf diese Weise hat man also eine Abbildung

$$\text{Aut}(K_n;K) \longrightarrow \mathbb{Z}_n^*, \sigma \longmapsto m + n\mathbb{Z},$$

erklärt. Diese ist trivialerweise ein Homomorphismus. Wegen
$K_n = K(\zeta)$ ist sie auch injektiv.

Im Fall $K = \mathbb{Q}$ können wir diese Aussage noch verschärfen.

4.3.10. Satz. Sei $n \in \mathbb{N} \setminus \{0\}$, $\Phi_n \in \mathbb{Z}[X]$ das n-te Kreisteilungs-polynom und $\mathbb{Q}_n \supset \mathbb{Q}$ der Zerfällungskörper von $X^n - 1$. Dann gilt:
1) Φ_n ist irreduzibel in $\mathbb{Q}[X]$.
2) $[\mathbb{Q}_n : \mathbb{Q}] = \varphi(n)$.
3) Es gibt einen Isomorphismus $\mathrm{Aut}(\mathbb{Q}_n; \mathbb{Q}) \to \mathbb{Z}_n^*$.

Beweis. Wir zeigen zunächst, daß 2) und 3) einfache Folgerun-gen von 1) sind. Ist nämlich Φ_n irreduzibel, so ist es das Mi-nimalpolynom jeder primitiven n-ten Einheitswurzel $\zeta \in \mathbb{Q}_n$. We-gen $\mathbb{Q}_n = \mathbb{Q}(\zeta)$ folgt 2) aus 1.5.5 und 4.3.8. Da $\mathbb{Q}_n \supset \mathbb{Q}$ nach 4.3.2 eine Galois-Erweiterung ist, gilt ord $\mathrm{Aut}(\mathbb{Q}_n; \mathbb{Q}) = \varphi(n)$. Da auch ord $\mathbb{Z}_n^* = \varphi(n)$ gilt, ist der Monomorphismus aus 4.3.9 ein Isomorphismus.

Zum Beweis von 1) genügt es nach II,4.5.5, zu zeigen, daß Φ_n irreduzibel in $\mathbb{Z}[X]$ ist. Sei dazu $f \in \mathbb{Z}[X]$ ein irreduzibler Faktor von Φ_n. Wir wollen beweisen, daß für jede Nullstelle $\zeta \in \mathbb{Q}_n$ von f und jede Primzahl p mit $p \nmid n$ auch ζ^p eine Nullstel-le von f ist, denn hieraus folgt die Behauptung, wie wir zu-nächst zeigen wollen: Ist nämlich $\zeta_o \in \mathbb{Q}_n$ eine Nullstelle von f, so ist ζ_o auch Nullstelle von Φ_n, also eine primitive n-te Einheitswurzel. Daher gibt es zu jeder primitiven n-ten Ein-heitswurzel $\zeta \in \mathbb{Q}_n$ mit $\zeta \neq \zeta_o$ ein zu n teilerfremdes $m > 1$ mit $\zeta = \zeta_o^m$. Ist $m = p_1 \cdot \ldots \cdot p_r$ die Primfaktorzerlegung von m, so ist keines der p_i Teiler von n. Also ist zunächst $\zeta_o^{p_1}$ eine Null-stelle von f. Da p_2 kein Teiler von n ist, folgt ebenso

$$f(\zeta_o^{p_1 p_2}) = f((\zeta_o^{p_1})^{p_2}) = 0$$

und nach Wiederholung des Verfahrens schließlich $f(\zeta) = f(\zeta_o^m) = 0$. Jede Nullstelle von Φ_n ist also auch Nullstelle von f.

Es bleibt daher nur noch der oben verwendete Sachverhalt zu beweisen. Sei dazu $\zeta \in \mathbb{Q}_n$ eine Nullstelle von f und p eine Primzahl mit $p \nmid n$. Wegen $\Phi_n \mid (X^n - 1)$ in $\mathbb{Z}[X]$ gibt es ein $g \in \mathbb{Z}[X]$ mit

$$X^n - 1 = f \cdot g \ .$$

Wir wollen die Annahme $f(\zeta^p) \neq 0$ zum Widerspruch führen. Aus $f(\zeta^p) \neq 0$ folgt wegen $(\zeta^p)^n = (\zeta^n)^p = 1$, daß $g(\zeta^p) = 0$ gilt;

ζ ist also Nullstelle des Polynoms $g(X^p)$. Man kann ohne Einschränkung annehmen, daß f normiert ist. Da dann f das Minimalpolynom von ζ über $\mathbb{Q}$ ist, gibt es $h \in \mathbb{Q}[X]$ mit

$$g(X^p) = f \cdot h .$$

Es gilt sogar $h \in \mathbb{Z}[X]$, denn wegen $f,g \in \mathbb{Z}[X]$, f normiert,
gibt es $q,r \in \mathbb{Z}[X]$ mit $g(X^p) = f \cdot q + r$ und $\deg(r) < \deg(f)$,
und aus der Eindeutigkeit der Division mit Rest in $\mathbb{Q}[X]$ folgt
$h = q \in \mathbb{Z}[X]$.
Nun betrachtet man die Fortsetzung

$$\mathbb{Z}[X] \longrightarrow (\mathbb{Z}/p\mathbb{Z})[X], \quad F \longmapsto \overline{F},$$

des kanonischen Epimorphismus $\mathbb{Z} \rightarrow \mathbb{Z}/p\mathbb{Z}$, $a \mapsto \overline{a}$, auf die Polynomringe. Aus $g(X^p) = f \cdot h$ folgt $\overline{g(X^p)} = \overline{f} \cdot \overline{h}$. Wegen 4.1.7 gilt
$\overline{g(X^p)} = \overline{g}^p$, so daß man

$$\overline{g}^p = \overline{f} \cdot \overline{h}$$

erhält. Da f normiert ist, ist $\overline{f}$ nicht konstant. Jeder in
$(\mathbb{Z}/p\mathbb{Z})[X]$ irreduzible Teiler $\overline{f_o}$ von $\overline{f}$ ist wegen $\overline{g}^p = \overline{f} \cdot \overline{h}$ auch
Teiler von $\overline{g}$, so daß $\overline{f_o}^2 \mid (X^n-\overline{1})$ aus $X^n-\overline{1} = \overline{f} \cdot \overline{g}$ folgt. $X^n-\overline{1}$ hat
also mehrfache Nullstellen in seinem Zerfällungskörper über
$\mathbb{Z}/p\mathbb{Z}$. Wegen $p \nmid n$ widerspricht dies 4.3.2.

4.4. Reine Polynome

4.4.1. Definition. Sei k ein Körper. Ein Polynom $f \in k[X]$
heißt reines Polynom über k, wenn es ein $n \in \mathbb{N} \setminus \{0\}$ und ein
$a \in k$ mit

$$f = X^n - a$$

gibt. Ist $n \in \mathbb{N} \setminus \{0\}$ und $a \in k$, so bezeichnet man jede Nullstelle des Polynoms X^n-a in seinem Zerfällungskörper über k
als n-te Wurzel aus a.

Ist X^n-a ein reines Polynom über einem Körper k und ist die
Charakteristik von k kein Teiler von n, so ist das Polynom
X^n-a wegen $D(X^n-a) = nX^{n-1}$ und 3.4.4 separabel, wenn $a \neq 0$
gilt. In diesem Fall erhält man den Zerfällungskörper $K \supset k$ von
X^n-a in zwei Schritten: Zunächst bildet man den Zerfällungskörper $k_n \supset k$ des Polynoms $X^n-1 \in k[X]$, adjungiert also alle
n-ten Einheitswurzeln an k. Der Körper K entsteht dann aus k_n

durch Adjunktion irgendeiner n-ten Wurzel aus a. Das wollen
wir jetzt beweisen.

4.4.2. Satz. Sei k ein Körper und n eine natürliche Zahl, die
nicht durch die Charakteristik von k teilbar ist.
Ist dann a $\in$ k* und K⊃k der Zerfällungskörper des Polynoms
X^n-a $\in$ k[X], so gilt:

1) Das Polynom X^n-1 $\in$ k[X] zerfällt über K in Linearfaktoren;
   K enthält also einen Zerfällungskörper k_n von X^n-1 über k
   als Unterkörper.

2) Ist b $\in$ K eine n-te Wurzel aus a und sind $\zeta_1,\ldots,\zeta_n \in$ K die
   n-ten Einheitswurzeln, so ist $\{\zeta_1 b,\ldots,\zeta_n b\}$ die Menge aller
   n-ten Wurzeln aus a.

3) Ist b $\in$ K eine n-te Wurzel aus a, so gilt K = k_n(b).

4) Die Körpererweiterungen K⊃k,K⊃k_n und k_n⊃k sind Galois-Erweiterungen.

5) Die Gruppe Aut(K;k_n) ist isomorph zu einer Untergruppe der
   Gruppe $\mathbb{Z}/n\mathbb{Z}$, sie ist also zyklisch und ihre Ordnung teilt n.

6) Ist X^n-a irreduzibel in k_n[X], so sind die Gruppen
   Aut(K;k_n) und $\mathbb{Z}/n\mathbb{Z}$ isomorph.

Beweis. 1) Da das Polynom X^n-a und seine Ableitung keine gemeinsame Nullstelle haben, gibt es n verschiedene n-te Wurzeln
$b_1,\ldots,b_n$ aus a in K*. Die Elemente $1,\frac{b_1}{b_2},\ldots,\frac{b_1}{b_n} \in$ K sind dann
n verschiedene n-te Einheitswurzeln in K. Hieraus folgt die
Behauptung.

2) ist wegen $(\zeta_j b)^n = \zeta_j^n b^n = a$ für alle j $\in \{1,\ldots,n\}$ klar.

3) folgt unmittelbar aus 1) und 2).

4) Da die Polynome X^n-1 und X^n-a aus k[X] nach 3.4.4 separabel
sind, sind k_n⊃k,K⊃k und K⊃k_n wegen 3.5.1 Galois-Erweiterungen.

5) Sei $\zeta \in$ K eine primitive n-te Einheitswurzel und b $\in$ K eine
n-te Wurzel aus a. Da für jedes $\varphi \in$ Aut(K;k_n) auch φ(b) eine
n-te Wurzel aus a ist, gibt es zu jedem solchen φ ein r $\in \mathbb{N}$
mit φ(b) = ζ^rb. Aus φ(b) = ζ^sb mit s $\in \mathbb{N}$ folgt n|(r-s) und da-
her r+$n\mathbb{Z}$ = s+$n\mathbb{Z}$. Auf diese Weise erhält man also eine Abbildung
$$\text{Aut}(K;k_n) \longrightarrow \mathbb{Z}/n\mathbb{Z}, \varphi \longmapsto r + n\mathbb{Z}, \text{wenn } \varphi(b) = \zeta^r b \text{ gilt.}$$

Diese ist trivialerweise ein Homomorphismus und aus r + $n\mathbb{Z}$ =

= $n\mathbb{Z}$ folgt der Reihe nach $r \in n\mathbb{Z}$, $\varphi(b) = \zeta^r b = b$ und $\varphi = id_K$
mit 3). Die Abbildung ist also injektiv.

6) Ist b eine n-te Wurzel aus a, so gilt nach 3), 4) und 3.2.4
ord $Aut(k_n(b);k_n) = [k_n(b):k_n] = n = $ ord $\mathbb{Z}/n\mathbb{Z}$, denn X^n-a ist
nach Voraussetzung das Minimalpolynom von b über k_n. Mit Hilfe
von 3) und 5) erhält man unmittelbar 6).

Aus 4.4.2 folgt sofort

4.4.3. Korollar. Sei k ein Körper und n eine natürliche Zahl,
die nicht durch die Charakteristik von k teilbar ist.
Enthält k eine primitive n-te Einheitswurzel, so ist die
Galois-Gruppe jedes reinen Polynoms über k vom Grad n zyklisch.

Wir wollen umgekehrt zeigen, daß unter gewissen Voraussetzungen
über den Grundkörper jede Galois-Erweiterung mit zyklischer
Galois-Gruppe Zerfällungskörper eines reinen Polynoms ist.

4.4.4. Satz. Sei k ein Körper und n eine natürliche Zahl, die
nicht durch die Charakteristik von k teilbar ist. k enthalte
eine primitive n-te Einheitswurzel.
Ist dann K⊃k eine Galois-Erweiterung vom Grad n mit zyklischer
Galois-Gruppe Aut(K;k), so gibt es ein $b \in K$ mit $b^n \in k$ und
K = k(b). (Wegen 4.4.2 ist dann K⊃k Zerfällungskörper des reinen Polynoms $X^n - b^n \in k[X]$.)

Beweis. Sei $\zeta \in k$ eine primitive n-te Einheitswurzel und φ ein
erzeugendes Element von Aut(K;k). Nach dem Hauptsatz der
Galois-Theorie gilt ord Aut(K;k) = n, so daß die Automorphis-
men $id,\varphi,\ldots,\varphi^{n-1}$ von K paarweise verschieden und daher nach
3.2.7 linear unabhängig über K sind. Es gibt also ein $x \in K$
mit
$$b := x + \zeta\varphi(x) + \ldots + \zeta^{n-1}\varphi^{n-1}(x) \neq 0$$

Man nennt b eine Lagrangesche Resolvente. Es folgt
$$\varphi(b) = \varphi(x) + \zeta\varphi^2(x) + \ldots + \zeta^{n-1}x = \zeta^{-1}b,$$

also $\varphi(b^n) = \varphi(b)^n = b^n$ und daher $b^n \in Fix(K;Aut(K;k)) = k$.
Zum Nachweis von K = k(b) bemerken wir, daß die Beschränkungen
der Automorphismen $id,\varphi,\ldots,\varphi^{n-1}$ auf k(b) wegen $\varphi^m(b) = \zeta^{-m}b$
für alle $m \in \mathbb{N}$ paarweise verschieden sind. Mit 3.2.8 folgt
[k(b):k] $\geq$ n und hieraus k(b) = K wegen [K:k] = n.

Wir wollen nun noch die Galois-Gruppe eines in $\mathbb{Q}_n[X]$ irreduziblen reinen Polynoms über $\mathbb{Q}$ berechnen. Dabei bezeichnen wir
zur Abkürzung die Gruppe $(\mathbb{Z}/n\mathbb{Z},+)$ mit $\mathbb{Z}_n$ und zeigen zunächst:

4.4.5. Bemerkung. Für jedes $n \in \mathbb{N} \setminus \{0\}$ gilt:
1) Bedeutet xy für $x,y \in \mathbb{Z}_n$ das übliche Produkt im Ring $\mathbb{Z}/n\mathbb{Z}$,
   so ist für jedes $x \in \mathbb{Z}_n^*$ die Abbildung

$$\Theta_x : \mathbb{Z}_n \longrightarrow \mathbb{Z}_n, y \longmapsto xy,$$

ein Automorphismus der Gruppe $\mathbb{Z}_n$.
2) Die Abbildung $\Theta : \mathbb{Z}_n^* \longrightarrow \mathrm{Aut}(\mathbb{Z}_n); x \longmapsto \Theta_x$, ist ein Isomorphismus.

Beweis. Da $\mathbb{Z}_n^*$ die Gruppe der Einheiten des Ringes $\mathbb{Z}/n\mathbb{Z}$ ist,
ist 1) klar. Man rechnet sofort nach, daß $\Theta_{xy} = \Theta_x \circ \Theta_y$ für alle
$x,y \in \mathbb{Z}_n^*$ gilt; die Abbildung Θ ist also ein Homomorphismus.
Dieser ist injektiv, denn aus $\Theta_x = \mathrm{id}$ folgt $x = 1$. Sei nun
$\varphi \in \mathrm{Aut}(\mathbb{Z}_n)$ gegeben. Da die Gruppe $\mathbb{Z}_n$ von der Restklasse
$1 = 1 + n\mathbb{Z}$ erzeugt wird, gilt $\varphi(y) = y\varphi(1)$ für jedes $y \in \mathbb{Z}_n$.
Da es ein $y \in \mathbb{Z}_n$ mit $\varphi(y) = 1$ gibt, folgt hieraus $\varphi(1) \in \mathbb{Z}_n^*$
und $\Theta(\varphi(1)) = \varphi$. Θ ist also auch surjektiv.

4.4.6. Satz. Sei $n \in \mathbb{N} \setminus \{0\}$ und $a \in \mathbb{Q} \setminus \{0\}$. Das reine Polynom
$X^n - a$ über $\mathbb{Q}$ sei irreduzibel in $\mathbb{Q}_n[X]$, $K \supset \mathbb{Q}$ sei sein Zerfällungskörper. Dann gibt es einen Isomorphismus

$$\mathrm{Aut}(K;\mathbb{Q}) \longrightarrow \mathbb{Z}_n \times_\Theta \mathbb{Z}_n^*,$$

wobei $\Theta: \mathbb{Z}_n^* \to \mathrm{Aut}(\mathbb{Z}_n)$ den kanonischen Isomorphismus aus 4.4.5
und $\times_\Theta$ das semidirekte Produkt (I,1.6.2) bezeichnet.

Beweis. Sei $\zeta \in K$ eine primitive n-te Einheitswurzel und $b \in K$
eine n-te Wurzel aus a. Für jedes $\varphi \in G := \mathrm{Aut}(K;\mathbb{Q})$ ist dann
auch $\varphi(\zeta)$ eine primitive n-te Einheitswurzel und $\varphi(b)$ eine n-te
Wurzel aus a. Wegen 4.3.6 und 4.4.2 gibt es daher zu jedem
$\varphi \in G$ genau ein zu n teilerfremdes $\ell \in \{1,\ldots,n-1\}$ und genau
ein $m \in \{0,\ldots,n-1\}$ mit $\varphi(\zeta) = \zeta^\ell$ und $\varphi(b) = \zeta^m b$. Durch

$$\alpha(\varphi) := (m+n\mathbb{Z}, \ell+n\mathbb{Z}) \text{ falls, } \varphi(\zeta) = \zeta^\ell \text{ und } \varphi(b) = \zeta^m b,$$

ist also eine Abbildung $\alpha: G \to \mathbb{Z}_n \times_\Theta \mathbb{Z}_n^*$ erklärt. Diese ist ein
Homomorphismus, denn sind $\varphi, \psi \in G$ und gilt $\varphi(\zeta) = \zeta^\ell$, $\varphi(b) =$
$= \zeta^m b, \psi(\zeta) = \zeta^r$ und $\psi(b) = \zeta^s b$, so erhält man $(\varphi \circ \psi)(\zeta) = \zeta^{\ell r}$

und $(\varphi \circ \psi)(b) = \zeta^{\ell s+m}b$, also

$$\alpha(\varphi \circ \psi) = (\ell s+m+n\mathbb{Z}, \ell r+n\mathbb{Z}).$$

Andererseits gilt aber

$$\alpha(\varphi)\alpha(\psi) = (m+n\mathbb{Z}, \ell+n\mathbb{Z})(s+n\mathbb{Z}, r+n\mathbb{Z}) = (m+n\mathbb{Z}+\Theta(\ell+n\mathbb{Z})(s+n\mathbb{Z}), \ell r+n\mathbb{Z})$$
$$= (m+\ell s+n\mathbb{Z}, \ell r+n\mathbb{Z}).$$

α ist injektiv, denn ist $\alpha(\varphi)$ das neutrale Element von $\mathbb{Z}_n \times_\Theta \mathbb{Z}_n^*$ und gilt $\varphi(\zeta) = \zeta^\ell$ und $\varphi(b) = \zeta^m b$, so erhält man $m+n\mathbb{Z} = n\mathbb{Z}$ und $\ell+n\mathbb{Z} = 1+n\mathbb{Z}$. Hieraus folgt $\varphi(\zeta) = \zeta$ und $\varphi(b) = b$, so daß φ wegen $K = \mathbb{Q}(\zeta, b)$ die Identität ist. Wegen $\mathrm{ord}(G) = [K:\mathbb{Q}] = [K:\mathbb{Q}_n][\mathbb{Q}_n:\mathbb{Q}] = n \cdot \varphi(n) = \mathrm{ord}(\mathbb{Z}_n \times_\Theta \mathbb{Z}_n^*)$ ist α auch surjektiv.

4.5. Radikalerweiterungen

Zu den wichtigsten Aufgaben der elementaren Algebra gehört die Bestimmung der Nullstellen von Polynomen. Ist

$$aX + b$$

ein Polynom ersten Grades aus $\mathbb{R}[X]$, so ist $-\frac{b}{a}$ seine Nullstelle. Hier wird das Problem erst etwas interessanter, wenn man Systeme linearer Polynome in mehreren Unbestimmten untersucht. Dies ist Gegenstand der linearen Algebra. Ist

$$aX^2 + bX + c$$

ein Polynom zweiten Grades aus $\mathbb{R}[X]$, so erhält man seine komplexen Nullstellen durch die schon über 2000 Jahre alte Formel

$$\frac{-b\pm\sqrt{b^2-4ac}}{2a}.$$

Ein Polynom

$$aX^3 + bX^2 + cX + d$$

dritten Grades aus $\mathbb{R}[X]$ kann man durch die Substitution $X = Y - \frac{b}{3a}$ und anschließende Normierung in die Form

$$Y^3 + 3pY + 2q$$

bringen. Die komplexen Nullstellen dieses Polynoms sind $u+v$, $\zeta u+\zeta^2 v$ und $\zeta^2 u+\zeta v$, wobei $\zeta = \exp(\frac{2\pi i}{3})$,

$$u = \sqrt[3]{-q+\sqrt{q^2+p^3}} \quad \text{und} \quad v = \sqrt[3]{-q-\sqrt{q^2+p^3}}$$

gilt. Dieses Ergebnis wurde von S. del FERRO oder N. FONTANA
(auch TARTAGLIA, d.h. der Stotterer, genannt) um 1515 gefunden,
aber geheim gehalten. 1545 wurde es von H. CARDANO [13] veröffentlicht, was heftige Streitigkeiten verursachte (siehe
etwa [12]).

Ein Polynom

$$aX^4 + bX^3 + cX^2 + dX + e$$

vierten Grades aus $\mathbb{R}[X]$ kann man durch die Substitution
$X = Y - \frac{b}{4a}$ und anschließende Normierung in die Form

$$Y^4 + pY^2 + qY + r$$

bringen. Zunächst betrachten wir das Polynom

$$Z^3 - 2pZ^2 + (p^2-4r)Z + q^2,$$

die sogenannte kubische Resolvente. Seine Nullstellen seien
z_1, z_2, z_3. Dann sind

$$y_1 = \frac{1}{2}(\sqrt{-z_1}+\sqrt{-z_2}+\sqrt{-z_3}), \quad y_2 = \frac{1}{2}(\sqrt{-z_1}-\sqrt{-z_2}-\sqrt{-z_3})$$

$$y_3 = \frac{1}{2}(-\sqrt{-z_1}+\sqrt{-z_2}-\sqrt{-z_3}), \quad y_4 = \frac{1}{2}(-\sqrt{-z_1}-\sqrt{-z_2}+\sqrt{-z_3})$$

Nullstellen des gegebenen Polynoms vierten Grades, wenn die
Quadratwurzeln so gewählt sind, daß die Nebenbedingung

$$\sqrt{-z_1}\cdot\sqrt{-z_2}\cdot\sqrt{-z_3} = -q$$

erfüllt ist (vgl. [35]). Dieses Ergebnis wurde um 1540 von
CARDANOs Schüler L. FERRARI entdeckt.

Die Nullstellen eines Polynoms vom Grad ≤ 4 aus $\mathbb{R}[X]$, können
also aus seinen Koeffizienten berechnet werden, indem man Wurzeln zieht und rationale Operationen ausführt. Man hat sich
lange vergeblich bemüht, solche Verfahren auch für Polynome
fünften Grades zu finden. Die Frage, ob dies auf prinzipielle
Hindernisse stoßen könnte, wurde schon in Briefen von G.F.
LEIBNIZ (um 1680) erörtert. Der erste einwandfreie Beweis dafür daß es solche Formeln für Gleichungen von höherem als vier-
tem Grad nicht geben kann, wurde aber erst 1826 von N.H. ABEL

[10] veröffentlicht. Einen besonders schönen Zugang zur Lösung des Problems ermöglicht die Galois-Theorie. Dies wollen wir im folgenden ausführen.

Zunächst muß präzisiert werden, was eine "Lösung durch Radikale" für eine Polynomgleichung sein soll.

4.5.1. Definition. Eine Körpererweiterung $K \supset k$ heißt Radikalerweiterung, wenn es eine Kette

$$K = L_m \supset L_{m-1} \supset \ldots \supset L_0 = k$$

von Zwischenkörpern von $K \supset k$ gibt, so daß für jedes $i \in \{0,\ldots,m-1\}$

$$L_{i+1} = L_i(b_i)$$

gilt, wobei b_i Nullstelle eines reinen Polynoms über L_i, d.h. Wurzel aus einem Element von L_i ist.

4.5.2. Bemerkung. Sind $L \supset k$ und $K \supset L$ Radikalerweiterungen, so ist trivialerweise auch $K \supset k$ eine Radikalerweiterung. Mit 1.6.2 folgt außerdem, daß jede Radikalerweiterung eine endliche, also auch eine algebraische, Körpererweiterung ist.

Radikalerweiterungen brauchen keineswegs Galois-Erweiterungen zu sein. Es gilt jedoch

4.5.3. Satz. Ist k ein Körper der Charakteristik 0 und $K \supset k$ eine Radikalerweiterung, so gibt es eine Körpererweiterung $K' \supset K$ mit folgenden Eigenschaften:
1) $K' \supset k$ ist eine Radikalerweiterung.
2) $K' \supset k$ ist eine Galois-Erweiterung.

Beweis durch Induktion über den Grad von $K \supset k$.
Im Falle $[K:k] = 1$ nehme man $K' = K$. Sei nun $[K:k] \geq 2$ und die Behauptung richtig für alle Radikalerweiterungen $L \supset k$ mit $[L:k] < [K:k]$. Da $K \supset k$ eine Radikalerweiterung vom Grad ≥ 2 ist, gibt es einen Zwischenkörper L von $K \supset k$ mit $L \neq K$, ein $n \in \mathbb{N} \setminus \{0\}$ und ein $b \in K$, so daß $L \supset k$ eine Radikalerweiterung ist und $K = L(b)$, sowie $b^n \in L$ gilt. Wegen $[L:k] < [K:k]$ gibt es nach Induktionsannahme einen Oberkörper L' von L, so daß $L' \supset k$ eine Radikalerweiterung und eine Galois-Erweiterung ist.

Als Galois-Erweiterung ist sie Zerfällungskörper eines Polynoms
f ∈ k[X]. Wir setzen G:= Aut(L';k) und betrachten das Polynom

$$g := \prod_{\varphi \in G} (x^n - \varphi(b^n)).$$

Wie man sofort sieht, sind die Koeffizienten von g invariant
unter G, also in Fix(L';G) = k enthalten. Sei K'⊃L' Zerfällungskörper von g ∈ k[X]. Dann ist K'⊃k Zerfällungskörper von
f·g ∈ k[X], und da b eine Nullstelle von g ist, können wir
annehmen, daß K' ein Oberkörper von K ist. Wir erhalten auf
diese Weise das Diagramm

$$
\begin{array}{ccc}
K' & \supset & L' \\
\cup & & \cup \\
L(b) = K & \supset L \supset & k
\end{array}
$$

aus Körpererweiterungen. Wegen 3.5.4 bleibt zu beweisen, daß
K'⊃k eine Radikalerweiterung ist. Da L'⊃k eine Radikalerweiterung ist, genügt es, dies für K'⊃L' zu zeigen. Dies folgt
aber aus der Tatsache, daß K'⊃L' Zerfällungskörper von g ist,
denn jede Nullstelle von g in K' ist wegen der speziellen Form
von g eine n-te Wurzel aus einem Element von L'.

4.5.4. Definition. Sei k ein Körper. Ein Polynom f ∈ k[X] heißt
über k durch Radikale lösbar, wenn es eine Radikalerweiterung
K⊃k gibt, so daß f über K in Linearfaktoren zerfällt.

Nun kommen wir zu einer der schönsten Anwendungen der Galois-
Theorie.

4.5.5. Theorem. Sei k ein Körper der Charakteristik 0 und
f ∈ k[X] nicht konstant. Dann sind folgende Aussagen äquivalent:
1) f ist über k durch Radikale lösbar.
2) Die Galois-Gruppe von f über k ist auflösbar.

Beweis. Zunächst zwei Vorbemerkungen:
a) Ist K⊃k eine Galois-Erweiterung, n ∈ ℕ∖{0} und ζ eine primitive n-te Einheitswurzel über K, so sind auch K(ζ)⊃k und
K(ζ)⊃k(ζ) Galois-Erweiterungen.
Als Galois-Erweiterung ist K⊃k nach 3.5.4 nämlich Zerfällungskörper eines Polynoms g ∈ k[X]. Daher ist K(ζ)⊃k Zerfällungs-

körper des Polynoms $(x^n-1) \cdot g$, also eine Galois-Erweiterung.
Nach dem Hauptsatz der Galois-Theorie ist dann auch $K(\zeta) \supset k(\zeta)$
eine Galois-Erweiterung.

b) Sei L ein Körper, $n \in \mathbb{N} \setminus \{0\}$ und ζ eine primitive n-te Einheitswurzel über L. Ist dann $m \in \mathbb{N}$ ein Teiler von n und gilt
$n = m\ell$, so ist ζ^ℓ eine primitive m-te Einheitswurzel über L.

Daß ζ^ℓ eine m-te Einheitswurzel über L ist, ist klar, daß die
Elemente $\zeta^\ell, (\zeta^\ell)^2, \ldots, (\zeta^\ell)^m$ paarweise verschieden sind, ebenfalls.

Nun zum eigentlichen Beweis des Satzes:

1) $\Rightarrow$ 2) Sei $K \supset k$ eine Radikalerweiterung und $L \supset k$ ein Zerfällungskörper von f, so daß L Zwischenkörper von $K \supset k$ ist. Wegen
4.5.3 können wir voraussetzen, daß $K \supset k$ eine Galois-Erweiterung ist. Sei $K = L_m \supset \ldots \supset L_o = k$ eine Kette von Zwischenkörpern
von $K \supset k$, wobei $L_{i+1} = L_i(b_i)$ und $b_i^{n_i} \in L_i$ für jedes
$i \in \{0, \ldots, m-1\}$ gilt. Sei $n := n_o \cdot \ldots \cdot n_{m-1}$ und ζ eine primitive
n-te Einheitswurzel über K. Für jedes $i \in \{0, \ldots, m\}$ sei
$L_i' := L_i(\zeta)$ und außerdem seien $k' := k(\zeta)$ und $K' := K(\zeta)$. Damit
erhalten wir das folgende Diagramm:

$$
\begin{array}{ccccccccc}
K' & = L_m' & \supset \ldots \supset & L_i' & \supset & L_{i-1}' & \supset \ldots \supset & L_o' & = k' \\
\cup & \cup & & \cup & & \cup & & \cup & \cup \\
K & = L_m & \supset \ldots \supset & L_i & \supset & L_{i-1} & \supset \ldots \supset & L_o & = k \\
\cup & & & & & & & & \\
L & \longleftarrow & & & & & & &
\end{array}
$$

Da nach b) jeder der Körper L_i' eine primitive n_i-te Einheitswurzel enthält, sind die Körpererweiterungen $L_i' \supset L_{i-1}'$ nach
4.4.2 Galois-Erweiterungen.

Nach a) ist $K' \supset k$ und nach 4.3.2 auch $k' \supset k$ eine Galois-Erweiterung. Mit Hilfe des Hauptsatzes der Galois-Theorie wollen wir
zeigen, daß

$\{id_K\} \subset Aut(K'; L_{m-1}') \subset \ldots \subset Aut(K'; L_i') \subset \ldots \subset Aut(K'; k') \subset Aut(K'; k)$

eine Normalreihe mit abelschen Faktoren in $Aut(K'; k)$ ist. Sei
dazu $i \in \{1, \ldots, m\}$ beliebig. Mit $K' \supset k$ ist auch $K' \supset L_{i-1}'$ eine
Galois-Erweiterung. Da $L_i' \supset L_{i-1}'$ eine Galois-Erweiterung ist,
ist $Aut(K'; L_i')$ ein Normalteiler von $Aut(K'; L_{i-1}')$ und es gilt

$\text{Aut}(K';L'_{i-1})/\text{Aut}(K';L'_i) \cong \text{Aut}(L'_i;L'_{i-1})$. Nach 4.4.2 ist die
Gruppe $\text{Aut}(L'_i;L'_{i-1})$ zyklisch, also auch abelsch. Da $K' \supset k$ und
$k' \supset k$ Galois-Erweiterungen sind, erhält man analog
$\text{Aut}(K';k)/\text{Aut}(K';k') \cong \text{Aut}(k';k)$. Die Gruppe $\text{Aut}(k';k)$ ist
aber nach 4.3.9 abelsch.
Damit ist bewiesen, daß die Gruppe $\text{Aut}(K';k)$ auflösbar ist. Da
$K' \supset k$ und $L \supset k$ Galois-Erweiterungen sind, gibt es nach dem Hauptsatz der Galois-Theorie einen Epimorphismus
$\text{Aut}(K';k) \rightarrow \text{Aut}(L;k) = \text{Gal}(f;k)$. Die Galois-Gruppe von f über
k ist also nach I,3.2.8 ebenfalls auflösbar.
2) $\rightarrow$ 1) Nach I,3.2.6 gibt es in der Galois-Gruppe G von f über
k eine Normalreihe

$$\{id\} = G_m \subset \ldots \subset G_i \subset G_{i-1} \subset \ldots \subset G_o = G$$

mit zyklischen Faktoren. Sei $K \supset k$ der Zerfällungskörper von f
und $L_i := \text{Fix}(K;G_i)$ für $i \in \{0,\ldots,m\}$. Nach dem Hauptsatz der
Galois-Theorie ist

$$K = L_m \supset \ldots \supset L_o = k$$

eine Kette von Zwischenkörpern von $K \supset k$, für jedes $i \in \{1,\ldots,m\}$
ist $L_i \supset L_{i-1}$ eine Galois-Erweiterung und die Gruppen G_{i-1}/G_i
und $\text{Aut}(L_i;L_{i-1})$ sind isomorph. $\text{Aut}(L_i;L_{i-1})$ ist also für jedes $i \in \{1,\ldots,m\}$ eine zyklische Gruppe und ihre Ordnung ist
ein Teiler von $n := \text{ord } G$. Sei nun ζ eine primitive n-te Einheitswurzel über K. Wir sind fertig, wenn wir gezeigt haben,
daß

$$K(\zeta) = L_m(\zeta) \supset \ldots \supset L_i(\zeta) \supset L_{i-1}(\zeta) \supset \ldots \supset L_o(\zeta) = k(\zeta) \supset k$$

eine Radikalerweiterung ist. Da $L_i \supset L_{i-1}$ für jedes $i \in \{1,\ldots,m\}$
eine Galois-Erweiterung ist, sind nach Vorbemerkung a) auch
die Körpererweiterungen $L_i(\zeta) \supset L_{i-1}$ und $L_i(\zeta) \supset L_{i-1}(\zeta)$ Galois-
Erweiterungen. Wegen 4.4.4 und Vorbemerkung b) genügt es daher
zu beweisen, daß für jedes $i \in \{1,\ldots,m\}$ die Gruppe
$\text{Aut}(L_i(\zeta);L_{i-1}(\zeta))$ zyklisch und ihre Ordnung ein Teiler von n
ist.
Nach dem Hauptsatz der Galois-Theorie hat man einen Epimorphis-
mus $\text{Aut}(L_i(\zeta);L_{i-1}) \rightarrow \text{Aut}(L_i;L_{i-1})$, $\varphi \mapsto \varphi|L_i$, und daher wegen
$\text{Aut}(L_i(\zeta);L_{i-1}(\zeta)) \subset \text{Aut}(L_i(\zeta);L_{i-1})$ einen Homomorphismus

$Aut(L_i(\zeta);L_{i-1}(\zeta)) \longrightarrow Aut(L_i;L_{i-1})$, $\varphi \longmapsto \varphi|L_i$.

Dieser ist injektiv, denn ist φ ein Element seines Kerns, so gilt $\varphi(a) = a$ für alle $a \in L_iUL_{i-1}(\zeta)$, also auch für alle $a \in L_i(\zeta)$; φ ist also die Identität auf $L_i(\zeta)$. Da $Aut(L_i;L_{i-1})$ eine zyklische Gruppe ist, deren Ordnung n teilt, gilt dasselbe für die Gruppe $Aut(L_i(\zeta);L_{i-1}(\zeta))$.

4.5.6. Korollar. Ist k ein Körper der Charakteristik 0, so ist jedes Polynom f vom Grad ≤ 4 aus $k[X]$ über k durch Radikale lösbar.

Beweis. Ist m die Anzahl der verschiedenen Nullstellen von f in seinem Zerfällungskörper, so ist die Galois-Gruppe von f über k nach 3.1.4 eine Untergruppe der symmetrischen Gruppe $\mathcal{S}_m$. Wegen $m \leq \deg f \leq 4$ ist $\mathcal{S}_m$ nach I,3.2.5 auflösbar. Da nach I,3.2.8 jede Untergruppe einer auflösbaren Gruppe auflösbar ist, folgt die Behauptung aus 4.5.5.

Daß es für jedes $n \in \mathbb{N}$ mit $n \geq 5$ Polynome vom Grad n gibt, die nicht durch Radikale lösbar sind, werden wir in 4.7 beweisen. Die Lösungsverfahren für Polynome höchstens 4. Grades hatten wir schon zu Beginn dieses Abschnittes zusammengestellt. Wie wir in 4.7 beweisen werden, ist die Galoisgruppe eines Polynoms vom Grad größer als 4 "im allgemeinen" nicht auflösbar. Daher kann man auch kein allgemein verwendbares Verfahren zur Berechnung der Nullstellen solcher Polynome aus den Koeffizienten mit Hilfe von rationalen Operationen und Wurzelziehen angeben. Und selbst dann, wenn man von einem speziellen Polynom höheren Grades festgestellt hat, daß die Galoisgruppe auflösbar ist, erhält man nicht unmittelbar ein effektives Verfahren zur Berechnung der Nullstellen. Das Theorem 4.5.5 ist also ein höchst negatives Ergebnis. Für die Praxis ist dies jedoch nicht so sehr bedeutend. Die bekannten Approximationsverfahren zur Bestimmung der Nullstellen von Polynomen machen auch bei Polynomen vom Grad kleiner als 5 keinen Gebrauch von den exakten Lösungsverfahren durch Radikale.

4.6. Symmetrische Funktionen

Sei k ein Körper und $k(X_1,...,X_n)$ der Körper der rationalen

Funktionen in n Unbestimmten über k. Zu jedem $\sigma \in \mathcal{S}_n$ gibt es
wegen der universellen Eigenschaften von Polynomringen und
Quotientenkörpern genau einen Automorphismus

$$\varphi_\sigma : k(X_1,\ldots,X_n) \longrightarrow k(X_1,\ldots,X_n)$$

mit $\varphi_\sigma |k = id_k$ und $\varphi_\sigma(X_i) = X_{\sigma(i)}$ für jedes $i \in \{1,\ldots,n\}$. Sei

$$G := \{\varphi_\sigma : \sigma \in \mathcal{S}_n\} \subset Aut(k(X_1,\ldots,X_n);k).$$

Man prüft leicht nach, daß G eine Untergruppe von
$Aut(k(X_1,\ldots,X_n);k)$ ist und daß ord G = ord $\mathcal{S}_n$ = n! gilt. Im
Körper $Fix(k(X_1,\ldots,X_n);G)$ liegen diejenigen rationalen Funktionen in den Unbestimmten $X_1,\ldots,X_n$, die sich bei keiner Permutation der Unbestimmten ändern. Man nennt sie <u>symmetrische</u>
<u>rationale Funktionen</u>.
Ist X eine Unbestimmte über $k[X_1,\ldots,X_n]$, so gibt es Polynome
$s_o,\ldots,s_n \in k[X_1,\ldots,X_n]$ mit

$$(X-X_1)\cdot\ldots\cdot(X-X_n) = \sum_{i=o}^{n} (-1)^i s_i X^{n-i}.$$

Nach 3.5.2 sind $s_1,\ldots,s_n$ symmetrische rationale Funktionen.
Man überlegt sich leicht, daß

$$s_\nu = \sum_{1\le i_1<\ldots<i_\nu\le n} X_{i_1}\cdot\ldots\cdot X_{i_\nu} \quad \text{für } \nu \in \{0,\ldots,n\}$$

gilt, also insbesondere $s_o = 1$, $s_1 = X_1+\ldots+X_n$, $s_2 =$
$= X_1X_2+\ldots+X_{n-1}X_n$ und $s_n = X_1\cdot\ldots\cdot X_n$. Die Polynome
$s_o,\ldots,s_n \in k[X_1,\ldots,X_n]$ heißen die <u>elementarsymmetrischen</u>
<u>Funktionen</u> in den Unbestimmten $X_1,\ldots,X_n$.
Ganz analog nennt man ein Polynom $f \in k[X_1,\ldots,X_n]$ <u>symmetrisch</u>,
wenn

$$\varphi_\sigma(f) = f \quad \text{für alle } \sigma \in \mathcal{S}_n$$

gilt.
Wir wollen zeigen, daß jedes symmetrische Polynom (bzw. jede
symmetrische rationale Funktion) ein Polynom (bzw. eine rationale Funktion) in den elementarsymmetrischen Funktionen ist.

<u>4.6.1. Satz.</u> Ist $K \subset k(X_1,\ldots,X_n)$ der Körper der symmetrischen
rationalen Funktionen und sind $s_o,\ldots,s_n$ die elementarsymmetrischen Funktionen in den Unbestimmten $X_1,\ldots,X_n$, so gilt:
1) $k(X_1,\ldots,X_n) \supset K$ ist eine Galois-Erweiterung mit einer zu $\mathcal{S}_n$

isomorphen Galois-Gruppe.

2) Für jedes $i \in \{1,\ldots,n\}$ ist das Polynom $(X-X_1) \cdot \ldots \cdot (X-X_i)$ das Minimalpolynom von X_i über $K(X_{i+1},\ldots,X_n)$ (für i=n wird dabei $K(X_{i+1},\ldots,X_n) := K$ gesetzt).

3) $K = k(s_1,\ldots,s_n)$.

Beweis. Wegen $K = Fix(k(X_1,\ldots,X_n);G)$ mit $G = \{\varphi_\sigma : \sigma \in \mathcal{r}_n\}$ ist $k(X_1,\ldots,X_n) \supset K$ eine Galois-Erweiterung mit Galois-Gruppe G und es gilt

(*) $\qquad\qquad [k(X_1,\ldots,X_n):K] = ord\ G = n!$

Nun sei $L := k(s_1,\ldots,s_n)$. Wir betrachten die Kette

$$L \subset L(X_n) \subset L(X_{n-1},X_n) \subset \ldots \subset L(X_1,\ldots,X_n) = k(X_1,\ldots,X_n)$$

und das Polynom

$$f := (X-X_1) \cdot \ldots \cdot (X-X_n) = X^n - s_1 X^{n-1} + \ldots + (-1)^n s_n \in L[X].$$

Da X_n Nullstelle von f ist, gilt $[L(X_n):L] \leq n$ und es gibt ein $f_{n-1} \in L(X_n)[X]$ mit $f = f_{n-1} \cdot (X-X_n)$. Da f_{n-1} in $L(X_{n-1},X_n)[X]$ liegt und X_{n-1} Nullstelle von f_{n-1} ist, gibt es ein $f_{n-2} \in L(X_{n-1},X_n)[X]$ mit $f_{n-1} = f_{n-2} \cdot (X-X_{n-1})$, also mit $f = f_{n-2} \cdot (X-X_{n-1}) \cdot (X-X_n)$. Man erkennt, daß es zu jedem $i \in \{1,\ldots,n-1\}$ ein $f_i \in L(X_{i+1},\ldots,X_n)[X]$ gibt mit $f = f_i \cdot (X-X_{i+1}) \cdot \ldots \cdot (X-X_n)$. Betrachtet man diese Gleichung in $L(X_1,\ldots,X_n)[X]$, so sieht man ferner, daß

$$f_i = (X-X_1) \cdot \ldots \cdot (X-X_i) \in L(X_{i+1},\ldots,X_n)[X]$$

gilt. Da X_i Nullstelle von f_i ist, erhält man

$$[L(X_i,\ldots,X_n) : L(X_{i+1},\ldots,X_n)] \leq deg(f_i) = i.$$

Wegen

$$[k(X_1,\ldots,X_n):L] = \prod_{i=1}^{n} [L(X_i,\ldots,X_n) : L(X_{i+1},\ldots,X_n)] \leq n!$$

und $L \subset K$ folgen die Aussagen 2) und 3) aus (*).

Die Menge S der symmetrischen Polynome in $k[X_1,\ldots,X_n]$ ist trivialerweise ein Unterring von $k[X_1,\ldots,X_n]$ mit

$$k \subset k[s_1,\ldots,s_n] \subset S \subset k[X_1,\ldots,X_n].$$

Wir wollen $S = k[s_1,\ldots,s_n]$ beweisen. Hierzu benötigen wir

4.6.2. Satz. Die n! Monome

$$X_1^{r_1} \cdot \ldots \cdot X_n^{r_n}, \quad 0 \le r_j \le j-1 \text{ für } j \in \{1,\ldots,n\}$$

bilden eine Vektorraum-Basis von $k(X_1,\ldots,X_n)$ über $k(s_1,\ldots,s_n)$ und eine Modul-Basis von $k[X_1,\ldots,X_n]$ über $k[s_1,\ldots,s_n]$, d.h. jedes f aus $k(X_1,\ldots,X_n)$ (bzw. $k[X_1,\ldots,X_n]$) besitzt genau eine Darstellung der Form

$$f = \sum_{0 \le r_j \le j-1} p_{r_1,\ldots,r_n} X_1^{r_1} \cdot \ldots \cdot X_n^{r_n}$$

mit Koeffizienten $p_{r_1,\ldots,r_n}$ aus $k(s_1,\ldots,s_n)$ (bzw. $k[s_1,\ldots,s_n]$). Wir nennen sie die reduzierte Darstellung von f.

Beweis. Für die rationalen Funktionen ist der Beweis einfach. Ist nämlich

$$K_n := k(s_1,\ldots,s_n) \text{ und } K_{i-1} := K_i(X_i) \text{ für } i \in \{1,\ldots,n\},$$

so ist das Polynom $(X-X_1) \cdot \ldots \cdot (X-X_i)$ nach 4.6.1 für jedes $i \in \{1,\ldots,n\}$ das Minimalpolynom von X_i über K_i. Daher ist

$$1, X_i, \ldots, X_i^{i-1}$$

nach 1.5.5 eine Basis des K_i-Vektorraums K_{i-1}, so daß die n! Monome

$$X_1^{r_1} \cdot \ldots \cdot X_n^{r_n}, \quad 0 \le r_j \le j-1 \text{ für } j \in \{1,\ldots,n\}$$

nach dem Grad-Satz eine Basis des K_n-Vektorraums $K_0 = k(X_1,\ldots,X_n)$ bilden.

Der Beweis für die Polynome ist etwas anstrengender. Sei dazu $R := k[s_1,\ldots,s_n]$, $R_n := R$ und $R_{i-1} := R_i[X_i]$ für $i \in \{1,\ldots,n\}$.

Ferner sei M_i für jedes $i \in \{1,\ldots,n\}$ die Menge aller Linearkombinationen der Monome

$$X_1^{r_1} \cdot \ldots \cdot X_i^{r_i}, \quad 0 \le r_j \le j-1 \text{ für } j \in \{1,\ldots,i\},$$

mit Koeffizienten in R_i und $M_0 := R_0$. Wegen $R_i = k[s_1,\ldots,s_n,X_{i+1},\ldots,X_n]$ ist M_i die Menge der Polynome in $s_1,\ldots,s_n,X_1,\ldots,X_n$, in denen $s_1,\ldots,s_n,X_{i+1},\ldots,X_n$ in beliebiger Potenz, X_1 gar nicht, X_2 in höchstens erster, X_3 in höchstens zweiter und X_i schließlich in höchstens $(i-1)$-ter

Potenz auftritt (wenn man für $s_1, \ldots, s_n$ die Ausdrücke in den $X_1, \ldots, X_n$ einsetzt und ausmultipliziert, können natürlich höhere Potenzen entstehen). Damit liegt folgende Situation vor:

$$
\begin{array}{ccccccc}
 & k(X_1, \ldots, X_n) & \supset & k[X_1, \ldots, X_n] & & & \\
 & \| & & \| & & & \\
K_o & = K(X_1, \ldots, X_n) & \supset & R[X_1, \ldots, X_n] & = R_o & = M_o \\
 & \cup & & \cup & & \cup \\
 & \vdots & & \vdots & & \vdots \\
 & \cup & & \cup & & \cup \\
K_i & = K(X_{i+1}, \ldots, X_n) & \supset & R[X_{i+1}, \ldots, X_n] & = R_i & \subset M_i \\
 & \cup & & \cup & & \cup \\
 & \vdots & & \vdots & & \vdots \\
 & \cup & & \cup & & \cup \\
K_{n-1} = & K(X_n) & \supset & R[X_n] & = R_{n-1} & \subset M_{n-1} \\
 & \cup & & \cup & & \cup \\
K_n = & K & \supset & R & = R_n & \subset M_n \\
 & \| & & \| & & \\
 & k(s_1, \ldots, s_n) & \supset & k[s_1, \ldots, s_n] & & \\
\end{array}
$$

$$\overset{\nwarrow \quad \nearrow}{\quad\; k \;\quad}$$

Wir wollen

$$M_n = k[X_1, \ldots, X_n] = R_o$$

zeigen. Zunächst gilt $M_o = R_o$ und $M_i \subset M_{i-1}$ für jedes $i \in \{1, \ldots, n\}$. Es genügt daher $M_{i-1} \subset M_i$ für alle i zu beweisen, denn dann folgt schließlich $M_n = M_o = R_o$.
Wegen $(X-X_1) \cdot \ldots \cdot (X-X_n) \in R_n[X]$ und $R_i \subset R_{i-1}$ für jedes $i \in \{1, \ldots, n\}$ gilt nach II,2.4.2 für jedes dieser i

$$f_i := (X-X_1) \cdot \ldots \cdot (X-X_i) \in R_i[X].$$

Hieraus folgt zunächst $X - X_1 \in R_1[X]$, also $X_1 \in R_1$ und daher $R_1 = R_o$. Wegen $M_1 = R_1$ erhält man auch $M_1 = R_o = M_o$.
Aus den Definitionen folgt ferner

$$M_2 = R_2 + R_2 X_2.$$

Da f_2 ein normiertes Polynom vom Grad 2 aus $R_2[X]$ ist und $f_2(X_2) = 0$ gilt, hat man $X_2^2 \in R_2 + R_2 X_2 = M_2$ und durch Iteration $X_2^r \in M_2$ für alle $r \in \mathbb{N}$. Es gilt also auch $M_2 = M_1$.
Sei allgemein $i \in \{1, \ldots, n\}$ beliebig. Da f_i ein normiertes Polynom vom Grad i mit X_i als Nullstelle ist, erhält man zunächst für $r = i$ und dann auch für jedes $r \in \mathbb{N}$

$$X_i^r \in R_i + R_i X_i + \ldots + R_i X_i^{i-1}.$$

Ein Element von M_{i-1} ist eine Summe von Termen der Gestalt

$$g = h \cdot X_i^r X_1^{r_1} \cdot \ldots \cdot X_{i-1}^{r_{i-1}} \text{ mit } 0 \leq r_j \leq j-1 \text{ für } j \in \{1, \ldots, i-1\},$$

wobei $h \in R[X_{i+1}, \ldots, X_n] = R_i$ gilt. Wie wir oben gezeigt haben, gibt es $a_0, \ldots, a_{i-1} \in R_i$ mit

$$X_i^r = a_0 + a_1 X_i + \ldots + a_{i-1} X_i^{i-1}.$$

Setzt man diesen Ausdruck in die Darstellung von g ein, so erhält man $g \in M_i$. Es gilt also $M_{i-1} \subset M_i$ und wir haben die Existenz einer Darstellung der gewünschten Art auch für Polynome bewiesen.
Die Eindeutigkeitsaussage folgt unmittelbar aus der entsprechenden Aussage für die rationalen Funktionen.

4.6.3. Satz. Sei k ein Körper und S der Ring der symmetrischen Polynome aus $k[X_1, \ldots, X_n]$.
Dann ist
$$S = k[s_1, \ldots, s_n],$$

d.h. jedes symmetrische Polynom ist Polynom in den elementarsymmetrischen Funktionen.

Beweis. Für $f \in S$ betrachten wir die reduzierte Darstellung

$$f = \sum_{0 \leq r_i \leq i-1} p_{r_1, \ldots, r_n} X_1^{r_1} \cdot \ldots \cdot X_n^{r_n}.$$

Nach 4.6.1 gilt $f \in k(s_1, \ldots, s_n)$, so daß aus der Eindeutigkeit der reduzierten Darstellung in $k(X_1, \ldots, X_n)$

$$f = p_{0, \ldots, 0} \in k[s_1, \ldots, s_n]$$

folgt.

4.6.4. Wir wollen das symmetrische Polynom

$$d := (X_1 - X_2)^2 (X_1 - X_3)^2 (X_2 - X_3)^2 \in \mathbb{Q}[X_1, X_2, X_3]$$

als Polynom in den elementarsymmetrischen Funktionen darstellen. Man könnte dazu natürlich das zum Beweis von 4.6.2 verwendete Konstruktionsverfahren benutzen. Dieses ist jedoch mit großem Rechenaufwand verbunden, so daß wir anders vorgehen wollen.

Nach 4.6.3 gibt es jedenfalls $a_{ij\ell} \in \mathbb{Q}$ mit

$$d = \sum_{i,j,\ell} a_{ij\ell} s_1^i s_2^j s_3^\ell.$$

Wir denken uns die Produkte $(X_1-X_2)^2(X_1-X_3)^2(X_2-X_3)^2$ und $s_1^i s_2^j s_3^\ell$ ausmultipliziert. Vergleicht man in den dabei auftretenden Summanden zum einen die Summe der Exponenten und zum andern die Exponenten von X_1, so sieht man, daß $i+2j+3\ell=6$ und $i+j+\ell\leq4$ gelten muß. Für i,j,ℓ sind daher nur die in folgender Tabelle angegebenen Werte möglich:

i	j	ℓ
0	0	2
0	3	0
1	1	1
2	2	0
3	0	1

Es gibt also $a_1,\ldots,a_5 \in \mathbb{Q}$ mit

$$d = a_1 s_3^2 + a_2 s_2^3 + a_3 s_1 s_2 s_3 + a_4 s_1^2 s_2^2 + a_5 s_1^3 s_3.$$

Wendet man den durch

$$X_1 \longmapsto X_1, X_2 \longmapsto X_2, X_3 \longmapsto 0$$

gegebenen Substitutionshomomorphismus $\mathbb{Q}[X_1,X_2,X_3] \to \mathbb{Q}[X_1,X_2,X_3]$ an, so erhält man wegen $s_3(X_1,X_2,0) = 0$

$$(X_1-X_2)^2 X_1^2 X_2^2 = a_2 s_2^3 + a_4 s_1^2 s_2^2.$$

Da a_4 der Koeffizient von $X_1^4 X_2^2$ auf der rechten Seite dieser Gleichung ist, folgt $a_4 = 1$, so daß die Anwendung des durch

$$X_1 \longmapsto - X_2, X_2 \longmapsto X_2, X_3 \longmapsto 0$$

gegebenen Substitutionshomomorphismus $a_2 = -4$ ergibt. Die Substitution $X_1 \mapsto 1, X_2 \mapsto 1, X_3 \mapsto -2$ liefert $a_1 = -27$

$$X_1 \mapsto 2, X_2 \mapsto 2, X_3 \mapsto -1 \qquad a_5 = -4$$
$$X_1 \mapsto 1, X_2 \mapsto 1, X_3 \mapsto 1 \qquad a_3 = 18.$$

Als Ergebnis erhält man daher

$$d = -27 s_3^2 - 4 s_2^3 + 18 s_1 s_2 s_3 + s_1^2 s_2^2 - 4 s_1^3 s_3.$$

Ist

$$f = X^3 + b_1 X^2 + b_2 X + b_3 \in \mathbb{Q}[X]$$

und sind $x_1,x_2,x_3 \in \mathbb{C}$ die Nullstellen von f, so gilt

$s_1(x_1,x_2,x_3) = -b_1, s_2(x_1,x_2,x_3) = b_2$ und $s_3(x_1,x_2,x_3) = -b_3$,
so daß man

$$d_f := (x_1-x_2)^2(x_1-x_3)^2(x_2-x_3)^2 = -27b_3^2-4b_2^3+18b_1b_2b_3+b_1^2b_2^2-4b_1^3b_3$$

erhält. Ist f nicht normiert und b_0 sein Leitkoeffizient, so
hat man in dieser Formel für $i \in \{1,2,3\}$ lediglich b_i durch
$\frac{b_i}{b_0}$ zu ersetzen. Man kann d_f also aus den Koeffizienten von f
berechnen und braucht dabei die Nullstellen von f nicht zu
kennen.

Auf Grund dieser Tatsache ist es sehr einfach die Galois-Gruppe eines irreduziblen Polynoms dritten Grades aus $\mathbb{Q}[X]$ zu bestimmen. Es gilt nämlich

4.6.5. Satz. Sei f ein irreduzibles Polynom dritten Grades aus
$\mathbb{Q}[X]$ und d_f wie in 4.6.4 erklärt. Dann gilt:

$$\text{Gal}(f;\mathbb{Q}) \cong \begin{cases} \alpha_3 & \text{falls } d_f \text{ Quadrat einer rationalen Zahl ist} \\ \gamma_3 & \text{sonst.} \end{cases}$$

Beweis. Nach 3.4.8 und 3.1.4 ist $G := \text{Gal}(f;\mathbb{Q})$ eine Untergruppe
von γ_3. Außerdem operiert G transitiv auf der Menge N der Nullstellen von f in $\mathbb{C}$. Man überlegt sich leicht, daß α_3 die einzige Untergruppe der Ordnung 3 von γ_3 ist und daß α_3 transitiv
auf N operiert. Jede andere echte Untergruppe von γ_3 hat die
Ordnung 2 und operiert daher nicht transitiv auf N. Daher gilt
$G = \gamma_3$ oder $G = \alpha_3$. Sind x_1,x_2,x_3 die Nullstellen von f in $\mathbb{C}$,
so hat man für jedes $\varphi \in G$

$$\varphi((x_1-x_2)(x_1-x_3)(x_2-x_3)) =$$
$$= (\varphi(x_1)-\varphi(x_2))(\varphi(x_1)-\varphi(x_3))(\varphi(x_2)-\varphi(x_3)) =$$
$$= \text{sign}(\varphi) \cdot (x_1-x_2)(x_1-x_3)(x_2-x_3).$$

Es gilt also genau dann $G = \alpha_3$, wenn $(x_1-x_2)(x_1-x_3)(x_2-x_3)$ in
$\mathbb{Q}$ liegt, wenn d_f also Quadrat einer rationalen Zahl ist.

4.7. Das allgemeine Polynom n-ten Grades

4.7.1. Definition. Sei k ein Körper und $k(S_1,\ldots,S_n)$ der Körper der rationalen Funktionen in den Unbestimmten $S_1,\ldots,S_n$.
Dann heißt das Polynom

$$X^n - S_1 X^{n-1} + \ldots + (-1)^n S_n \in k(S_1,\ldots,S_n)[X]$$

das allgemeine Polynom n-ten Grades (oder das Polynom n-ten
Grades mit allgemeinen Koeffizienten) über k.

4.7.2. Satz.

Ist g das allgemeine Polynom n-ten Grades über k,
so ist seine Galois-Gruppe über $k(S_1,\ldots,S_n)$ isomorph zur symmetrischen Gruppe $\mathfrak{T}_n$.

Beweis. Wir betrachten zunächst den Polynomring $k[X_1,\ldots,X_n]$
und darüber das Polynom mit allgemeinen Nullstellen

$$f := (X-X_1)\cdot\ldots\cdot(X-X_n) = X^n - s_1 X^{n-1} + \ldots + (-1)^n s_n.$$

Dabei sind $s_1,\ldots,s_n$ die elementarsymmetrischen Funktionen in
den Unbestimmten $X_1,\ldots,X_n$. Es gilt $f \in k(s_1,\ldots,s_n)[X]$ und
nach 4.6.1 ist
$$\mathrm{Gal}(f;k(s_1,\ldots,s_n)) \cong \mathfrak{T}_n.$$

Ist K ein Zerfällungskörper von g über $k(S_1,\ldots,S_n)$ und sind
$x_1,\ldots,x_n \in K$ die Nullstellen von g in K, so ist

$$g = (X-x_1)\cdot\ldots\cdot(X-x_n) = X^n - S_1 X^{n-1} + \ldots + (-1)^n S_n,$$

also $K = k(x_1,\ldots,x_n)$. Wir konstruieren nun das folgende kommutative Diagramm:

$$
\begin{array}{ccc}
k(x_1,\ldots,x_n) & \xrightarrow{\Phi} & k(X_1,\ldots,X_n) \\
\cup & & \cup \\
k(S_1,\ldots,S_n) & \xrightarrow{\varphi'} & k(s_1,\ldots,s_n) \\
\cup & & \cup \\
k[S_1,\ldots,S_n] & \xrightarrow{\varphi} & k[s_1,\ldots,s_n]
\end{array}
$$
$$\overset{\nwarrow \quad \nearrow}{k}$$

Zunächst gibt es auf Grund der universellen Eigenschaft des
Polynomrings einen Homomorphismus

$\varphi: k[S_1,\ldots,S_n] \longrightarrow k[s_1,\ldots,s_n]$ mit $\varphi(S_1) = s_1,\ldots,\varphi(S_n) = s_n$.

Er ist trivialerweise surjektiv. Um zu zeigen, daß er auch injektiv ist, betrachten wir den Homomorphismus

$\psi': k[X_1,\ldots,X_n] \longrightarrow k[x_1,\ldots,x_n]$ mit $\psi'(X_1) = x_1,\ldots,\psi'(X_n) = x_n$.

Wegen $\psi'(s_i(X_1,\ldots,X_n)) = s_i(x_1,\ldots,x_n) = S_i$ für jedes i induziert ψ' einen Homomorphismus

$$\psi: k[s_1,\ldots,s_n] \longrightarrow k[S_1,\ldots,S_n]$$

und offensichtlich ist $\psi \circ \varphi$ die identische Abbildung. Also ist φ injektiv, und man erhält eine Fortsetzung von φ zu einem Isomorphismus φ' der Quotientenkörper. Da φ' die Koeffizienten von g auf die Koeffizienten von f abbildet, gibt es eine Fortsetzung von φ' zu einem Isomorphismus Φ der Zerfällungskörper und unser Diagramm ist erstellt. Die Abbildung

$$\text{Gal}(g;k(S_1,\ldots,S_n)) \longrightarrow \text{Gal}(f;k(s_1,\ldots,s_n)), \quad \sigma \longmapsto \Phi \circ \sigma \circ \Phi^{-1},$$

ist nun offensichtlich ein Isomorphismus, so daß der Satz bewiesen ist.

Der Isomorphismus φ liefert sofort das

4.7.3. Korollar. Die elementarsymmetrischen Funktionen $s_1,\ldots,s_n \in k(X_1,\ldots,X_n)$ sind algebraisch unabhängig über k, d.h. es gibt kein $f \in k[S_1,\ldots,S_n]$ mit $f \neq 0$ und $f(s_1,\ldots,s_n) = 0$ (vgl. Anhang 4).

Mit Hilfe von 4.5.5 und I,3.2.5 erhält man ferner das

4.7.4. Korollar. Das allgemeine Polynom n-ten Grades über k ist für $n \geq 5$ über $k(S_1,\ldots,S_n)$ nicht durch Radikale lösbar.

Aus 4.7.4 folgt zunächst nur, daß es bei Polynomen vom Grad größer als 4 kein Lösungsverfahren durch Radikale gibt, das ganz unabhängig von den Koeffizienten ist, d.h. für "unbestimmte" Koeffizienten verwendbar ist. Es wäre aber immer noch denkbar, daß es für jedes spezielle Polynom ein individuelles Lösungsverfahren gibt. Um dies zu widerlegen, konstruieren wir ein Polynom fünften Grades mit ganzzahligen Koeffizienten, dessen Galois-Gruppe die volle symmetrische Gruppe $\mathcal{Y}_5$ ist. Grundlegend dafür ist das gruppentheoretische

4.7.5. Lemma. Sei p eine Primzahl.
1) Jedes Element $\sigma \in \mathcal{Y}_p$ der Ordnung p ist ein p-Zyklus.
2) Ist $G \subset \mathcal{Y}_p$ eine Untergruppe, die eine Transposition τ und einen p-Zyklus σ enthält, so ist $G = \mathcal{Y}_p$.

Beweis. 1) Nach I,2.4.3 gibt es elementfremde Zyklen $\sigma_1,\ldots,\sigma_r \in \mathcal{Y}_p$ mit $\quad \sigma = \sigma_1 \circ \ldots \circ \sigma_r.$
Sei $\ell_i > 1$ die Länge von σ_i für jedes i. Da elementfremde

Zyklen vertauschbar sind, ist ord(σ) ein kleinstes gemeinsames Vielfaches von $\ell_1, \ldots, \ell_r$. Wegen ord$(\sigma) = p$ ergibt sich $p = \ell_1 = \ldots = \ell_r$. Da die Zyklen elementfremd waren, muß $r = 1$ sein.

2) Zunächst wählt man ein $\rho \in \widetilde{\mathcal{Y}}_p$ mit

$$\tau_0 := \rho \circ \tau \circ \rho^{-1} = \langle 1,2 \rangle.$$

Wegen 1) gibt es ein $\ell \in \mathbb{N}$ mit $1 \leq \ell < p$ und ein $\pi \in \widetilde{\mathcal{Y}}_p$ mit $\pi(1) = 1$ und $\pi(2) = 2$, so daß

$$\sigma_0 := \pi \circ \sigma^\ell \circ \pi^{-1} = \langle 1,2,3,\ldots,p \rangle$$

gilt. Es genügt $G_0 := (\pi \circ \rho) \circ G \circ (\pi \circ \rho)^{-1} = \widetilde{\mathcal{Y}}_p$ zu zeigen. Wegen $\sigma_0, \tau_0 \in G_0$ erhält man

$$\langle 2,3 \rangle = \sigma_0 \circ \tau_0 \circ \sigma_0^{-1} \in G_0 \;, \; \langle 3,4 \rangle = \sigma_0 \circ \langle 2,3 \rangle \circ \sigma_0^{-1} \in G_0$$

und schließlich $\langle p-1,p \rangle \in G_0$.

Wegen

$$\langle 1,2 \rangle \circ \langle 2,3 \rangle \circ \langle 1,2 \rangle = \langle 1,3 \rangle \;, \; \langle 1,3 \rangle \circ \langle 3,4 \rangle \circ \langle 1,3 \rangle = \langle 1,4 \rangle \;, \ldots$$

enthält G_0 auch alle Transpositionen $\langle 1,k \rangle$ für $k \in \{2,\ldots,p\}$. Da außerdem

$$\langle 1,\ell \rangle \circ \langle 1,k \rangle \circ \langle 1,\ell \rangle = \langle \ell,k \rangle$$

gilt, enthält G_0 alle Transpositionen und die Behauptung folgt aus I,2.4.3.

In manchen Fällen kann man nun nachweisen, daß die Galois-Gruppe Transpositionen und p-Zyklen enthält.

4.7.6. Satz. Sei p eine Primzahl und $f \in \mathbb{Z}[X]$ ein irreduzibles Polynom vom Grad p, das in $\mathbb{C}$ genau zwei nicht-reelle Nullstellen hat. Dann gilt

$$\mathrm{Gal}(f;\mathbb{Q}) \cong \widetilde{\mathcal{Y}}_p.$$

Beweis. Da $\mathbb{C}$ algebraisch abgeschlossen ist, enthält $\mathbb{C}$ den Zerfällungskörper K von f über $\mathbb{Q}$. Ist $a \in \mathbb{C}$ eine Nullstelle von f, so ist $f(\overline{a}) = \overline{f(a)} = 0$, denn f hat reelle Koeffizienten. Also sind die beiden nicht reellen Nullstellen von f konjugiert komplex und Aut$(K;\mathbb{Q})$ enthält eine Transposition, nämlich die komplexe Konjugation. Da p nach dem Grad-Satz ein Teiler von $[K:\mathbb{Q}] = $ ord Aut$(K;\mathbb{Q})$ ist, enthält Aut$(K;\mathbb{Q})$ nach dem Satz von Cauchy (I,5.2.3) auch ein Element der Ordnung p und die

Behauptung folgt aus 4.7.5.

Eine andere Möglichkeit, Satz 4.7.6 zu beweisen, findet sich in [6].

Um ein explizites Beispiel anzugeben, muß man ein irreduzibles Polynom vom Grad p mit genau p-2 reellen Nullstellen finden. Für p=5 ist dies etwa für

$$X^5 - 4X + 2$$

der Fall, wie man mit Hilfe des Kriteriums von Eisenstein und einer elementaren Diskussion des Kurvenverlaufs (Fig. 5) leicht nachweist.

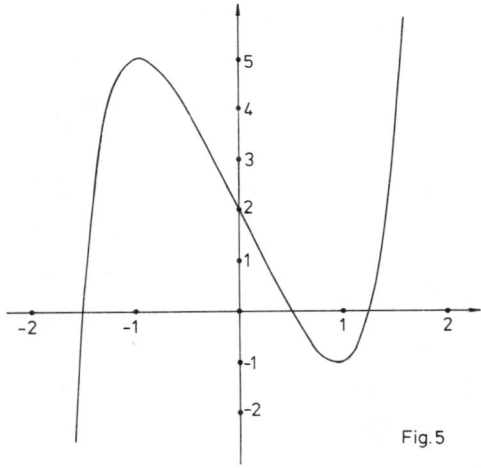

Fig.5

Für ein Polynom fünften Grades mit nur einer reellen Nullstelle (etwa X^5-X-1) versagt dieses Verfahren. In [8] findet sich eine Reduktionsmethode, aus der

$$\text{Gal}(X^5-X-1;\mathbb{Q}) = \mathfrak{T}_5$$

folgt. Man kann sogar zeigen, daß für ein beliebiges Polynom mit ganzzahligen Koeffizienten die Galois-Gruppe mit großer Wahrscheinlichkeit die volle symmetrische Gruppe ist (vgl. [35]).

Es ist bis heute nicht bekannt, ob es zu jeder endlichen Gruppe G eine Galois-Erweiterung $K \supset \mathbb{Q}$ mit $\text{Aut}(K;\mathbb{Q}) \cong G$ gibt. EMMY NOETHER bemerkte, daß dies der Fall wäre, wenn jeder Zwischen-

körper
$$\mathbb{Q}(X_1,\ldots,X_n) \supset L \supset \mathbb{Q}(s_1,\ldots,s_n)$$

rein transzendent über $\mathbb{Q}$ wäre (vgl. 4.6 und Anhang 4). Daß
dem nicht so ist, zeigte G. SWAN [33] im Jahre 1969:

4.7.7. Theorem. Sei $p = 47$ und $G \subset \mathfrak{S}_p = \text{Aut}(\mathbb{Q}(X_1,\ldots,X_p))$ die
von dem Zyklus $\langle 1,\ldots,p \rangle$ erzeugte Untergruppe. Dann ist die
Körpererweiterung

$$\text{Fix}(\mathbb{Q}(X_1,\ldots,X_p);G) \supset \mathbb{Q}$$

nicht rein transzendent.

Den bisher allgemeinsten Existenzsatz für Körpererweiterungen
zu vorgegebener Galois-Gruppe bewies I.R. ŠAFAREVIČ [30]. Ein
Spezialfall davon lautet

4.7.8. Theorem. Sei $k \supset \mathbb{Q}$ eine endliche Körpererweiterung und G
eine endliche auflösbare Gruppe. Dann gibt es eine Galois-Erweiterung $K \supset k$ mit $\text{Aut}(K;k) \cong G$.

Es sei noch bemerkt, daß obiges Problem sehr einfach wird,
wenn der Grundkörper k bei gegebener Gruppe nicht vorgeschrie-
ben ist. Dies möge sich der Leser zur Übung überlegen.

4.8. Der Fundamentalsatz der Algebra

4.8.1. Satz. Der Körper $\mathbb{C}$ der komplexen Zahlen ist algebraisch
abgeschlossen.

Dieser sogenannte Fundamentalsatz der Algebra wurde von
C.F. GAUSS gefunden, der mehrere Beweise dafür gab. Der heute
übliche Standardbeweis benutzt als Hilfsmittel den Satz von
LIOUVILLE, nach dem eine in ganz $\mathbb{C}$ holomorphe und beschränkte
Funktion konstant ist. Es ist klar, daß es keinen rein algebraischen Beweis geben kann, denn der Körper $\mathbb{R}$ ist ein Erzeug-
nis der Analysis. Aber man kann, wenn man Wert darauf legt,
die Hilfsmittel der Analysis weitgehend zurückdrängen und dafür mehr Algebra investieren. Wir wollen zwei Beispiele hierfür geben und dabei nur die folgenden auf Eigenschaften der
reellen Zahlen beruhenden Hilfsmittel verwenden.

Hilfssatz 1. Ist $f \in \mathbb{R}[X]$ ein Polynom mit ungeradem Grad, so
hat f mindestens eine reelle Nullstelle.

Hilfssatz 2. Ist $f \in \mathbb{C}[X]$ ein Polynom vom Grad 2, so zerfällt f über $\mathbb{C}$ in Linearfaktoren.

Der Beweis von Hilfssatz 1 ist eine einfache Übungsaufgabe zur reellen Analysis, bei der der auf der Vollständigkeit von $\mathbb{R}$ beruhende Zwischenwertsatz benutzt wird. Zum Beweis von Hilfssatz 2 benutzt man als Folgerung aus den Anordnungsaxiomen von $\mathbb{R}$, daß jede nicht negative reelle Zahl eine reelle Quadratwurzel besitzt. Auf Grund dieser Tatsache kann man nämlich für jedes $z = x+iy \in \mathbb{C}$, $x,y \in \mathbb{R}$, die komplexe Zahl

$$w := \sqrt{\frac{x+\sqrt{x^2+y^2}}{2}} + i\sqrt{\frac{-x+\sqrt{x^2+y^2}}{2}} ,$$

bilden. Wegen $w^2 = z$ falls $y \geq 0$ und $\bar{w}^2 = z$ falls $y < 0$ hat jede komplexe Zahl eine komplexe Quadratwurzel. Daher kann man zu jedem Polynom $f = aX^2 + bX + c \in \mathbb{C}[X]$ vom Grad 2 die komplexen Zahlen

$$\frac{-b\pm\sqrt{b^2-4ac}}{2a} ,$$

bilden. Diese sind die Nullstellen von f.

Erster Beweis von 4.8.1 (er stammt von E. ARTIN und benutzt das Theorem von SYLOW). Wegen 2.1.2 genügt es zu zeigen, daß $\mathbb{C}$ keine echte endliche Erweiterung gestattet. Ist $k \supset \mathbb{C}$ endlich, so gibt es wegen 1.6.2, 3.4.8 und 3.5.5 eine Galois-Erweiterung $K \supset \mathbb{R}$ mit $k \subset K$, und es genügt $K = \mathbb{C}$ zu zeigen. Wegen $\mathbb{R} \subset \mathbb{C} \subset K$ ist 2 ein Teiler der Ordnung von $G := \text{Aut}(K;\mathbb{R})$, so daß es nach I,5.2.2 und I,5.2.3 eine 2-Sylowgruppe S in G gibt. Ist $L := \text{Fix}(K;S)$, so ist $[L:\mathbb{R}] = [G:S]$, also ungerade wegen I,5.1.3. Nach 4.2.4 gibt es ein Element $a \in L$ mit $L = \mathbb{R}(a)$. Der Grad des Minimalpolynoms von a über $\mathbb{R}$ ist gleich $[L:\mathbb{R}]$, also folgt $L = \mathbb{R}$ aus Hilfssatz 1 und damit $G = S$. G ist also eine 2-Gruppe. Da $H := \text{Aut}(K;\mathbb{C})$ eine Untergruppe von G ist, gibt es ein $r \in \mathbb{N}$ mit $\text{ord } H = 2^r$. Wäre $r > 0$, so gäbe es nach I,5.2.2 eine Untergruppe $H' \subset H$ mit $\text{ord } H' = 2^{r-1}$. Ist $L' := \text{Fix}(K;H')$, so ist $[L':\mathbb{C}] = [H:H'] = 2$. Das kann aber nach Hilfssatz 2 nicht sein, so daß man $r = 0$, also $K = \mathbb{C}$ erhält.

Zweiter Beweis von 4.8.1 (er geht auf LAGRANGE zurück). Nach 2.1.2 genügt es zu zeigen, daß jedes nicht-konstante $f \in \mathbb{C}[X]$

eine komplexe Nullstelle besitzt. Ist $\overline{f}$ das Polynom mit den
komplex konjugierten Koeffizienten, so hat $f \cdot \overline{f}$ reelle Koeffizienten wie man sich leicht überlegt. Ist $a \in \mathbb{C}$ Nullstelle von
$f \cdot \overline{f}$, so ist a Nullstelle von f oder von $\overline{f}$. Im letzteren Fall
gilt aber $0 = \overline{f}(a) = \overline{f(\overline{a})} = f(\overline{a})$, also ist $\overline{a} \in \mathbb{C}$ eine Nullstelle von f. Es genügt also zu zeigen, daß jedes nicht-kon-
stante Polynom $f \in \mathbb{R}[X]$ eine komplexe Nullstelle besitzt.
Ist $n := \deg(f)$ so können wir $n = 2^{\ell} \cdot m$ mit ungeradem m schreiben und Induktion über ℓ führen. Für $\ell = 0$ folgt die Behauptung aus Hilfssatz 1. Für $\ell > 0$ sei $K \supset \mathbb{C}$ der Zerfällungskörper
von f und

$$f = (X-a_1) \cdot \ldots \cdot (X-a_n)$$

mit $a_1, \ldots, a_n \in K$. Wir definieren $b_{rs} := a_r + a_s + \lambda a_r a_s$ für
ein festes $\lambda \in \mathbb{R}$ und $r,s \in \{1, \ldots, n\}$, sowie

$$g := \prod_{1 \leq r \leq s \leq n} (X-b_{rs}) \in K[X].$$

Für jedes $\varphi \in \operatorname{Aut}(K;\mathbb{R})$ gilt $\varphi(\{a_1, \ldots, a_n\}) \subset \{a_1, \ldots, a_n\}$ wegen
$f \in \mathbb{R}[X]$, so daß die Koeffizienten von g invariant sind unter
$\operatorname{Aut}(K;\mathbb{R})$. Da ferner K der Zerfällungskörper von $(X^2+1) \cdot f$ über
$\mathbb{R}$ ist, ist $K \supset \mathbb{R}$ eine Galois-Erweiterung, und man erhält $g \in \mathbb{R}[X]$.
Weiter ist $\deg(g) = \frac{1}{2}n(n+1) = 2^{\ell-1}m(n+1)$ und wegen $\ell \geq 1$ ist $m(n+1)$
ungerade. Nach Induktionsannahme hat g eine komplexe Nullstel-
le, d.h. es gibt zu unserem vorgegebenen $\lambda \in \mathbb{R}$ Indizes $r,s \in$
$\{1, \ldots, n\}$ mit $r \leq s$, so daß $b_{rs} = a_r + a_s + \lambda a_r a_s$ in $\mathbb{C}$ liegt. Da es
unendlich viele reelle Zahlen aber nur endlich viele solcher
Indizes gibt, können wir $\lambda, \mu \in \mathbb{R}$ mit $\lambda \neq \mu$ und $r \leq s$ finden, so daß

$$a_r + a_s + \lambda a_r a_s \in \mathbb{C}$$
und
$$a_r + a_s + \mu a_r a_s \in \mathbb{C}.$$

Daraus folgt $a_r \cdot a_s \in \mathbb{C}$ und $a_r + a_s \in \mathbb{C}$, d.h. das Polynom
$(X-a_r) \cdot (X-a_s) \in K[X]$ hat komplexe Koeffizienten. Also sind a_r
und a_s nach Hilfssatz 2 komplexe Zahlen.

4.9. Konstruktion mit Zirkel und Lineal

Eines der bekanntesten mathematischen Probleme ist die Frage
nach der "Quadratur des Kreises", d.h. die Frage, ob man mit

Hilfe von Zirkel und Lineal ein Quadrat mit dem Flächeninhalt
des Einheitskreises konstruieren kann. Man suchte schon zur
Zeit PLATONS (ca. 429-348 v. Chr.) nach einer Lösung. Im Jahre
1882 gelang es schließlich F.v. LINDEMANN, den Beweis für die
Unmöglichkeit der Quadratur des Kreises zu liefern. Die Fragen,
ob man mit Hilfe von Zirkel und Lineal einen Würfel verdoppeln
oder jeden Winkel dreiteilen kann, waren schon vorher negativ
beantwortet worden. Diese Tatsachen halten manchen unerschrok-
kenen Forscher jedoch auch heute noch nicht von der Suche nach
Konstruktionsverfahren ab.
Dem an der Geschichte dieses Problems interessierten Leser emp-
fehlen wir einen Artikel von F. KLEIN [22], sowie die entsprechenden Kapitel in den Büchern von R. COURANT und H. ROBBINS
[14] sowie H. TIETZE [34].

Um zu demonstrieren, daß es wesentlich ist, ganz genau zu erklären, was man unter einer "Konstruktion mit Zirkel und Lineal" versteht, wollen wir an das Verfahren des Praktikers
ARCHIMEDES zur Winkeldreiteilung erinnern.

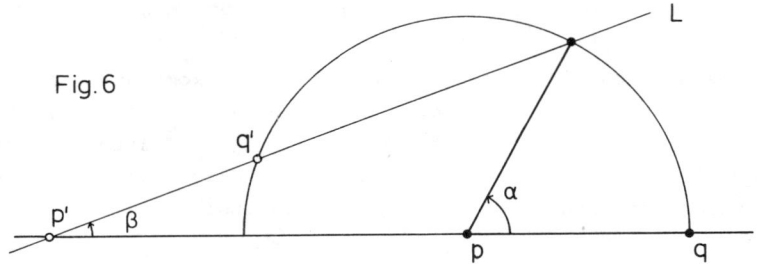

Fig. 6

Ist der Winkel α durch zwei vom Punkt p ausgehende Strahlen
gegeben, so wähle man auf einem von ihnen einen von p verschiedenen Punkt q. Auf dem Lineal markiert man den Abstand r von p
und q, schlägt einen Kreis um p mit dem Radius r und legt das
Lineal zur Zeichnung der Geraden L so an, daß auch p' und q'
den Abstand r haben (Fig. 6). Mit Hilfe elementargeometrischer
Überlegungen beweist man leicht die Beziehung $3\beta = \alpha$.

Die Puristen der Schule PLATONs erlaubten jedoch weder das Mar-
kieren einer Strecke auf dem Lineal noch ein derartiges Anle-
gen.

Wir wollen nun die erforderliche Präzisierung des Begriffes
"Konstruktion mit Zirkel und Lineal" vornehmen und anschließend das Problem algebraisieren. Dazu stellen wir uns von Anfang an als "Zeichenebene" die "Gaußsche Zahlenebene" $\mathbb{C}$ vor.

4.9.1. Wir verwenden folgende Abkürzungen:
Sind $p,q \in \mathbb{C}$ verschiedene Punkte, so bezeichnen wir mit pvq
die Verbindungsgerade. Ist $p \in \mathbb{C}$ und $\rho \geq 0$ eine reelle Zahl,
so bezeichnet $K(p;\rho)$ den Kreis um p mit dem Radius ρ.
Sei nun eine Teilmenge $M \subset \mathbb{C}$ gegeben. Die Punkte aus M seien die
"Konstruktionsdaten" (meist wird $M = \{0,1\}$ sein). Wir erklären
<u>elementare Konstruktionsschritte</u> zur Vergrößerung von M.

<u>Typ I.</u> Seien $p_1,q_1,p_2,q_2 \in M, p_1 \neq q_1, p_2 \neq q_2$ und $(p_1 v q_1) \neq (p_2 v q_2)$.
Man nehme die Punkte von $(p_1 v q_1) \cap (p_2 v q_2)$ zu M dazu.

<u>Typ II.</u> Seien $p,p_1,q_1,p_2,q_2 \in M, p_1 \neq q_1$.
Man nehme die Punkte von $(p_1 v q_1) \cap K(p;\|p_2-q_2\|)$ zu M dazu.

<u>Typ III.</u> Seien $p,q,p_1,q_1,p_2,q_2 \in M, p \neq q$.
Man nehme die Punkte von $K(p;\|p_1-q_1\|) \cap K(q;\|p_2-q_2\|)$ zu M dazu.

Bei den Kreisen in Typ II und III werden Radien auch "abgetra-
gen", d.h. es braucht kein Punkt von M auf dem Kreis zu liegen. Auf Grund der gemachten Einschränkungen können in einem
elementaren Konstruktionsschritt zu M höchstens zwei Punkte
dazukommen.

Für eine beliebige Teilmenge $M \subset \mathbb{C}$ definieren wir Kon(M) als die
Menge all der $z \in \mathbb{C}$ zu denen es ein $n \in \mathbb{N}$ und eine Kette

$$M =: M_0 \subset M_1 \subset \ldots \subset M_{n-1} \subset M_n \subset \mathbb{C}$$

von Teilmengen gibt, so daß z in M_n liegt, und M_ν aus $M_{\nu-1}$ für
$\nu \in \{1,\ldots,n\}$ durch einen elementaren Konstruktionsschritt
entsteht. Kon(M) heißt die <u>Menge der aus M mit Zirkel und Lineal konstruierbaren Punkte</u>. Sie hat eine wichtige algebraische Eigenschaft.

4.9.2. Satz. Sei M eine Teilmenge von $\mathbb{C}$, die 0 und 1 enthält und sei $\overline{M}:= \{z \in \mathbb{C}: \overline{z} \in M\}$ die aus M durch komplexe Konjugation entstehende Menge. Dann gilt:

1) Kon(M) ist ein Zwischenkörper von $\mathbb{C} \supset \mathbb{Q}(M \cup \overline{M})$.

2) Ist $b \in \mathbb{C}$ und $b^2 \in$ Kon(M), so gilt auch $b \in$ Kon(M).

Beweis. Zum Nachweis von 1) zeigen wir zunächst, daß Kon(M) ein Unterkörper von $\mathbb{C}$ ist. Nach Fig. 7 liegen mit a und b auch a+b und -b in Kon(M)

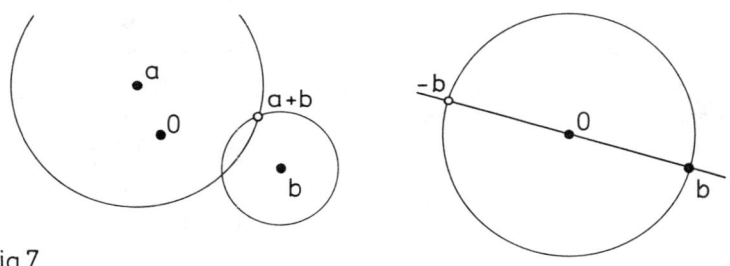

Fig.7

Wegen $0,1 \in$ Kon(M) liegt auch $p := \exp(\frac{5\pi i}{3})$ in Kon(M). Sind $a,b \in$ Kon(M), $a = \|a\| e^{i\alpha}$ und $b = \|b\| e^{i\beta}$, so ist $a \cdot b = \|a\| \cdot \|b\| e^{i(\alpha+\beta)}$.

Das Produkt $c := \|a\| \cdot \|b\|$ kann man wie in Fig. 8 unter Verwendung der Hilfsgeraden Ovp mit Hilfe des "Strahlensatzes" konstruieren (die für die Konstruktion der Parallelen erforderlichen Schritte sind nicht eingezeichnet). Da man bekanntlich mit Zirkel und Lineal auch Winkel addieren kann, erhält man $a \cdot b \in$ Kon(M).

Ganz analog konstruiert man mit Hilfe des Strahlensatzes zu $a \in$ Kon(M)$\smallsetminus\{0\}$ das Inverse a^{-1}. Kon(M) ist also ein Unterkörper von $\mathbb{C}$.

- 203 -

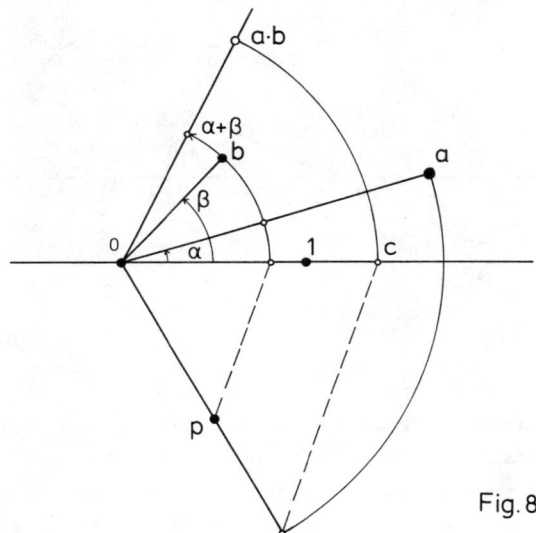

Fig. 8

Wegen $0,1 \in M$ gilt $\mathbb{Z} \subset \text{Kon}(M)$ und daher $\mathbb{Q} \subset \text{Kon}(M)$. Da nach Fig. 9 für jedes $a \in M$ der Punkt $\bar{a}$ in $\text{Kon}(M)$ liegt, gilt auch $\mathbb{Q}(M \cup \bar{M}) \subset \text{Kon}(M)$

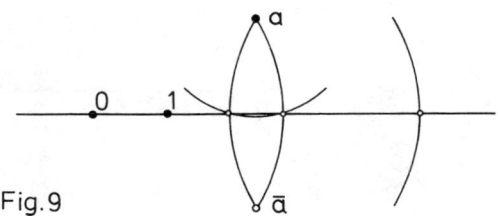

Fig. 9

Zum Nachweis von 2) geben wir an, wie man Quadratwurzeln konstruiert. Ist $a \in \text{Kon}(M)$ und $\|a\| = 1$, so erhält man die beiden komplexen Zahlen b_1, b_2 mit $b_1^2 = b_2^2 = a$ wie in Fig. 10 durch Konstruktion der Winkelhalbierenden.

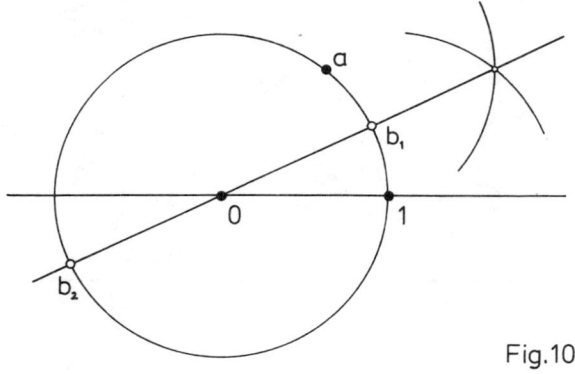

Fig.10

Es bleibt daher nur noch zu zeigen, daß man für jede reelle
Zahl a > 0 die Zahl $\sqrt{a}$ konstruieren kann. Der Mittelpunkt p der
Strecke von -a bis 1 liegt offenbar in Kon(M). Wendet man in
Fig. 11 den Höhensatz an, so erhält man unmittelbar $x^2 = a$,
also $x = \sqrt{a}$.

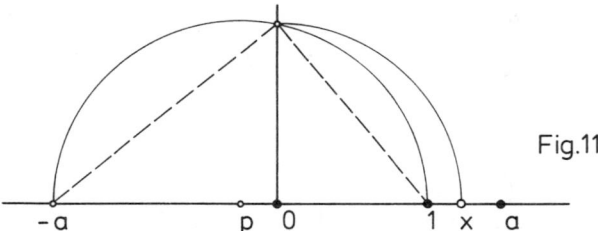

Fig.11

Wir wollen nun die entscheidende Frage untersuchen, wie groß
bei gegebenem M⊂ℂ der Körper Kon(M) wird. Zunächst ein Hilfssatz.

4.9.3. Lemma. Sei L ein Unterkörper von ℂ mit L = $\bar{L}$ und i ∈ L.
Ist dann z ∈ ℂ aus L in einem elementaren Schritt konstruierbar, so gibt es ein w ∈ ℂ mit w^2 ∈ L und z ∈ L(w).

<u>Beweis.</u> Zunächst bemerken wir, daß wegen $i \in L$ und $L = \overline{L}$ mit p auch Real- und Imaginärteil von p in L liegen, denn es gilt

$$\text{Re}(p) = \frac{1}{2}(p+\overline{p}) \quad \text{und} \quad \text{Im}(p) = \frac{1}{2i}(p-\overline{p}).$$

Wir machen nun eine Fallunterscheidung nach dem Typ des elementaren Konstruktionsschrittes durch den z aus L entsteht.

Gibt es $p_1, q_1, p_2, q_2 \in L$ mit $p_1 \neq q_1, p_2 \neq q_2$ und $(p_1 \vee q_1) \cap (p_2 \vee q_2) = \{z\}$, so existieren $\lambda, \mu \in \mathbb{R}$ mit

$$z = p_1 + \lambda(q_1 - p_1) = p_2 + \mu(q_2 - p_2).$$

Zerlegt man diese Bedingung in Real- und Imaginärteil, so erhält man ein inhomogenes lineares Gleichungssystem für λ und μ mit Koeffizienten in $L \cap \mathbb{R}$. Seine Lösung liegt ebenfalls in $L \cap \mathbb{R}$, so daß auch der Schnittpunkt z in L liegt.

Ist z Schnittpunkt einer Geraden und eines Kreises, so gibt es $p, p_1, q_1 \in L$ mit $p_1 \neq q_1$ und $\rho \in \mathbb{R}$ mit $\rho > 0$ und $\rho^2 \in L$, so daß

$$z \in (p_1 \vee q_1) \cap K(p; \rho)$$

gilt. Mit $p = a+ib$, $p_1 = a_1 + ib_1$ und $q_1 - p_1 = a_2 + ib_2$ folgt, daß es ein $\lambda \in \mathbb{R}$ gibt mit

$$(a_1 + \lambda a_2 - a)^2 + (b_1 + \lambda b_2 - b)^2 = \rho^2.$$

Dies ist eine quadratische Gleichung für λ mit Koeffizienten in L. Ist w ihre Diskriminante, so gilt $w^2 \in L$ und $z \in L(w)$.

Ist z Schnittpunkt zweier Kreise K_1 und K_2 mit verschiedenen Mittelpunkten und den Gleichungen

$$\begin{aligned}
(x-a_1)^2 + (y-b_1)^2 &= \rho_1^2 \\
(x-a_2)^2 + (y-b_2)^2 &= \rho_2^2,
\end{aligned}$$

so erhält man durch Subtraktion eine lineare Gleichung

$$(a_1 - a_2)x + (b_1 - b_2)y = c$$

mit $c \in L$. Da die Mittelpunkte $a_1 + ib_1$ und $a_2 + ib_2$ der Kreise verschieden sind, beschreibt diese eine Gerade. Da z ein Element ihres Durchschnitts mit K_1 ist, kann man wie im zweiten Fall weiterschließen.

4.9.4. Satz. Ist M eine Teilmenge von $\mathbb{C}$ mit $0, 1 \in M$, so sind für $z \in \mathbb{C}$ folgende Bedingungen äquivalent:

1) $z \in \text{Kon}(M)$.

2) Es gibt eine Kette

$$\mathbb{Q}(M \cup \overline{M}) = L_o \subset L_1 \subset \ldots \subset L_m \subset \mathbb{C}$$

von Zwischenkörpern mit $z \in L_m$ und $[L_\nu : L_{\nu-1}] = 2$ für $\nu \in \{1, \ldots, m\}$.

Beweis. Die Implikation 2) $\Rightarrow$ 1) ist ganz einfach zu beweisen. Wegen 4.9.2 hat man sich nur zu überlegen, daß L_ν aus $L_{\nu-1}$ durch Adjunktion einer Quadratwurzel entsteht. Ist aber $x \in L_\nu \setminus L_{\nu-1}$, so ist $L_\nu = L_{\nu-1}(x)$ und es gibt $a, b \in L_{\nu-1}$ mit $x^2 + ax + b = 0$. Daher liegt $(x + \frac{a}{2})^2$ in $L_{\nu-1}$ und es gilt $L_\nu = L_{\nu-1}(x + \frac{a}{2})$.

Die Implikation 1) $\Rightarrow$ 2) beweisen wir rekursiv mit Hilfe von 4.9.3. Sei also $z \in \text{Kon}(M)$. Dann gibt es eine Kette

$$M = M_o \subset \ldots \subset M_m \subset \mathbb{C}$$

von Teilmengen, so daß $z \in M_m$ gilt und M_ν für $\nu \in \{1, \ldots, m\}$ aus $M_{\nu-1}$ durch einen elementaren Konstruktionsschritt entsteht. Sei $M_\nu = M_{\nu-1} \cup \{z_\nu, z_\nu'\}$ für jedes ν. Zunächst gilt $L_o = \overline{L_o}$ für $L_o := \mathbb{Q}(M \cup \overline{M})$. Der Körper $L_1 := L_o(i)$ hat die in 4.9.3 vorausgesetzten Eigenschaften und z_1 ist aus L_1 in einem elementaren Schritt konstruierbar. Es gibt daher ein $w_1 \in \mathbb{C}$ mit $w_1^2 \in L_1$ und $z_1 \in L_1(w_1)$. Wenn wir $L_2 := L_1(w_1, \overline{w_1})$ setzen, gilt wieder $\overline{L_2} = L_2$ und $i \in L_2$. Da z_1' in einem elementaren Schritt aus L_2 konstruierbar ist, gibt es entsprechend ein $w_1' \in \mathbb{C}$ mit $w_1'^2 \in L_2$ und $z_1' \in L_2(w_1')$. Weil z_2 und z_2' in einem elementaren Schritt aus $L_3 := L_2(w_1', \overline{w_1'})$ konstruierbar sind, kann man das Verfahren fortsetzen und erhält eine Kette von Zwischenkörpern mit den gewünschten Eigenschaften.

Hieraus folgt unmittelbar

4.9.5. Korollar. Sei M eine Teilmenge von $\mathbb{C}$ mit $0, 1 \in M$, $L := \mathbb{Q}(M \cup \overline{M})$ und $z \in \text{Kon}(M)$. Dann ist der Körpergrad $[L(z) : L]$ eine Potenz von 2, z ist also insbesondere algebraisch über L.

Mit Hilfe dieser notwendigen Bedingung kann man nun nachweisen, daß die am Anfang dieses Abschnitts genannten klassischen

Konstruktionsprobleme nicht lösbar sind. Es sei ausdrücklich
bemerkt, daß dies keinesfalls der Existenz äußerst genauer
Näherungsverfahren widerspricht und somit mehr von theoreti-
schem als von praktischem Interesse ist (vgl. [11] und [25]).

4.9.6. Die Quadratur des Kreises ist unmöglich.

Es genügt den Fall eines Kreises vom Radius 1 zu betrachten.
Dann ist $M = \{0,1\}$. Ein Quadrat vom gleichen Flächeninhalt
wie der Kreis vom Radius 1 hat die Kantenlänge $\sqrt{\pi}$. Wäre $\sqrt{\pi}$
konstruierbar, so wäre auch π konstruierbar und somit algebraisch über $\mathbb{Q}$. Das ist jedoch nicht der Fall (vgl. Anhang 2).

4.9.7. Das Delische Problem ist unlösbar.

Es soll untersucht werden, ob man zu einem gegebenen Würfel
der Kantenlänge a mit Zirkel und Lineal die Kantenlänge b eines Würfels mit doppeltem Volumen konstruieren kann. Wir brauchen nur den Fall a = 1 zu behandeln, können also $M = \{0,1\}$
voraussetzen und haben zu entscheiden, ob $b := \sqrt[3]{2}$ in Kon(M)
liegt. Da $X^3 - 2 \in \mathbb{Q}[X]$ das Minimalpolynom von b über $\mathbb{Q}$ ist,
gilt

$$[\mathbb{Q}(b):\mathbb{Q}] = 3,$$

so daß b nach 4.9.5 nicht in Kon(M) liegt.

4.9.8. Die Winkeldreiteilung ist im allgemeinen unmöglich.

Wir wollen nicht präzisieren, was ein "allgemeines" Konstruktionsverfahren sein soll, da sich sogar leicht zeigen läßt,
daß spezielle Winkel nicht mit Zirkel und Lineal dreigeteilt
werden können. Ist der Winkel $\alpha \in \;]0,2\pi]$ gegeben, so setzen
wir $\zeta := e^{i\alpha}$ und eine Dreiteilung von α ist gleichbedeutend mit
der Konstruktion eines $z = e^{i\beta} \in \mathbb{C}$ mit $z^3 = e^{i3\beta} = \zeta$ aus
$M := \{0,1,\zeta\}$. Wegen $\overline{\zeta} = \zeta^{-1}$, ist $\mathbb{Q}(M\cup\overline{M}) = \mathbb{Q}(\zeta)$, also kann ζ
nach 4.9.5 genau dann nicht dreigeteilt werden, wenn das Poly-
nom

$$X^3 - \zeta \in \mathbb{Q}(\zeta)[X]$$

irreduzibel ist. Es ist klar, daß dies ganz von ζ abhängt. Um
möglichst einfach ein spezielles Beispiel zu erhalten, setzen
wir $c := \text{Re}(\zeta)$, also $c = \cos\alpha$. Die Konstruktion eines β mit
$\alpha = 3\beta$ ist dann gleichbedeutend mit der Konstruktion von

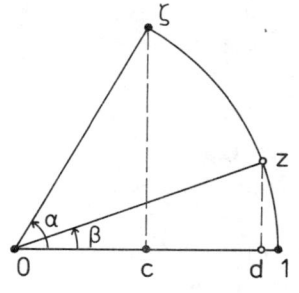

d:= Re(z) = cos β aus M':={0,1,c}.
Wegen cos 3β = 4 cos³β - 3 cos β
ist cos β für jedes β mit $e^{3i\beta}=\zeta$
Nullstelle des Polynoms

$4X^3 - 3X - c \in \mathbb{Q}(c)[X]$.

Setzen wir α = $\frac{\pi}{3}$, so ist
cos α = $\frac{1}{2}$, und es genügt für die
Nicht-Konstruierbarkeit von $\frac{\alpha}{3}$
nach 4.9.5 die Irreduzibilität

Fig.12 von $8X^3 - 6X - 1$ in $\mathbb{Q}[X]$ zu zei-

gen. Durch die Substitution Y = 2X erhält man das Polynom

$$Y^3 - 3Y - 1 \in \mathbb{Z}[X].$$

Dieses ist aber irreduzibel in $\mathbb{Z}[X]$, wie man durch Reduktion
modulo 2 leicht sieht. Also kann der Winkel von 60° nicht dreigeteilt und daher der Winkel von 20° nicht aus {0,1} konstruiert werden. Dies kann man schneller einsehen, wenn man 4.3.10
verwendet: Da aus der Konstruierbarkeit des Winkels von 20° die
des Winkels von 40° folgen würde, hat man sich nur zu überle-
gen, daß die primitive 9-te Einheitswurzel $\zeta = \exp(\frac{2\pi i}{9})$ nicht
konstruierbar ist. Wegen $[\mathbb{Q}(\zeta):\mathbb{Q}] = \varphi(9) = 6$ folgt dies aber
unmittelbar aus 4.9.5.

Als letztes geometrisches Problem wollen wir die weitaus
schwierigere Frage nach der <u>Konstruierbarkeit regelmäßiger</u>
<u>n-Ecke</u> untersuchen. Offenbar ist diese gleichbedeutend mit der
Frage nach der Konstruierbarkeit einer primitiven n-ten Einheitswurzel aus M = {0,1}. Für n = 2,3,4,5,6 sind die Konstruktionen wohlbekannt. Wie wir eben gesehen haben, kann aber der
Winkel von 20° und damit auch das regelmäßige 9-Eck nicht aus
{0,1} konstruiert werden. Aber schon das Problem der Konstruierbarkeit des regelmäßigen 7-Ecks war offen bis C.F. GAUSS
1796 (im Alter von 19 Jahren) eine vollständige Lösung fand,
nachdem seit der Zeit von EUKLID in dieser Frage kein nennens-
werter Fortschritt gelungen war. Um sein Ergebnis herzuleiten,
werden wir im Gegensatz zu den bisherigen Überlegungen dieses

Abschnittes stärkere algebraische Hilfsmittel verwenden. Für
einen elementareren Zugang verweisen wir auf [11].

4.9.9. Sei n eine natürliche Zahl. Dann nennt man die Zahl

$$F_n = 2^{2^n} + 1$$

die n-te Fermatsche Zahl. Die Fermatschen Zahlen $F_0 = 3, F_1 = 5, F_2 = 17, F_3 = 257$ und $F_4 = 65537$
sind Primzahlen. Fermat vermutete, daß alle die nach ihm be-
nannten Zahlen Primzahlen sind. Das ist jedoch nicht der Fall,
denn 641 ist ein Teiler von $F_5 = 2^{32} + 1 = 4\ 294\ 967\ 297$ wie
schon L. EULER bemerkt hatte. Es ist sogar so, daß man bis
heute unter den Fermatschen Zahlen außer den angegebenen keine
weiteren Primzahlen gefunden hat. Eine Übersicht über die bisher durchgeführten Rechnungen findet man in [7].

4.9.10. Hilfssatz. Ist p eine ungerade Primzahl und p-1 eine
Potenz von 2, so ist p eine Fermatsche Zahl.

Beweis. Ist $p = 2^m + 1$, so haben wir zu zeigen, daß m von der
Form 2^n ist. Hätte m einen ungeraden Teiler q > 1, so gäbe es
ein $\ell \in \mathbb{N}$ mit $m = q \cdot \ell$ und man würde

$$p = 2^{q \cdot \ell} + 1 = (2^\ell + 1)(2^{\ell(q-1)} - 2^{\ell(q-2)} + \ldots - 2^\ell + 1)$$

erhalten. Wegen $1 < 2^\ell + 1 < 2^{q \cdot \ell} + 1$ wäre p also keine Primzahl.

Nun können wir das Ergebnis von Gauss formulieren. Dabei bezeichnen wir mit φ wieder die in 4.3.3 definierte Eulersche
Funktion.

4.9.11. Satz (GAUSS). Sei n > 2 eine natürliche Zahl. Dann
sind folgende Aussagen äquivalent:
1) Das regelmäßige n-Eck ist konstruierbar.
2) $\varphi(n)$ ist eine Potenz von 2.
3) Es gibt ein $m \in \mathbb{N}$ und paarweise verschiedene Fermatsche
   Primzahlen $p_1, \ldots, p_r$ mit $n = 2^m \cdot p_1 \cdot \ldots \cdot p_r$.

Beweis. 1) $\Rightarrow$ 2) Ist ζ eine primitive n-te Einheitswurzel, so
gilt

$$[\mathbb{Q}(\zeta):\mathbb{Q}] = \varphi(n)$$

nach 4.3.10. Daher folgt die Behauptung aus 4.9.5.

2) $\leftrightarrow$ 3). Ist $n = p_1^{\ell_1} \cdot \ldots \cdot p_r^{\ell_r}$ die Primfaktorzerlegung von n, so gilt

$$\varphi(n) = p_1^{\ell_1-1} \cdot \ldots \cdot p_r^{\ell_r-1} \cdot (p_1-1) \cdot \ldots \cdot (p_r-1)$$

nach 4.3.4. Also ist $\varphi(n)$ genau dann eine Potenz von 2, wenn für jeden von 2 verschiedenen Primteiler p_j von n gilt: $\ell_j = 1$ und $p_j - 1$ ist eine Potenz von 2. Hilfssatz 4.9.10 liefert daher die Behauptung.

2) $\rightarrow$ 1) ist ein Spezialfall des folgenden Satzes, der eine hinreichende Bedingung für die Konstruierbarkeit mit Zirkel und Lineal liefert.

4.9.12. Satz. Sei M eine Teilmenge von $\mathbb{C}$, die 0 und 1 enthält und $L := \mathbb{Q}(M \cup \overline{M})$. Weiter sei $z \in \mathbb{C}$, f das Minimalpolynom von z über L und $K \supset L$ der Zerfällungskörper von f mit $K \subset \mathbb{C}$. Ist dann $[K:L]$ eine Potenz von 2, so gilt $z \in \text{Kon}(M)$.

Beweis. Nach 3.5.4 ist $K \supset L$ eine Galois-Erweiterung, also ist die Ordnung von $G := \text{Aut}(K;L)$ eine Potenz von 2, so daß G nach I,3.2.9 auflösbar ist. Es gibt daher nach I,3.2.6 eine Normalreihe

$$\{\text{id}_K\} = G_n \subset \ldots \subset G_1 \subset G_0 = G,$$

so daß die Ordnung jeder Gruppe $G_{\nu-1}/G_\nu$, $\nu \in \{1,\ldots,n\}$, eine Primzahl ist. Da $\text{ord}(G_{\nu-1}/G_\nu)$ für jedes ν ein Teiler von $\text{ord}(G)$ ist, folgt $\text{ord}(G_{\nu-1}/G_\nu) = 2$ für alle ν. Zu dieser Normalreihe gehört nach dem Hauptsatz der Galois-Theorie (3.2.4) eine Kette

$$K = L_n \supset \ldots \supset L_1 \supset L_0 = L$$

von Zwischenkörpern mit $[L_\nu : L_{\nu-1}] = 2$ für jedes $\nu \in \{1,\ldots,n\}$. Mit 4.9.4 folgt $z \in \text{Kon}(M)$.

Man kann mit etwas Mühe durch Überlegungen wie im Beweis von 4.5.5 zeigen, daß die angegebene Bedingung auch notwendig für die Konstruierbarkeit von z ist. Wir wollen dies hier jedoch nicht ausführen.

Für eine Primzahl $p > 2$ ist also die Konstruierbarkeit des regelmäßigen p-Eckes gleichbedeutend damit, daß p eine Fermatsche

Zahl ist. Das ist bisher nur für p = 3,5,17,257,65537 bekannt.
Der obige Satz von Gauss ist keine reine Existenzaussage, sondern man kann ihn als Anleitung für die Suche nach einem Konstruktionsverfahren benutzen. Für p = 17 wurde dies von GAUSS selbst durchgeführt und im Laufe des letzten Jahrhunderts u.a. von C.v. STAUDT weiter vereinfacht. Eine schöne Darstellung dieser Varianten findet man bei F. KLEIN [22].
Ein Konstruktionsverfahren für das 257-Eck wurde erstmals 1832 von F.J. RICHELOT [26] angegeben. An der Konstruktion des 65537-Eckes arbeitete J. HERMES zehn Jahre lang. Sein 1889 be-endetes "Diarium" darüber deponierte er in der mathematischen Sammlung zu Göttingen; eine kurze Note darüber erschien 1894 in den Göttinger Nachrichten [18].
Ist n ∈ IN von der in Satz 4.9.11 angegebenen Gestalt, so kann man die Konstruktion des regelmäßigen n-Eckes leicht auf die obigen Konstruktionen zurückführen. Sind nämlich r und s natürliche Zahlen derart, daß das regelmäßige r-Eck und s-Eck konstruierbar ist, und sind r,s teilerfremd, so gibt es ganze Zahlen a,b mit 1 = ar+bs (vgl. Anhang 1). Man erhält

$$\frac{2\pi}{rs} = a \cdot \frac{2\pi}{s} + b \cdot \frac{2\pi}{r}$$

und daher ist auch das rs-Eck konstruierbar. Die in n auftretende Potenz von 2 kann man durch wiederholte Winkelhalbierung berücksichtigen.

Anhang 1. Elementare Zahlentheorie

In diesem Abschnitt wollen wir einige Tatsachen der elementaren Zahlentheorie behandeln, die in den vorhergehenden Kapiteln oft benutzt werden. Außer den Regeln für Addition, Multiplikation und den Umgang mit dem $\leq$-Zeichen in der Menge $\mathbb{Z}$ der ganzen Zahlen werden wir dabei lediglich folgende Tatsachen verwenden:

1) Unter den Elementen jeder nicht-leeren Menge natürlicher Zahlen gibt es ein kleinstes.
2) Ist n eine natürliche Zahl, so gibt es nur endlich viele ganze Zahlen m mit $|m| \leq n$.

Satz 1 (Division mit Rest). Zu je zwei ganzen Zahlen a und b mit $a \neq 0$ gibt es eindeutig bestimmte ganze Zahlen q und r mit

$$b = qa + r \text{ und } 0 \leq r < |a|.$$

Beweis. Man braucht nur den Fall $a > 0$ zu behandeln, denn aus $a < 0$ folgt $|a| = -a > 0$. Sei also $a > 0$ und $M := \{b - na : n \in \mathbb{Z}\}$. M enthält natürliche Zahlen, denn im Falle $b \geq 0$ liegt b in M und im Falle $b < 0$ gilt $b - ba = b(1-a) \in \mathbb{N}$. Sei $r = b - qa$ die kleinste in M enthaltene natürliche Zahl. Dann gilt $b - (q+1)a < b - qa = r$, also $b - (q+1)a \notin \mathbb{N}$ und daher $r < a$, so daß man insgesamt

$$b = qa + r \text{ und } 0 \leq r < a$$

erhält. Gilt außerdem

$$b = q'a + r' \text{ und } 0 \leq r' < a,$$

so folgt $q+1 \leq q'$ aus $q < q'$, also $r' = b - q'a \leq b - (q+1)a = b - qa - a = r - a < 0$. Das ist ein Widerspruch. Da man den Fall $q' < q$ analog zum Widerspruch führen kann, erhält man $q = q'$ und daher auch $r = r'$.

Definition. Seien a und b ganze Zahlen. a heißt Teiler von b, wenn es ein $c \in \mathbb{Z}$ mit $b = ca$ gibt. Wir schreiben $a|b$, wenn a Teiler von b ist, sonst $a \nmid b$.

Als unmittelbare Folgerung aus dieser Definition erhält man die

- 214 -

Bemerkung 1. Für $a,b,c \in \mathbb{Z}$ gilt:

1) $a|a$, $(-a)|a$, $1|a$, $a|0$
2) $a|b$ und $b|c \Rightarrow a|c$
3) $a|b$ und $b|a \Rightarrow a = b$ oder $a = -b$
4) $a|b$ und $a|c \Rightarrow a|(bx+cy)$ für alle $x,y \in \mathbb{Z}$
5) $a|b$ und $b \neq 0 \Rightarrow |a| \leq |b|$

Wegen 5) hat jedes Element aus $\mathbb{Z} \smallsetminus \{0\}$ nur endlich viele Teiler.

Definition. Seien a und b ganze Zahlen. Ein Element $d \in \mathbb{Z}$ heißt **größter gemeinsamer Teiler** von a und b, wenn

1) d gemeinsamer Teiler von a und b ist, d.h. wenn $d|a$ und $d|b$ gilt,
2) für jedes $t \in \mathbb{Z}$ mit $t|a$ und $t|b$ auch $t|d$ gilt.

a und b heißen **teilerfremd**, wenn 1 größter gemeinsamer Teiler von a und b ist.

Bemerkung 2. Sind $a,b \in \mathbb{Z}$ nicht beide 0 und ist d größter gemeinsamer Teiler von a und b, so ist $-d$ nach Teil 3) von Bemerkung 1 der einzige weitere größte gemeinsame Teiler von a und b.

Satz 2. Sind $a,b \in \mathbb{Z}$ nicht beide 0, so enthält die Menge

$$M := \{xa+yb : x,y \in \mathbb{Z}\}$$

positive ganze Zahlen. Die kleinste unter ihnen ist größter gemeinsamer Teiler von a und b.

Zu jedem größten gemeinsamen Teiler d von a und b gibt es $x,y \in \mathbb{Z}$ mit

$$d = xa + yb.$$

a und b sind genau dann teilerfremd, wenn es $x,y \in \mathbb{Z}$ gibt mit

$$1 = xa + yb.$$

Beweis. Daß die Menge M positive ganze Zahlen enthält, ist klar. Sei d die kleinste und seien $x,y \in \mathbb{Z}$ so gewählt, daß $d = xa + yb$ gilt. Offensichtlich ist jeder gemeinsame Teiler von a und b auch Teiler von d. Aus $d \nmid a$ würde mit Satz 1 folgen, daß es $q,r \in \mathbb{Z}$ mit $a = qd + r$ und $0 < r < d$ gibt. Wegen $r = a - qd = a - q(xa+yb) = (1-qx)a + (-qy)b \in M$ und $0 < r < d$ würde man einen Widerspruch erhalten. Die Annahme $d \nmid b$ führt man analog zum Widerspruch. Also ist d größter gemeinsamer

Teiler von a und b. Wegen Bemerkung 2 ist damit alles bewiesen.

Korollar 1. Seien $a,b \in \mathbb{Z}$ nicht beide 0. $d \in \mathbb{Z}$ ist genau dann größter gemeinsamer Teiler von a und b, wenn gilt:

1) $d|a$ und $d|b$.

2) Für jedes $t \in \mathbb{Z}$ mit $t|a$ und $t|b$ gilt $|t| \leq |d|$.

Beweis. Ist d größter gemeinsamer Teiler von a und b, so gilt $t|d$, also $|t| \leq |d|$, für jedes $t \in \mathbb{Z}$ mit $t|a$ und $t|b$.

Sei umgekehrt $d \in \mathbb{Z}$ mit den Eigenschaften 1) und 2) gegeben. Ist d_o größter gemeinsamer Teiler von a und b, so gibt es $x,y \in \mathbb{Z}$ mit $d_o = xa + yb$. Wegen 2) gilt $|d_o| \leq |d|$. Andererseits hat man aber auch $|d| \leq |d_o|$, denn aus $d|a$ und $d|b$ folgt $d|d_o$. Es gilt also $d \in \{d_o, -d_o\}$, so daß d größter gemeinsamer Teiler von a und b ist.

Dieses Korollar zeigt, daß der positive größte gemeinsame Teiler zweier ganzer Zahlen a und b, die nicht beide 0 sind, der größte unter allen positiven gemeinsamen Teilern von a und b ist. Man hätte natürlich auch die im Korollar angegebenen Eigenschaften zur Definition des Begriffes "größter gemeinsamer Teiler" verwenden können. Die hier gewählte Definition hat jedoch den Vorteil, daß sie sich auf beliebige Ringe übertragen läßt.

Korollar 2. Sind $a,b,c \in \mathbb{Z}$ und sind a und b teilerfremd, so gilt:

1) $a|bc \Rightarrow a|c$.

2) $a|c$ und $b|c \Rightarrow ab|c$.

Beweis. 1) Da a und b teilerfremd sind, gibt es $x,y \in \mathbb{Z}$ mit $1 = xa + yb$, so daß man $c = (cx)a + y(bc)$ erhält. Wegen $a|a$ folgt aus $a|bc$ daher $a|c$.

2) Wegen $a|c$ gibt es ein $d \in \mathbb{Z}$ mit $c = ad$. Da a und b teilerfremd sind, folgt $b|d$ aus $b|c$.

Sind $a,b,m \in \mathbb{Z}$, so nennen wir a <u>kongruent</u> <u>zu</u> b <u>modulo</u> m und schreiben $a \equiv b \bmod m$, wenn m ein Teiler von a-b ist. Man überlegt sich sofort, daß dadurch eine Äquivalenzrelation auf $\mathbb{Z}$ erklärt ist und daß für $a,b,c,d,m \in \mathbb{Z}$ gilt:

$a \equiv b \bmod m$ und $c \equiv d \bmod m \Rightarrow a \overset{+}{\cdot} c \equiv b \overset{+}{\cdot} d \bmod m$.

Satz 3. Sind m,n ∈ ℤ teilerfremd, so gibt es zu beliebig vor-gegebenen a,b ∈ ℤ stets ein x ∈ ℤ mit

$$x \equiv a \bmod m \text{ und } x \equiv b \bmod n$$

und für ein y ∈ ℤ gilt genau dann y ≡ a mod m und y ≡ b mod n, wenn x ≡ y mod(mn) ist.

Beweis. Da m,n teilerfremd sind, gibt es k,ℓ ∈ ℤ mit 1 = km+ℓn. Setzt man x := aℓn+bkm, so erhält man x-a = a(ℓn-1)+bkm = = -akm+bkm, also x ≡ a mod m und analog x ≡ b mod n.
Aus y ≡ x mod(mn) folgt y ≡ x mod m und y ≡ x mod n und daher y ≡ a mod m und y ≡ b mod n. Umgekehrt liefern die Kongruenzen

$$x \equiv a \bmod m, \quad y \equiv a \bmod m$$
$$x \equiv b \bmod n, \quad y \equiv b \bmod n$$

zunächst x-y ≡ 0 mod m und x-y ≡ 0 mod n, also m|(x-y) und n|(x-y), so daß man mn|(x-y) und somit x ≡ y mod(mn) erhält.

Definition. Eine natürliche Zahl p heißt Primzahl, wenn gilt:
1) p > 1.
2) 1 und p sind die einzigen positiven Teiler von p.

Bemerkung 3. Ist p eine Primzahl und sind a,b ∈ ℤ, so folgt p|a oder p|b aus p|ab.

Beweis. Gilt p∤a, so sind p und a teilerfremd und mit Korollar 2 erhält man p|b.

Bemerkung 4. Jede natürliche Zahl n > 1 besitzt eine Primzahl als Teiler.

Beweis. Wegen n|n ist die Menge aller Teiler t von n mit t > 1 nicht leer. Ihr kleinstes Element p ist eine Primzahl, denn jeder positive Teiler q von p ist auch ein positiver Teiler von n, so daß q = 1 oder q = p folgt.

Bemerkung 5. Es gibt unendlich viele Primzahlen.

Beweis (nach EUKLID). Gäbe es nur endlich viele Primzahlen $p_1, \ldots, p_n$, so hätte die natürliche Zahl $p_1 \cdot \ldots \cdot p_n + 1$ keine Primzahl als Teiler, was Bemerkung 4 widerspricht.

Fundamentalsatz der elementaren Zahlentheorie.
Zu jeder natürlichen Zahl n > 1 gibt es paarweise verschiedene Primzahlen $p_1, \ldots, p_r$ und positive ganze Zahlen $\ell_1, \ldots, \ell_r$ mit

$$n = p_1^{\ell_1} \cdot \ldots \cdot p_r^{\ell_r}.$$

Die Zahlen $p_1, \ldots, p_r$ und $\ell_1, \ldots, \ell_r$ sind eindeutig bestimmt.

Beweis. 1) Die Existenz einer solchen Primfaktorzerlegung wird durch vollständige Induktion bewiesen: Da 2 eine Primzahl ist, ist der Induktionsanfang gesichert. Sei daher $n > 2$ und die Behauptung richtig für alle natürlichen Zahlen m mit $1 < m < n$. Ist n eine Primzahl, so hat man eine Zerlegung von n in Primfaktoren. Ist n keine Primzahl, so gibt es $k, m \in \mathbb{N}$ mit $1 < k, m < n$ und $n = km$. Nach Induktionsannahme sind k und m und daher auch n in Primfaktoren zerlegbar.

2) Nimmt man an, daß es eine natürliche Zahl $n > 1$ mit zwei verschiedenen Primfaktorzerlegungen gibt, so gibt es Primzahlen $p_1, \ldots, p_r$ und $q_1, \ldots, q_s$ mit

$$p_1 \cdot \ldots \cdot p_r = q_1 \cdot \ldots \cdot q_s \quad \text{und} \quad \{p_1, \ldots, p_r\} \cap \{q_1, \ldots, q_s\} = \emptyset.$$

Das ist aber nicht möglich, denn es gilt $p_1 | q_1 \cdot \ldots \cdot q_s$ und daher $p_1 = q_i$ für ein $i \in \{1, \ldots, s\}$ nach Bemerkung 3.

Da aus dem Fundamentalsatz der elementaren Zahlentheorie viele der von uns ohne ihn hergeleiteten Eigenschaften folgen, stellt man ihn manchmal an die Spitze. Dann muß man seine Eindeutigkeitsaussage natürlich ad hoc beweisen. Dies kann man nach ZERMELO wie folgt tun:

Nimmt man an, daß es natürliche Zahlen >1 mit verschiedenen Primfaktorzerlegungen gibt, so gibt es eine kleinste derartige Zahl, sagen wir n. Seien

$$n = p_1 \cdot \ldots \cdot p_r = q_1 \cdot \ldots \cdot q_s$$

zwei verschiedene Zerlegungen von n in Primfaktoren. Dann sind die Mengen $\{p_1, \ldots, p_r\}$ und $\{q_1, \ldots, q_s\}$ disjunkt, denn wäre etwa p_i ein gemeinsames Element, so hätte auch $p_1 \cdot \ldots \cdot p_{i-1} \cdot p_{i+1} \cdot \ldots \cdot p_r < n$ zwei verschiedene Zerlegungen. Wir können daher ohne Einschränkung $p_1 < q_1$ annehmen. Setzt man

(*) $\quad m := (q_1 - p_1) \cdot q_2 \cdot \ldots \cdot q_s = p_1(p_2 \cdot \ldots \cdot p_r - q_2 \cdot \ldots \cdot q_s),$

so gilt offensichtlich $m < n$, so daß m eindeutig in Primfaktoren zerlegbar ist. Wegen $p_1 \nmid (q_1 - p_1)$ und $p_1 \notin \{q_2, \ldots, q_s\}$ widerspricht dies (*).

Anhang 2. Existenz transzendenter Zahlen

Wie man mit Hilfe der Cantorschen Verfahren zeigt, sind die
reellen Zahlen überabzählbar, die über $\mathbb{Q}$ algebraischen reellen
Zahlen dagegen abzählbar. Daraus folgt die Existenz von reellen Zahlen, die über $\mathbb{Q}$ transzendent sind. Beispiele für Dezi-
malbruchentwicklungen transzendenter Zahlen kann man auf diese
Weise jedoch nicht erhalten. Wir wollen deshalb eine - schon
1844, ein Jahr vor CANTORs Geburt, gefundene - Methode von
J. LIOUVILLE angeben, die es gestattet, auf einfache Weise
transzendente Zahlen zu konstruieren. Ausgangspunkt ist die
Beobachtung, daß sich nicht-rationale algebraische Zahlen
"schlecht" durch rationale Zahlen approximieren lassen (vgl.
etwa TH. SCHNEIDER [31]).

Approximationssatz von Liouville. Zu jeder irrationalen reellen Zahl a, die über $\mathbb{Q}$ algebraisch ist, gibt es eine reelle
Zahl c > O mit folgender Eigenschaft: Ist n der Grad des Minimalpolynoms von a über $\mathbb{Q}$ und sind $p,q \in \mathbb{Z}, q > O$, so ist

$$|a - \frac{p}{q}| > \frac{c}{q^n} .$$

Beweis. Für das Minimalpolynom f von a über $\mathbb{Q}$ gilt
$n = \deg(f) \geq 2$. Sei $b_n \in \mathbb{Z} \setminus \{O\}$ so gewählt, daß $g := b_n f \in \mathbb{Z}[X]$
gilt. Sind $a = a_1, a_2, \ldots, a_n \in \mathbb{C}$ die Nullstellen von f, so ist

$$g(X) = b_n X^n + \ldots + b_1 X + b_o = b_n (X-a) \cdot (X-a_2) \cdot \ldots \cdot (X-a_n) ,$$

also

$$g(\tfrac{p}{q}) = b_n (\tfrac{p}{q})^n + \ldots + b_1 \tfrac{p}{q} + b_o = b_n (\tfrac{p}{q}-a) (\tfrac{p}{q}-a_2) \cdot \ldots \cdot (\tfrac{p}{q}-a_n) .$$

Da g in $\mathbb{Q}[X]$ irreduzibel ist, gilt $g(\tfrac{p}{q}) \neq O$. Daher ist
$b := q^n g(\tfrac{p}{q}) \in \mathbb{Z} \setminus \{O\}$ und es folgt

(*) $$|g(\tfrac{p}{q})| \geq \frac{1}{q^n} .$$

Ist $c' = \frac{1}{2}$, so gilt für alle $p,q \in \mathbb{Z}$ mit q > O und $|a - \tfrac{p}{q}| \geq \tfrac{1}{q}$
auch $|a - \tfrac{p}{q}| > \frac{c'}{q^n}$. Wir brauchen daher nur mehr solche p,q zu
betrachten, für die $|a - \tfrac{p}{q}| < \tfrac{1}{q}$ ist. Zunächst wählen wir $N \in \mathbb{N}$
so, daß für $q \geq N$ und $i \in \{2, \ldots, n\}$

$$\frac{1}{q} < |a - a_i| \quad \text{und somit} \quad |a - \frac{p}{q}| < |a - a_i|$$

für die betrachteten p,q gilt. Dann ist

$$|\frac{p}{q} - a_i| \leq |\frac{p}{q} - a| + |a - a_i| < 2|a - a_i|.$$

Aus (*) folgt

$$|b_n(\frac{p}{q} - a)| \cdot 2^{n-1}|a - a_2| \cdot \ldots \cdot |a - a_n| > \frac{1}{q^n},$$

also

$$|\frac{p}{q} - a| > \frac{c''}{q^n}$$

für $c'' := (2^{n-1}|b_n||a-a_2|\cdot\ldots\cdot|a-a_n|)^{-1}$ und $q \geq N$. Da es nur endlich viele $q \in \mathbb{N}$ mit $q < N$ gibt und zu jedem solchen q nur endlich viele $p \in \mathbb{Z}$ mit $|a-\frac{p}{q}| < \frac{1}{q}$, kann man c wie behauptet wählen.

Eine irrationale Zahl $a \in \mathbb{R}$ nennt man <u>Liouvillesche</u> <u>Zahl</u>, wenn es kein $(c,n) \in \mathbb{R} \times \mathbb{N}$ mit $c > 0$ und $n \geq 2$ gibt, so daß

$$|a - \frac{p}{q}| > \frac{c}{q^n}$$

für alle $p,q \in \mathbb{Z}$ mit $q > 0$ gilt. Nach dem Approximationssatz ist jede Liouvillesche Zahl transzendent.

<u>Beispiel.</u>

$$a := \sum_{\nu=1}^{\infty} 10^{-(\nu!)} = 0,110001000000000000000001000\ldots$$

ist eine Liouvillesche und damit eine transzendente Zahl.

<u>Beweis.</u> Wir zeigen, daß die Dezimalbruchentwicklung "zu schnell" konvergiert. Sei dazu

$$a_m := \sum_{\nu=1}^{m} 10^{-(\nu!)} = \frac{p_m}{10^{m!}}$$

mit $p_m \in \mathbb{N}$. Angenommen, a wäre keine Liouvillesche Zahl. Wegen

$$|a - a_m| < \frac{2}{10^{(m+1)!}}$$

würde

$$\frac{c}{10^{m!n}} < \frac{2}{10^{(m+1)!}}$$

für alle m bei festem c und n mit $c > 0$ gelten, was offenbar nicht sein kann.

Inzwischen ist gezeigt worden, daß der Exponent n von q im

Approximationssatz von Liouville verkleinert werden kann.
K.F. ROTH [28] zeigte 1955 daß man n durch jedes reelle $\mu > 2$
ersetzen kann.

Damit kann man die Transzendenz von vielen weiteren Zahlen
nachweisen, etwa von dem kuriosen Dezimalbruch

$$0,12345678910111213...,$$

der keine Liouvillesche Zahl ist (siehe [31]).

Weit wichtiger als die Konstruktion seltsamer transzendenter
Zahlen ist der Nachweis der Transzendenz in der Natur vorkom-
mender Zahlen, etwa der Eulerschen Zahl e und der Ludolphschen
Zahl π. Dabei ist e definiert durch

$$e := \sum_{n=o}^{\infty} \frac{1}{n!} = 2,718\ 281\ 828\ 459...$$

und $\frac{\pi}{2}$ ist erklärt als die kleinste positive Nullstelle des Co-
sinus, also

$$\pi = 3,141\ 592\ 653...$$

wie man in der Analysis zeigt.

Im Jahre 1873 bewies C. HERMITE [19], daß e transzendent ist,
und mit den Methoden von HERMITE gelang F. LINDEMANN [23] 1882
der Nachweis der Transzendenz von π. Da e und π im Rahmen der
Analysis erklärt werden, ist es klar, daß die Transzendenzbe-
weise auch analytische Hilfsmittel benutzen. Obwohl es inzwischen sehr elementare Beweise der Transzendenz von e und π gibt,
würde es etwas über den Rahmen dieser Einführung in die Algebra hinausgehen, sie hier zu reproduzieren. Wir verweisen dafür zum Beispiel auf das Buch von SCHNEIDER [31]. Um das Interesse des Lesers daran zu wecken, zeigen wir zumindest die Ir-
rationalität von e und π. Das ist viel einfacher und für den
praktischen Umgang mit e und π schon schlimm genug.

Bemerkung. Die Eulersche Zahl e ist irrational.

Der Beweis ist fast trivial. Für $N \in \mathbb{N}$ gibt es nach der La-
grangeschen Form des Restgliedes der Taylorreihe ein $0 < \theta < 1$
so daß

$$e = 1 + 1 + \frac{1}{2!} + ... + \frac{1}{N!} + \frac{e^{\theta}}{(N+1)!} \ .$$

Nimmt man $e = \frac{p}{q}$ mit $p,q \in \mathbb{N}$ an und wählt $N > q$, so ist $N!e$
und daher auch $N! \frac{e^\Theta}{(N+1)!} = \frac{e^\Theta}{N+1}$ eine ganze Zahl. Andererseits
ist aber $e^\Theta < e$, also $0 < \frac{e^\Theta}{N+1} < \frac{3}{4} < 1$, falls $N \geq 3$ ist.

Schwieriger ist der zuerst 1761 von J.H. LAMBERT bewiesene

<u>Satz.</u> Die Ludolphsche Zahl π ist irrational.

<u>Beweis</u> (siehe NIVEN [24]). Wir nehmen an es wäre $\pi = \frac{p}{q}$ mit
$p,q \in \mathbb{N}$ und definieren für $n \in \mathbb{N}$

$$f_n(x) := \frac{1}{n!} x^n (p-qx)^n \quad \text{und} \quad I_n := \int_0^\pi f_n(x) \cdot \sin x \, dx.$$

Es genügt, folgende beiden Aussagen zu beweisen:

1) Es gibt ein $N \in \mathbb{N}$ so daß $0 < I_n < 1$ für $n \geq N$.

2) $I_n \in \mathbb{Z}$ für jedes $n \in \mathbb{N}$.

Zum Nachweis von 1) überlegt man sich zunächst, daß f_n im Intervall $[0,\pi]$ an der Stelle $\frac{p}{2q} = \frac{\pi}{2}$ ein Maximum hat. Daher folgt

$$0 < I_n \leq \pi \cdot f_n(\frac{p}{2q}) = \frac{\pi}{n!}(\frac{p^2}{4q})^n,$$

was sofort 1) ergibt. Zum Beweis von 2) definieren wir

$$F_n = f_n - f_n^{(2)} + f_n^{(4)} - \ldots + (-1)^n f_n^{(2n)},$$

wobei wir mit $f_n^{(\nu)}$ die ν-te Ableitung von f_n bezeichnen. Da f_n ein Polynom vom Grad $2n$ in x ist, erhält man

$$\frac{d}{dx}(F_n' \cdot \sin x - F_n \cdot \cos x) = F_n'' \cdot \sin x + F_n \cdot \sin x = f_n \cdot \sin x,$$

also

$$I_n = \int_0^\pi f_n(x) \cdot \sin x \, dx = [F_n'(x) \cdot \sin x - F_n(x) \cos x]_0^\pi = F_n(\pi) + F_n(0).$$

Es genügt also zu zeigen, daß $f_n^{(\nu)}(0)$ und $f_n^{(\nu)}(\pi)$ für $0 \leq \nu \leq 2n$ ganzzahlig sind. Ist $g_n(x) := f_n(\frac{p}{q}-x)$, so ist $g_n = f_n$, wie man durch Einsetzen unmittelbar sieht. Da

$$f_n^{(\nu)}(\pi) = g_n^{(\nu)}(\pi) = (-1)^\nu f_n^{(\nu)}(0)$$

genügt es, $f_n^{(\nu)}(0) \in \mathbb{Z}$ zu zeigen.
Für $\nu < n$ ist sogar $f_n^{(\nu)}(0) = 0$, denn f_n hat im Nullpunkt eine Nullstelle n-ter Ordnung. Da $n! f_n$ ganzzahlige Koeffizienten hat, ist $f_n^{(\nu)}$ für $\nu \geq n$ ein Polynom mit ganzzahligen Koeffizienten, insbesondere ist $f_n^{(\nu)}(0)$ ganz.

Anhang 3. Polynomringe in beliebig vielen Unbestimmten

Ist R ein kommutativer Ring mit Einselement und I eine beliebige Menge, so kann man zu jedem $i \in I$ eine "Unbestimmte" X_i
bilden und für jede endliche Teilmenge $\{i_1, \ldots, i_n\} \subset I$ den formalen Ausdruck

$$f = \sum_{(\nu_1, \ldots, \nu_n) \in \mathbb{N}^n} a_{\nu_1, \ldots, \nu_n} X_{i_1}^{\nu_1} \cdot \ldots \cdot X_{i_n}^{\nu_n}$$

betrachten, wobei die Koeffizienten $a_{\nu_1, \ldots, \nu_n}$ in R liegen und
fast alle gleich 0 sein sollen. Jeden dieser formalen Ausdrük-
ke kann man ein "Polynom" in I nennen. Ist g ein weiteres Polynom, in dem nur die Unbestimmten $X_{j_1}, \ldots, X_{j_m}$ vorkommen, so
kann man wie üblich Polynome f+g und f·g bilden, in denen nur
die Unbestimmten $X_{i_1}, \ldots, X_{i_n}, X_{j_1}, \ldots, X_{j_m}$ vorkommen. Zusammen
mit den dadurch erklärten Verknüpfungen ist die Menge aller
derartigen Polynome in endlich vielen Unbestimmten ein kommutativer Ring mit Einselement, den man den Polynomring in I
über R nennt und mit R[I] oder $R[(X_i)_{i \in I}]$ bezeichnet. Will man
diesen Ring präzise erklären und als Lösung eines universellen
Problems erhalten, so ist etwas Aufwand nötig.

Zunächst wollen wir für den ganzen Abschnitt voraussetzen, daß
alle auftretenden Ringe kommutativ sind, daß sie ein Einselement besitzen und daß alle auftretenden Ringhomomorphismen die
Einselemente ineinander überführen. Ferner sollen alle auftretenden Halbgruppen neutrale Elemente besitzen, die von den
Halbgruppenhomomorphismen respektiert werden.

Definition. Sei R ein Ring und I eine Menge. Ein Tripel
$(R[I], \iota, \kappa)$, bestehend aus einem Ring R[I], einem Homomorphismus
$\iota: R \to R[I]$ und einer Abbildung $\kappa: I \to R[I]$ heißt Polynomring
in I über R, wenn folgende universelle Eigenschaft erfüllt ist:

Zu jedem Ring S zusammen mit einem Homomorphismus $\varphi: R \to S$ und
einer Abbildung $\lambda: I \to S$ gibt es genau einen Homomorphismus
$\Phi: R[I] \to S$, so daß das Diagramm

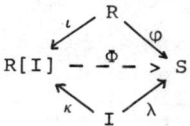

kommutiert. Man nennt Φ auch Substitutionshomomorphismus.
Wie üblich beweist man, daß ein solcher Polynomring bis auf
Isomorphie eindeutig bestimmt ist. Zum Nachweis der Existenz
konstruieren wir zunächst eine von der Menge I erzeugte frei-
abelsche Halbgruppe.

Ist I eine Menge, so erklären wir auf

$$\mathbb{N}\langle I\rangle := \{\alpha: I \longrightarrow \mathbb{N}: \alpha(i) = 0 \text{ für fast alle } i \in I\}$$

durch

$$(\alpha \cdot \beta)(i) := \alpha(i) + \beta(i)$$

eine (multiplikativ geschriebene) Verknüpfung.. Wie man sofort
sieht, wird $\mathbb{N}\langle I\rangle$ dadurch zu einer abelschen Halbgruppe mit der
Nullabbildung e als neutralem Element. Man nennt $\mathbb{N}\langle I\rangle$ die von
I erzeugte frei-abelsche Halbgruppe.

Für $i \in I$ und $n \in \mathbb{N}$ sei $X_i^n \in \mathbb{N}\langle I\rangle$ erklärt durch

$$X_i^n(j) := \begin{cases} n \text{ für } j = i \\ 0 \text{ sonst.} \end{cases}$$

Offensichtlich ist $X_i^0 = e$ für alle $i \in I$; wir setzen zur Ab-
kürzung $X_i^1 =: X_i$. Die Abbildung $X: I \to \mathbb{N}\langle I\rangle$, $i \mapsto X_i$, ist injektiv, denn aus $X_i = X_j$ folgt $1 = X_i(i) = X_j(i)$, also $i = j$. Wir
wollen nun eine universelle Eigenschaft nachweisen.

Satz 1. Zu jeder abelschen Halbgruppe $(H,\cdot)$ und jeder Abbildung $\lambda: I \to H$ gibt es genau einen Halbgruppenhomomorphismus
$\Lambda: \mathbb{N}\langle I\rangle \to H$ so daß das Diagramm

$$\mathbb{N}\langle I\rangle \overset{\Lambda}{-} \overset{}{-} > H$$

$$X \nwarrow \quad \nearrow \lambda$$
$$I$$

kommutiert.

- 224 -

Beweis. Jedes $\alpha \in \mathbb{N}\langle I\rangle$ gestattet die Darstellung $\alpha = \prod_{i\in I} x_i^{\alpha(i)}$,
wie man durch Einsetzen von $j \in I$ sofort sieht. Hat Λ die gewünschte Eigenschaft, so gilt für jedes $\alpha \in \mathbb{N}\langle I\rangle$

(*) $$\Lambda(\alpha) = \Lambda(\prod_{i\in I} x_i^{\alpha(i)}) = \prod_{i\in I} \lambda(i)^{\alpha(i)}.$$

Es gibt also höchstens ein solches Λ. Zum Nachweis der Existenz verwenden wir Gleichung (*) als Definition und es bleibt zu zeigen, daß Λ ein Homomorphismus ist. Dies folgt aus

$$\Lambda(\alpha\cdot\beta) = \prod_{i\in I} \lambda(i)^{(\alpha\cdot\beta)(i)} = \prod_{i\in I} \lambda(i)^{\alpha(i)+\beta(i)} = \Lambda(\alpha)\cdot\Lambda(\beta)$$

für $\alpha,\beta \in \mathbb{N}\langle I\rangle$.

Wir nennen die Elemente von $\mathbb{N}\langle I\rangle$ primitive Monome. Um daraus Polynome zu machen, muß man grob gesprochen endliche Linearkombinationen mit Koeffizienten in R bilden. Wir konstruieren dazu den sogenannten Halbgruppenring.
Sei R ein kommutativer Ring mit 1 und $(H,\cdot)$ eine abelsche Halbgruppe mit neutralem Element e. Auf der Menge

$$R[H] := \{f: H \longrightarrow R: f(\alpha) = 0 \text{ für fast alle } \alpha \in H\}$$

sind durch

$$(f+g)(\alpha) := f(\alpha) + g(\alpha) \text{ und } (f\cdot g)(\alpha) := \sum_{\substack{x,y\in H \\ x\cdot y=\alpha}} f(x)\cdot g(y)$$

Verknüpfungen erklärt, die $R[H]$ zu einem kommutativen Ring mit dem Einselement

$$H \longrightarrow R, \quad \alpha \longmapsto \begin{cases} 1 & \text{für } \alpha = e \\ 0 & \text{sonst} \end{cases}$$

machen. Wir erklären nun Abbildungen

$$\iota: R \longrightarrow R[H], \quad a \longmapsto \iota_a, \text{ durch } \iota_a(\alpha) = \begin{cases} a & \text{für } \alpha = e \\ 0 & \text{sonst} \end{cases}$$

und

$$\delta: H \longrightarrow R[H], \quad \alpha \longmapsto \delta_\alpha, \text{ durch } \delta_\alpha(\beta) = \begin{cases} 1 & \text{für } \alpha = \beta \\ 0 & \text{sonst.} \end{cases}$$

Wie man sich leicht überlegt, ist ι ein injektiver Ringhomomorphismus und δ ein injektiver Homomorphismus von H in die Halbgruppe $(R[H],\cdot)$.

Wir weisen nun folgende universelle Eigenschaft nach:

Satz 2. Zu jedem Ringhomomorphismus $\varphi\colon R \to S$ und jedem Halbgruppenhomomorphismus $\Lambda\colon H \to (S,\cdot)$ gibt es genau einen Ringhomomorphismus $\Phi\colon R[H] \to S$, so daß das Diagramm

$$
\begin{array}{ccc}
 & R & \\
\iota \nearrow & & \searrow \varphi \\
R[H] - \underset{\Phi}{} - > & & S \\
\delta \uparrow & \nearrow & \\
H & \Lambda &
\end{array}
$$

kommutiert.

Man nennt $R[H]$ den <u>von</u> H <u>über</u> R <u>erzeugten Halbgruppenring</u>.

Beweis. Wenn man R und H mittels ι und δ als Teilmengen von
$R[H]$ betrachtet, so gilt für jedes $f \in R[H]$

$$f = \sum_{\alpha \in H} f(\alpha)\cdot\alpha .$$

Definieren wir nämlich g durch die rechte Seite der Gleichung,
so folgt

$$g(\beta) = \sum_{\alpha \in H}(f(\alpha)\cdot\alpha)(\beta) = \sum_{\alpha \in H}\sum_{x\cdot y=\beta}f(\alpha)(x)\cdot\alpha(y) = \sum_{\alpha \in H}f(\alpha)\cdot\alpha(\beta)$$
$$= f(\beta).$$

Hat Φ die verlangten Eigenschaften, so gilt

$$(*) \qquad \Phi(f) = \sum_{\alpha \in H}\Phi(f(\alpha))\cdot\Phi(\alpha) = \sum_{\alpha \in H}\varphi(f(\alpha))\cdot\Lambda(\alpha)$$

für jedes $f \in R[H]$. Es gibt also höchstens ein solches Φ.
Definiert man umgekehrt Φ durch Gleichung $(*)$, so rechnet man
leicht nach, daß es die verlangten Eigenschaften hat.

Zusammenfassend erhalten wir das folgende Ergebnis.

Satz 3. Ist R ein Ring und I eine Menge, so ist $R[\mathbb{N}\langle I\rangle]$ zusammen mit den kanonischen Inklusionen $R \to R[\mathbb{N}\langle I\rangle]$ und
$I \to \mathbb{N}\langle I\rangle \to R[\mathbb{N}\langle I\rangle]$ ein Polynomring in I über R.
Zur Abkürzung schreiben wir wie üblich $R[I]$ anstatt $R[\mathbb{N}\langle I\rangle]$.

Beweis. Die universelle Eigenschaft liest man mit Hilfe der
Sätze 1 und 2 sofort an folgendem Diagramm ab.

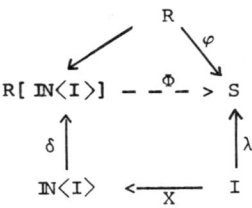

Um die übliche Darstellung für die Elemente von R[I] zu gewinnen, benutzen wir die Beziehung

$$f = \sum_{\alpha \in \mathbb{N}\langle I \rangle} f(\alpha) \cdot \alpha.$$

Die Elemente $f(\alpha) \in R$ heißen die Koeffizienten von f, nur endlich viele davon sind von O verschieden. Die entsprechenden
primitiven Monome α enthalten insgesamt auch nur endlich viele
der Unbestimmten X_i, etwa $X_{i_1}, \ldots, X_{i_n}$, wobei $\{i_1, \ldots, i_n\} \subset I$. Damit erhalten wir eine Darstellung

$$f = \sum_{(\nu_1, \ldots, \nu_n) \in \mathbb{N}^n} a_{\nu_1, \ldots, \nu_n} X_{i_1}^{\nu_1} \cdot \ldots \cdot X_{i_n}^{\nu_n},$$

wobei nur endlich viele der Koeffizienten $a_{\nu_1, \ldots, \nu_n} \in R$ von
Null verschieden sind.

Damit sieht man leicht, daß der in II,2.1.4 rekursiv erklärte
Polynomring $R[X_1, \ldots, X_n]$ mit dem Polynomring in $I = \{1, \ldots, n\}$
entsprechend obiger Konstruktion übereinstimmt.

Anhang 4. Transzendenzbasen

Nachdem in Kapitel III vorwiegend algebraische Körpererweiterungen untersucht wurden, sollen in diesem Abschnitt noch einige grundlegende Aussagen über die Struktur nicht-algebraischer Körpererweiterungen hergeleitet werden. Sie gehen auf E. STEINITZ zurück ([32]).

Definition. Sei K⊃k eine Körpererweiterung.
Endlich viele Elemente $a_1, \ldots, a_n \in K$ heißen algebraisch unabhängig über k, wenn es kein Polynom $f \in k[X_1, \ldots, X_n]$ gibt mit

$$f \neq 0 \text{ und } f(a_1, \ldots, a_n) = 0.$$

Offenbar ist dies gleichbedeutend damit, daß der Substitutionshomomorphismus

$$k[X_1, \ldots, X_n] \longrightarrow K, \quad X_i \longmapsto a_i,$$

injektiv ist.

Eine Teilmenge B⊂K heißt algebraisch unabhängig über k, wenn je endlich viele paarweise verschiedene Elemente von B algebraisch unabhängig über k sind.

Elemente bzw. Teilmengen von K, die nicht algebraisch unabhängig über k sind, nennt man algebraisch abhängig über k.

Die maximalen algebraisch unabhängigen Teilmengen von K nennt man Transzendenzbasen von K⊃k. Eine Teilmenge B⊂K ist also genau dann eine Transzendenzbasis von K⊃k, wenn die folgenden Bedingungen erfüllt sind:

1) B ist algebraisch unabhängig über k.

2) Es gibt keine über k algebraisch unabhängige Teilmenge A⊂K mit B⊊A.

Offenbar sind über k algebraisch unabhängige Elemente von K linear unabhängig im k-Vektorraum K, aber nicht umgekehrt.

Wir zeigen nun, daß man jede algebraisch unabhängige Menge zu einer Transzendenzbasis ergänzen kann.

Satz 1. Sei K⊃k eine Körpererweiterung und A⊂K eine über k algebraisch unabhängige Teilmenge. Dann gibt es eine Transzendenzbasis B von K⊃k mit A⊂B.

Beweis. Wir betrachten die Menge aller über k algebraisch

unabhängigen Teilmengen $C \subset K$ mit $A \subset C$ zusammen mit der Halbordnung durch die Inklusion. Ist darin eine Kette gegeben, so ist die Vereinigung all der darin enthaltenen Mengen wieder algebraisch unabhängig über k, also eine obere Schranke. Wir können daher das Zornsche Lemma anwenden und erhalten ein maximales über k algebraisch unabhängiges $B \subset K$ mit $A \subset B$.

Setzt man in diesem Satz $A = \emptyset$, so erkennt man unmittelbar, daß jede Körpererweiterung eine Transzendenzbasis besitzt.

Wir wollen diesen Sachverhalt benutzen, um Körpererweiterungen "aufzuspalten" (Satz 2). Zunächst eine technische Vorbereitung.

Lemma. Sei $K \supset k$ eine Körpererweiterung, $A \subset K$ algebraisch unabhängig über k und $a \in K \diagdown k(A)$. Dann sind folgende Bedingungen äquivalent:

1) a ist transzendent über k(A).

2) $A \cup \{a\}$ ist algebraisch unabhängig über k.

Beweis. 1) $\Rightarrow$ 2) Angenommen, $A \cup \{a\}$ ist algebraisch abhängig über k. Dann gibt es paarweise verschiedene $a_1, \ldots, a_n \in A$ und ein Polynom $f \in k[X, X_1, \ldots, X_n]$ mit $f \neq 0$ und

$$f(a, a_1, \ldots, a_n) = 0.$$

Wir schreiben f in der Form

$$f = f_0 + f_1 X + \ldots + f_m X^m,$$

wobei $f_0, \ldots, f_m \in k[X_1, \ldots, X_n]$ und $f_m \neq 0$ gilt. Dabei ist $m \geq 1$, denn sonst wären $a_1, \ldots, a_n$ algebraisch abhängig über k. Ist

$$g := \sum_{i=0}^{m} f_i(a_1, \ldots, a_n) X^i \in k(A)[X],$$

so ist $g \neq 0$ und $g(a) = 0$, also a algebraisch über k(A).

2) $\Rightarrow$ 1). Sei a algebraisch über k(A). Dann gibt es ein

$$f = f_0 + f_1 X + \ldots + f_n X^n \in k(A)[X]$$

mit $f_n \neq 0$ und $f(a) = 0$. Man überlegt sich sofort, daß es paarweise verschiedene $a_1, \ldots, a_m \in A$ gibt mit $f_0, \ldots, f_n \in k(a_1, \ldots, a_m)$. Nach III,1.3.2 gibt es weiter zu jedem $i \in \{0, \ldots, n\}$ Polynome $g_i, h_i \in k[X_1, \ldots, X_m]$ mit $h_i \neq 0$ und

$$f_i = \frac{g_i(a_1, \ldots, a_m)}{h_i(a_1, \ldots, a_m)} .$$

Nun genügt es, grob gesprochen, die Nenner in der Gleichung $f(a) = 0$ zu beseitigen. Wir betrachten also das Polynom

$$F(X, X_1, \ldots, X_m) := g_0 h_1 \ldots h_n + g_1 h_0 h_2 \ldots h_n X + \ldots + g_n h_0 \ldots h_{n-1} X^n$$

aus $k[X, X_1, \ldots, X_m]$. Es gilt $F \neq 0$ und $F(a, a_1, \ldots, a_m) = 0$, so daß $A \cup \{a\}$ algebraisch über k ist.

Hieraus ergibt sich eine wichtige Charakterisierung von Transzendenzbasen.

Korollar. Sei $K \supset k$ eine Körpererweiterung und $B \subset K$ algebraisch unabhängig über k. Dann sind folgende Bedingungen äquivalent:
1) B ist eine Transzendenzbasis von $K \supset k$.
2) $K \supset k(B)$ ist algebraisch.

Beweis. 1) $\Rightarrow$ 2) folgt unmittelbar aus dem Lemma. Da $B \cup \{a\}$ für jedes $a \in k(B)$ algebraisch abhängig über k ist, folgt auch 2) $\Rightarrow$ 1) aus dem Lemma.

Definition. Eine Körpererweiterung $K \supset k$ heißt <u>rein</u> <u>transzendent</u>, wenn es eine über k algebraisch unabhängige Menge $A \subset K$ gibt mit $k(A) = K$.

Dies ist äquivalent dazu, daß K isomorph ist zum Quotientenkörper des Polynomrings in A über k, d.h. zu einem Körper rationaler Funktionen.

Diese Definition ist gerechtfertigt durch die

Bemerkung. Ist $K \supset k$ eine rein transzendente Körpererweiterung, so ist jedes $x \in K \smallsetminus k$ transzendent über k.

Beweis. Nach Voraussetzung gibt es eine über k algebraisch unabhängige Teilmenge A von K mit $k(A) = K$. Zu jedem $x \in K \smallsetminus k$ gibt es daher ein $m \in \mathbb{N} \smallsetminus \{0\}$ und paarweise verschiedene Elemente $a_1, \ldots, a_m \in A$ mit $x \in k(a_1, \ldots, a_m)$. Somit genügt es, zu beweisen: Ist $m \in \mathbb{N} \smallsetminus \{0\}$ und sind $a_1, \ldots, a_m \in K$ algebraisch unabhängig über k, so ist jedes Element von $k(a_1, \ldots, a_m) \smallsetminus k$ transzendent über k. Wir führen den Beweis durch Induktion über m.

Ist a_1 transzendent über k und $x \in k(a_1) \smallsetminus k$, so gibt es teilerfremde $g, h \in k[X]$ mit $x = \frac{g(a_1)}{h(a_1)}$. Wäre x algebraisch über k, so
könnte man das Minimalpolynom $f = c_0 + c_1 X + \ldots + c_n X^n$, $c_n \neq 0$, von
x über k betrachten. Einsetzen von x und Multiplikation mit
$h(a_1)^n$ liefert
$$\sum_{i=o}^{n} c_i g^i h^{n-i} = 0,$$

denn das Polynom, das links vom Gleichheitszeichen steht, hat
a_1 zur Nullstelle. Da die Polynome g,h teilerfremd sind, müßten
sie also konstant sein, und man würde den Widerspruch $x \in k$ erhalten. Damit ist die Behauptung im Falle m = 1 bewiesen.
Sei also m > 1 und die betrachtete Aussage für m-1 richtig.
Ferner seien $a_1, \ldots, a_m \in K$ algebraisch unabhängig über k und
$x \in k(a_1, \ldots, a_m)$. Ist x algebraisch über k, so auch über
$L := k(a_1, \ldots, a_{m-1})$. Da a_m transzendent über L ist, folgt mit
dem bereits bewiesenen Teil $x \in L$, und die Induktionsannahme
liefert unmittelbar $x \in k$.

Satz 2. Zu jeder Körpererweiterung $K \supset k$ gibt es einen Zwischenkörper L mit folgenden Eigenschaften:
1) $L \supset k$ ist rein transzendent.
2) $K \supset L$ ist algebraisch.

Beweis. Nach Satz 1 gibt es eine Transzendenzbasis B von $K \supset k$.
Der Zwischenkörper $L := k(B)$ hat die verlangten Eigenschaften
wie man mit Hilfe des Korollars unmittelbar sieht.

Der Zwischenkörper L ist keineswegs eindeutig bestimmt. Ist
etwa K = k(X) der Körper der rationalen Funktionen über k in
der Unbestimmten X, so ist nach obiger Bemerkung jedes $f \in K \smallsetminus k$
transzendent über k, die Körpererweiterung $k(f) \supset k$ also rein
transzendent. Da {X} nach dem Korollar eine Transzendenzbasis
von $k(X) \supset k$ ist, zeigt der folgende Austauschsatz von STEINITZ,
daß für jedes $g \in K \smallsetminus k(f)$ die Menge {f,g} algebraisch abhängig
über k ist. Aus dem Lemma folgt daher, daß $k(X) \supset k(f)$ algebraisch ist.

Austauschsatz. Sei $K \supset k$ eine Körpererweiterung, die eine endliche Transzendenzbasis besitzt. Dann enthalten je zwei Trans-

zendenzbasen von $K \supset k$ gleich viele Elemente.

__Beweis.__ Sei $\{a_1, \ldots, a_n\}$ eine endliche und B eine beliebige
Transzendenzbasis von $K \supset k$, wobei $a_1, \ldots, a_n$ paarweise verschieden seien. Es genügt offenbar zu zeigen, daß B nicht mehr als
n Elemente enthalten kann. Wir überlegen uns dazu, daß man
andernfalls die Elemente $a_1, \ldots, a_n$ der Reihe nach gegen Elemente von B austauschen kann.

Zunächst stellen wir fest, daß nicht jedes Element von B algebraisch über $L := k(a_2, \ldots, a_n)$ sein kann. Wäre dies nämlich der
Fall, so wäre nach III,1.6.2 die Körpererweiterung $L(B) \supset L$ algebraisch, denn zu jedem $x \in L(B)$ gibt es $c_1, \ldots, c_m \in B$ mit
$x \in L(c_1, \ldots, c_m)$. Da nach dem Korollar auch $K \supset L(B)$ algebraisch
ist, wäre $K \supset k(a_2, \ldots, a_n)$ algebraisch. Weil nach Voraussetzung
$\{a_1, a_2, \ldots, a_n\}$ eine Transzendenzbasis von $K \supset k$ ist, hätte man
einen Widerspruch.

Es gibt also ein über $k(a_2, \ldots, a_n)$ transzendentes $b_1 \in B$. Wir
wollen zeigen, daß $\{b_1, a_2, \ldots, a_n\}$ eine Transzendenzbasis von
$K \supset k$ ist. Nach dem Lemma ist $\{b_1, a_2, \ldots, a_n\}$ jedenfalls algebraisch unabhängig über k. Da a_1 algebraisch über $k(b_1, a_2, \ldots, a_n)$
ist (sonst ist $\{b_1, a_1, a_2, \ldots, a_n\}$ nach dem Lemma eine Transzendenzbasis von $K \supset k$) und $K \supset k(a_1, \ldots, a_n)$ algebraisch ist, ist
auch $K \supset k(b_1, a_2, \ldots, a_n)$ algebraisch. Das war aber gerade noch
zu zeigen.

Mit der neuen Transzendenzbasis $\{b_1, a_2, \ldots, a_n\}$ kann man das
Verfahren wiederholen und eine Transzendenzbasis
$\{b_1, b_2, a_3, \ldots, a_n\}$ von $K \supset k$ mit einem $b_2 \in B$ erhalten.
Enthielte B mehr als n Elemente, so könnte man auf diese Weise
jedes a_i gegen ein Element von B austauschen und würde eine
Transzendenzbasis $\{b_1, \ldots, b_n\}$ von $K \supset k$ mit $\{b_1, \ldots, b_n\} \subsetneq B$ bekommen.

Damit ist der Austauschsatz bewiesen, und folgende Festlegung
ist sinnvoll.

__Definition.__ Ist $K \supset k$ eine Körpererweiterung mit einer endlichen
Transzendenzbasis B, so nennen wir die Anzahl der Elemente von
B den __Transzendenzgrad__ von $K \supset k$. Er wird mit $\mathrm{trdeg}_k(K)$ bezeich-
net. Besitzt die Körpererweiterung $K \supset k$ keine endliche Trans-

zendenzbasis, so setzen wir $\text{trdeg}_k(K) := \infty$.

Mit Hilfe mengentheoretischer Argumente kann man aus dem Austauschsatz folgern, daß es zu beliebigen Transzendenzbasen A
und B einer Körpererweiterung eine bijektive Abbildung A → B
gibt.
Wir überlassen es dem Leser zur Übung, daraus die Existenz ei-
nes Automorphismus $\varphi: \mathbb{C} \to \mathbb{C}$ mit $\varphi(e) = \pi$ abzuleiten (man be-
nutze auch III,2.1.9). Ob e und π über $\mathbb{Q}$ algebraisch unabhän-
gig sind, ist nicht bekannt.

Wir leiten noch ein Analogon zum Gradsatz III,1.2.4 her.

Satz 3. Sind K⊃L und L⊃k Körpererweiterungen mit $\text{trdeg}_L(K) < \infty$
und $\text{trdeg}_k(L) < \infty$, so ist
$$\text{trdeg}_k(K) = \text{trdeg}_L(K) + \text{trdeg}_k(L).$$

Beweis. Ist $\{a_1,\ldots,a_m\}$ Transzendenzbasis von L⊃k und
$\{b_1,\ldots,b_n\}$ Transzendenzbasis von K⊃L, so zeigen wir, daß
$\{a_1,\ldots,a_m,b_1,\ldots,b_n\}$ Transzendenzbasis von K⊃k ist.
Wir beweisen zunächst, daß $a_1,\ldots,a_m,b_1,\ldots,b_n$ algebraisch un-
abhängig über k sind. Ist $f \in k[X_1,\ldots,X_m,Y_1,\ldots,Y_n]$ ein Poly-
nom mit $f(a_1,\ldots,a_m,b_1,\ldots,b_n) = 0$, und schreibt man f in der
Form
$$f = \sum g_{i_1,\ldots,i_n} Y_1^{i_1} \ldots Y_n^{i_n} \quad \text{mit} \quad g_{i_1,\ldots,i_n} \in k[X_1,\ldots,X_m],$$

so ist $(b_1,\ldots,b_n)$ Nullstelle des Polynoms
$f(a_1,\ldots,a_m,Y_1,\ldots,Y_n) \in L[Y_1,\ldots,Y_n]$. Dieses ist also gleich
dem Nullpolynom, denn $b_1,\ldots,b_n$ sind algebraisch unabhängig
über L. Da $a_1,\ldots,a_m$ algebraisch unabhängig über k sind, folgt
$g_{i_1,\ldots,i_n} = 0$ für jedes $(i_1,\ldots,i_n)$ und damit $f = 0$.
Wegen des Korollars hat man sich nur noch zu überlegen, daß
die Körpererweiterung $K \supset k(a_1,\ldots,a_m,b_1,\ldots,b_n)$ algebraisch
ist. Dies ist jedoch klar, denn die Körpererweiterungen
$K \supset L(b_1,\ldots,b_n)$ und $L \supset k(a_1,\ldots,a_m)$ sind algebraisch.

LITERATURHINWEISE

1) Einführungen

[1]   ARTIN, E.: Galoissche Theorie. Harri Deutsch, Zürich, 1965.

[2]   HUNGERFORD, Th.W.: Algebra. Holt, Rinehart and Winston, New York, 1974.

[3]   KOECHER, M.: Algebra. Vorlesungsausarbeitung, München, 1968.

[4]   KUNZ, E.: Algebra I. Vorlesungsausarbeitung, Regensburg, 1972.

[5]   LANG, S.: Algebra. Addison Wesley, Reading, 1965.

[6]   REIFFEN, H.J., G. SCHEJA, U. VETTER: Algebra. Bibliographisches Institut, Mannheim, 1969.

[7]   STEWART, I.: Galois theory. Chapman and Hall, London, 1973.

[8]   VAN DER WAERDEN, B.L.: Algebra I,II. Springer, Berlin, 1966/67.

[9]   ZARISKI, O., P. SAMUEL: Commutative Algebra I. Van Nostrand, Princeton, 1958.

2) Weitere Literatur

[10] ABEL, N.H.: Beweis der Unmöglichkeit, algebraische Gleichungen von höheren Graden, als dem vierten, allgemein aufzulösen. J. Reine Angew. Math. $\underline{1}$,65-85 (1826).

[11] BIEBERBACH, L.: Theorie der geometrischen Konstruktionen. Birkhäuser, Basel 1952.

[12] CANTOR, M.: Vorlesungen über Geschichte der Mathematik. Teubner, Leipzig, 1880-1908.

[13] CARDANO, H.: Ars magna de Regulis Algebraicis. Nürnberg, 1545.

[14] COURANT, R., H. ROBBINS: Was ist Mathematik. Springer, Berlin, 1967.

[15] FEIT, W., J.G. THOMPSON: Solvability of groups of odd order. Pac. J. Math. $\underline{13}$, 775-1029 (1963).

[16] GALOIS, É.: Écrits et mémoires mathématiques. Gauthier-Villars, Paris, 1962.

[17] HERMES, H.: Einführung in die Verbandstheorie. Springer, Berlin, 1955.

[18] HERMES, J.: Über die Teilung des Kreises in 65537 gleiche Teile. Nachrichten von der Königl. Ges. d. Wiss. zu Göttingen, Math.-phys. Kl. 1894, 170-186.

[19] HERMITE, C.: Sur la fonction exponentielle. C.R.Acad.Sci. Paris $\underline{77}$, (1973).

[20] HILBERT, D.: Zur Theorie der algebraischen Gebilde I.
      Göttinger Nachrichten 1888, 450-457.

[21] HILBERT, D.: Über die Transzendenz der Zahlen e und π.
      Mathematische Annalen 43 (1893), 216-219.

[22] KLEIN, F.: Vorträge über ausgewählte Fragen der Elementar-
      geometrie, ausgearbeitet von F. Tägert. Teubner,
      Leipzig, 1895. Nachdruck der englischen Übersetzung
      in Famous Problems and other Monographs. Chelsea
      Publishing Company, New York, 1955.

[23] LINDEMANN, F.: Über die Zahl π. Math. Ann. 20, 213-225
      (1882).

[24] NIVEN, I.: A simple proof that π is irrational. Bull.
      Amer. Math. Soc. 53, 509 (1947).

[25] PERRON, O.: Eine neue Winkeldreiteilung des Schneider-
      meisters KOPF. Sitzungsber. bayr. Akad. d. Wiss.,
      math.-nat. Abt. 1933, 439-445.

[26] RICHELOT, F.: De resolutione algebraica aequationis
      $X^{257}=1$, sive de divisione circuli per bisectionem
      anguli septies repetitam in partes 257 inter se
      aequales commentatio coronata. J. Reine Angew. Math.
      9 (1832).

[27] ROTMAN, J.J.: The theory of groups. Allyn and Bacon,
      Boston, 1965.

[28] ROTH, K.F.: Rational approximations to algebraic numbers.
      Mathematika 2, 1-20 (1955).

[29] SARGES, H.: Ein Beweis des Hilbertschen Basissatzes.
      J. Reine Angew. Math. 283/284, 436-437 (1976).

[30] ŠAFAREVIČ, I.R.: Construction of fields of algebraic
      numbers with given solvable Galois group. Izv. Akad.
      Nauk. SSSR. Ser. Math. 18, 525-578 (1954); AMS Trans-
      lation, Ser. 2, Vol. 4, 185-237 (1956).

[31] SCHNEIDER, TH.: Einführung in die transzendenten Zahlen.
      Springer, Berlin, 1957.

[32] STEINITZ, E.: Algebraische Theorie der Körper. J. Reine
      Angew. Math. 137, 167-309 (1910).

[33] SWAN, G.: Invariant rational functions and a problem of
      Steenrod. Inventiones math. 7, 148-158, (1969).

[34] TIETZE, H.: Gelöste und ungelöste mathematische Probleme
      aus alter und neuer Zeit. C.H. Beck, München, 1959.

[35] VAN DER WAERDEN, B.L.: Die Seltenheit der Gleichungen
      mit Affekt. Mathematische Annalen 109 (1933), 13-16.

★

- 235 -

Symbole und Abkürzungen

$\mathbb{N} = \{0,1,2,...\}$ Halbgruppe der natürlichen Zahlen
$\mathbb{Z}$ Ring der ganzen Zahlen
$\mathbb{Q}$ Körper der rationalen Zahlen
$\mathbb{R}$ Körper der reellen Zahlen
$\mathbb{C}$ Körper der komplexen Zahlen
R^* Gruppe der Einheiten eines Ringes R
$Q(R)$ Quotientenkörper eines Integritätsringes R

$ord(M)$ Ordnung einer Menge
$[G:H]$ Index der Untergruppe H von G in G
$[K:k]$ Grad der Körpererweiterung $K \supset k$
$trdeg_k(K)$ Transzendenzgrad der Körpererweiterung $K \supset k$

$deg(f)$ Grad des Polynoms f

$a|b$ a ist Teiler von b
$a \nmid b$ a ist kein Teiler von b

$Aut(K;k)$ Gruppe der relativen Automorphismen einer Körpererweiterung $K \supset k$
$Fix(K;G)$ Fixkörper der Gruppe G von Automorphismen von K
$Gal(f;k)$ Galois-Gruppe eines Polynoms $f \in k[X]$
K_n Zerfällungskörper des Polynoms X^n-1 über dem Körper K
$E_n(K)$ Menge der n-ten Einheitswurzeln über K
$PE_n(K)$ Menge der primitiven n-ten Einheitswurzeln über K
$Nor(H)$ Normalisator einer Untergruppe H einer Gruppe
$Cen(X)$ Zentralisator einer Teilmenge X einer Gruppe
$Iso_\tau(G;x)$ Isotropiegruppe eines Elementes x der Gruppe G bzgl. der Operation τ

STICHWORTVERZEICHNIS